Inhaltsverzeichnis

Dieses Heft gehört:		Klasse:	

Rein quadratische Funktionen

▶ Grundwissen

Bei quadratischen Funktionen mit Gleichungen der Form $y = ax^2$ bestimmt der Faktor a die Form und die Öffnungsrichtung der Parabel in Richtung der y-Achse gegenüber der Normalparabel.

Für ________ entsteht eine Normalparabel.

Für ________ entsteht eine an der x-Achse gespiegelte Normalparabel.

Für ________ ist die Parabel nach unten geöffnet.

Für ________ ist die Parabel nach oben geöffnet.

Für ________ entsteht eine gestauchte Parabel.

Für ________ entsteht eine gestreckte Parabel.

Beispiele:

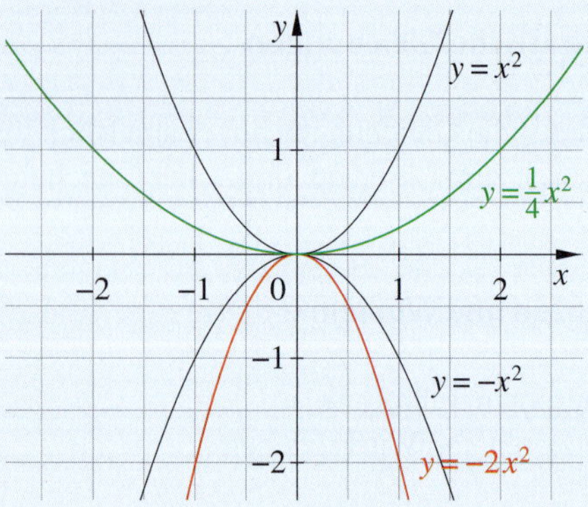

▶ Auftrag: Ergänze den Bereich, aus dem der Faktor a jeweils kommt.

Trainieren

1 Normalparabel

a) Ergänze die fehlenden Werte.

x	−2,5	−2	−1	0	1	2	2,5
$y = x^2$	6,25						

b) Zeichne den Graphen von $y = x^2$ ins Koordinatensystem ein.

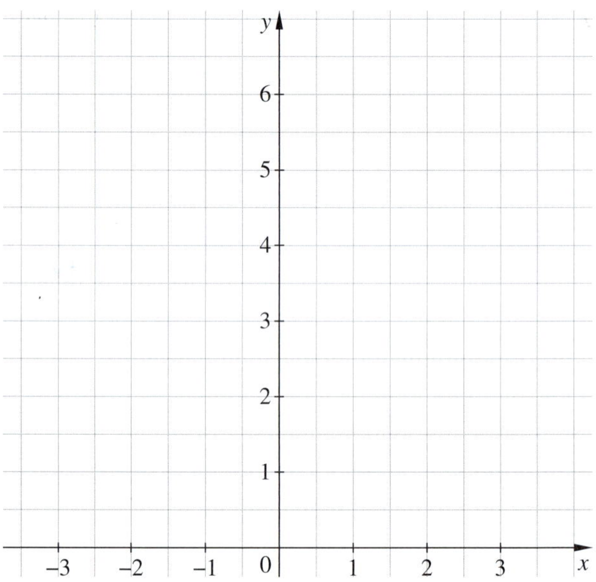

c) Prüfe jeweils mithilfe einer Rechnung, ob der Punkt auf der Normalparabel liegt.
Kreuze die Punkte an, die auf der Normalparabel liegen.

☐ $A(4|16)$ ________

☐ $B(16|4)$ ________

☐ $C(-4|16)$ ________

d) Kreuze Zutreffendes an.

☐ Die Normalparabel ist nach oben geöffnet.
☐ Die Normalparabel ist symmetrisch zur x-Achse.
☐ Die Normalparabel hat eine Nullstelle bei $x = 0$.
☐ Bei einer gestauchten Parabel ist die Öffnung größer als bei der Normalparabel.
☐ Die Normalparabel hat den Scheitelpunkt $Q(0|0)$.

e) Ermittle jeweils die fehlende Koordinate der vier Punkte auf der Normalparabel.

$E(10|\_\_\_)$ $F(\_\_\_|100)$ $G(\_\_\_|25)$ $H(\_\_\_|25)$

f) Ergänze die Wertetabelle zur Normalparabel.

x	−9	−10	−11	−12	−13	−14	15	16	17	18	19	20
y												

2 Beschrifte zuerst die vorgegebenen Graphen.
Ergänze danach die Wertetabellen für die beiden fehlenden Funktionen und zeichne deren Graphen ein.

$y_1 = -0{,}5x^2$
$y_2 = 1{,}6x^2$
$y_3 = -2{,}5x^2$
$y_4 = 0{,}7x^2$
$y_5 = 0{,}2x^2$
$y_6 = -1{,}5x^2$

x	−4	−2	0	2	4
y_5					

x	−1,5	−1	0	1	1,5
y_6					

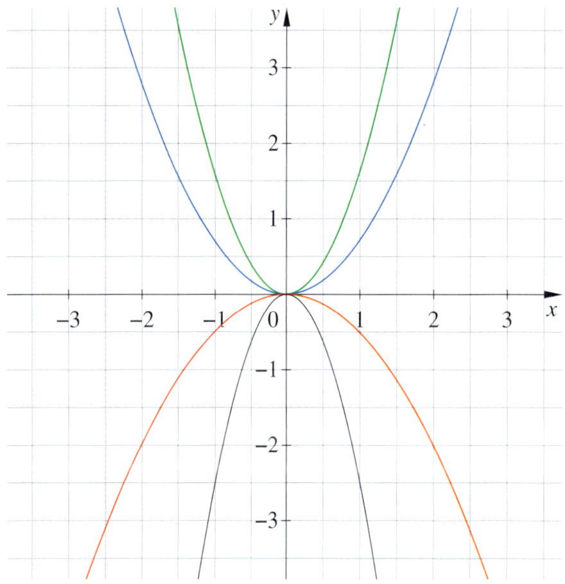

3 Ist die jeweils zugehörige Parabel gestreckt oder gestaucht?
In welche Richtung ist sie geöffnet?
Kreuze Zutreffendes an.

a) $y = 0{,}47x^2$ ☐ gestreckt ☐ gestaucht ☐ nach oben geöffnet ☐ nach unten geöffnet

b) $y = -6{,}8x^2$ ☐ gestreckt ☐ gestaucht ☐ nach oben geöffnet ☐ nach unten geöffnet

c) $y = \frac{4}{3}x^2$ ☐ gestreckt ☐ gestaucht ☐ nach oben geöffnet ☐ nach unten geöffnet

d) $y = -\frac{3}{4}x^2$ ☐ gestreckt ☐ gestaucht ☐ nach oben geöffnet ☐ nach unten geöffnet

e) $y = 1x^2 - 0{,}47$ ☐ gestreckt ☐ gestaucht ☐ nach oben geöffnet ☐ nach unten geöffnet

Anwenden und Vernetzen

4 Gegeben ist der Punkt $O(3\,|\,27)$ der Parabel mit der Funktionsgleichung $y = ax^2$.
Ermittle den Faktor a und begründe deine Antwort.

5 In der Abbildung siehst du eine Hängebrücke.
Ihre Spannweite beträgt 50 m, die Höhe der oberen Befestigungspunkte über der Fahrbahn beträgt 15 m.

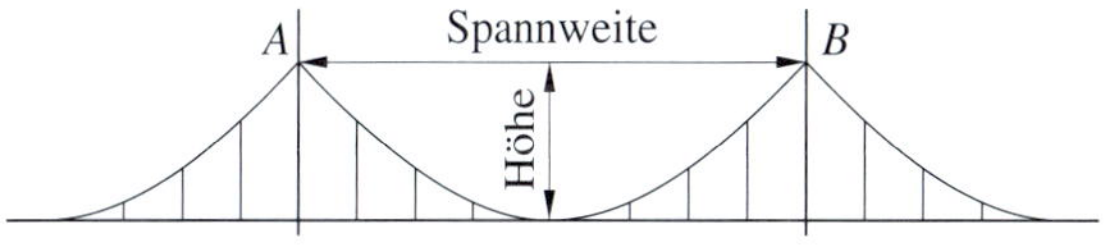

Die Hauptseile im mittleren Abschnitt hängen annähernd parabelförmig durch.
Fertige eine Skizze an und bestimme die Gleichung der Form $f(x) = ax^2$, die den Verlauf der Hauptseile beschreibt.

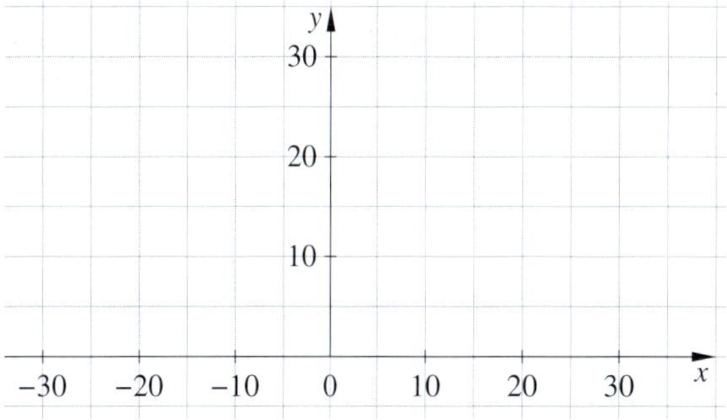

Scheitelpunktform quadratischer Funktionen

▶ Grundwissen

- Der Graph der Funktion mit der Gleichung $y = x^2$ heißt Normalparabel. Der Scheitelpunkt der Parabel ist $S(0\,|\,0)$.
- Verschiebt man die Normalparabel um e in y-Richtung, so lautet die Gleichung der entsprechenden Funktion

  $f(x) = x^2 + e$

  Der Scheitelpunkt der Parabel ist $S(0\,|\,e)$.
- Verschiebt man die Normalparabel um d in x-Richtung, so lautet die Gleichung der entsprechenden Funktion

  $f(x) = (x-d)^2 + e$

  Der Scheitelpunkt der Parabel ist $S(d\,|\,0)$.
- $y = (x-d)^2 + e$ hat den Scheitelpunkt $S(d\,|\,e)$.

Beispiele:

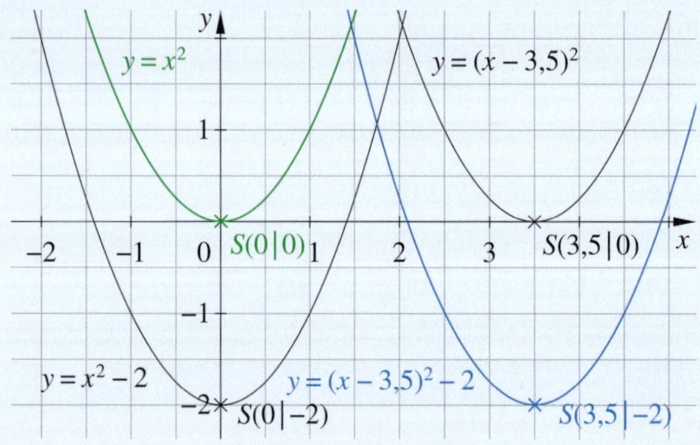

▶ Auftrag: Gib jeweils die Funktionsgleichungen an.

Trainieren

1 Koordinatensystem mit verschobenen Normalparabeln

a) Ergänze die fehlenden Werte.

x	−2	−1	0	1	2	3
$y_1 = x^2$	4	1	0	1	4	9
$y_2 = x^2 + 5$	9	6	5	6	9	14
$y_3 = x^2 - 4$	0	-3	-4	-3	0	5

x	−2	−1	0	1	2	3
$y_1 = x^2$	4	1	0	1	4	9
$y_4 = (x+1)^2$	1	0	1	4	9	16
$y_5 = (x-2)^2$	16	9	4	1	0	1

x	−2	−1	0	1	2	3
$y_6 = (x+1)^2 + 2$	3	2	3	6	11	18
$y_7 = (x+1)^2 - 4$	-3	-4	-3	0	5	12
$y_8 = (x-2)^2 - 4$	12	5	0	-3	-4	-3

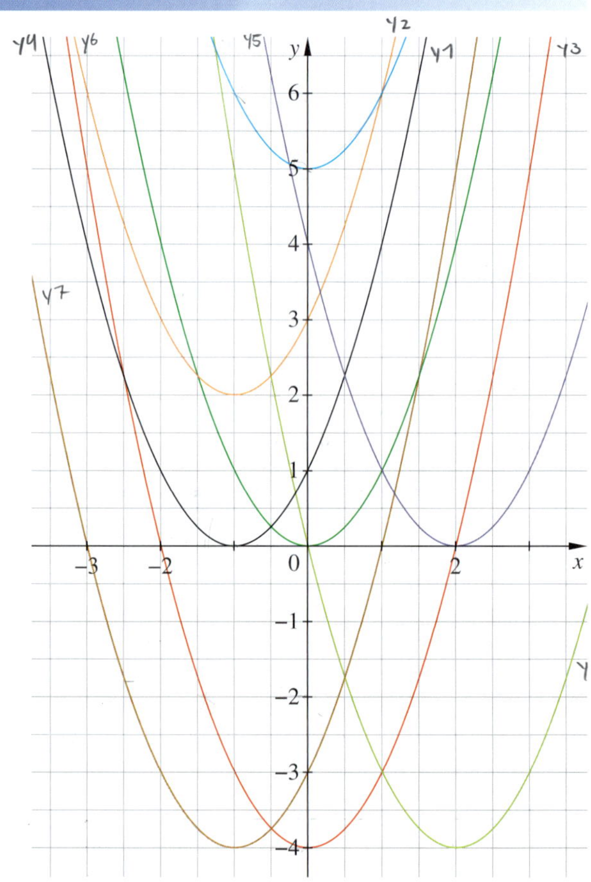

b) Beschrifte zuerst die Graphen. Gib danach im Koordinatensystem die Scheitelpunkte an.

2 Kreuze alle Parabeln an, die symmetrisch zur y-Achse sind. Gib, wenn möglich, jeweils den Scheitelpunkt S an.
Zusatzaufgabe: Zeichne die Graphen mithilfe eines Funktionenplotters oder einer Tabellenkalkulation.

☒ $y = x^2 + 3$ S(0|3) ☐ $y = x + 7$ ______ ☒ $y = (x+5)^2$ S(-5/0) ☒ $y = 7 - x^2$ S(0/7)

3 Nach oben geöffnete verschobene Normalparabeln

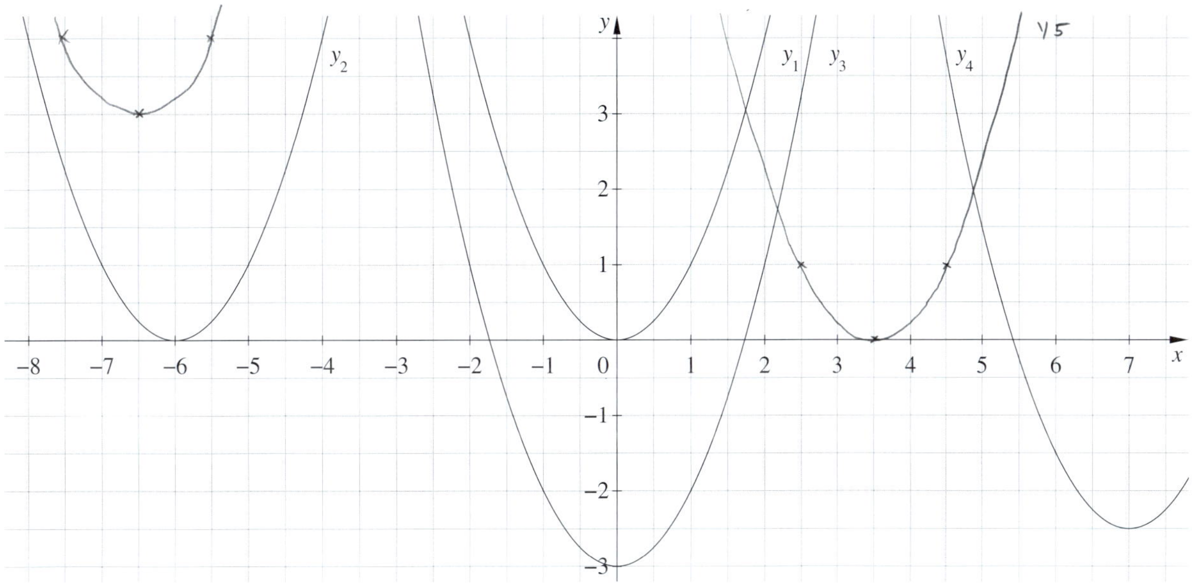

a) Gib die zugehörigen Funktionsgleichungen und die Koordinaten der Scheitelpunkte an.

$y_1 =$ x^2 S (0/0) $y_2 =$ $(x+6)^2$ S (-6/0)

$y_3 =$ $x^2 - 3$ S (0/-3) $y_4 =$ $(x-7)^2 - 2{,}5$ S (7/-2,5)

b) Zeichne im Koordinatensystem die verschobenen Normalparabeln ein und vervollständige die Angaben.
Hinweis: Nutze eine Schablone.

$y_5 = (x-3{,}5)^2$ S (3,5/0) $y_6 =$ $(x+6)^2 - 3$ $S(-6\,|\,-3)$

$y_7 = (x+6{,}5)^2 + 3$ S (-6,5/3) $y_8 =$ $x^2 + 3$ $S(0\,|\,3)$

Anwenden und Vernetzen

4 Zeichne zunächst die den Eigenschaften entsprechende verschobene Normalparabel in das Koordinatensystem ein.
Gib danach die Funktionsgleichung an.
Hinweis: Nutze eine Schablone.

a) Der Graph der Funktion f schneidet die x-Achse an den Stellen $x_1 = 1{,}5$ und $x_2 = 3{,}5$.
Hinweis: $x_S = \frac{x_1 + x_2}{2}$.

____

b) Der Graph von g ist für $x < -1$ fallend und für $x > -1$ steigend.
Der kleinste Funktionswert ist -2.

____

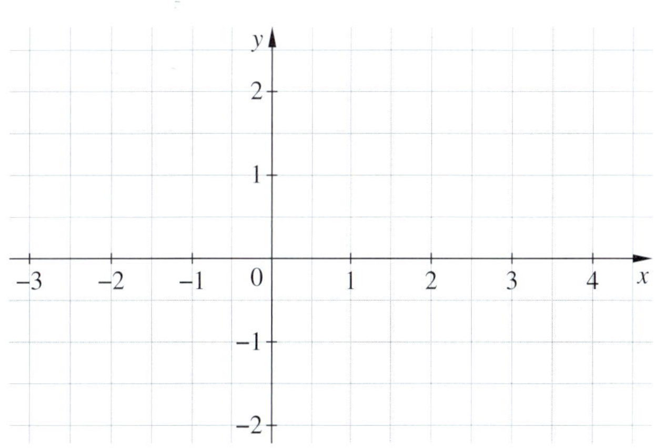

c) Der Graph der Funktion h ist symmetrisch zur Geraden $x = 3$ und verläuft durch den Punkt $P(1\,|\,2)$.

____

d) Die Punkte $P(-3\,|\,2)$ und $Q(-1\,|\,2)$ gehören zum Graphen i.

____

Nullstellen quadratischer Funktionen

▶ Grundwissen

- Die x-Werte, zu denen der y-Wert 0 ist, werden Nullstellen genannt.
- Eine quadratische Funktion kann entweder keine, eine oder zwei Nullstellen haben.

Beispiele:

$y_1 = 4(x+1)^2 + 1$ hat keine Nullstelle.

$y_2 = (x-3)^2$
$0 = (3-3)^2$
$x = 3$ ist die einzige Nullstelle.

$y_3 = x^2 - 1$
$0 = x^2 - 1$
$0 = 1^2 - 1$ und $0 = (-1)^2 - 1$
$x_1 = 1$ und $x_2 = -1$ sind die Nullstellen.

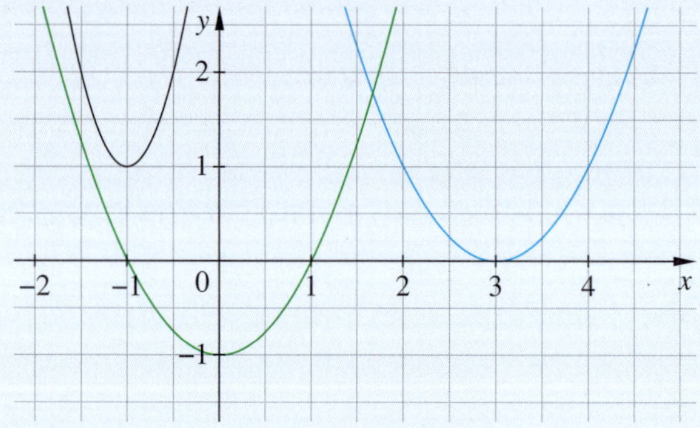

▶ Auftrag: Beschrifte die Graphen und markiere die Nullstellen.

Trainieren

1 Markiere zuerst die Nullstellen und ordne die Funktionsgleichungen zu.
Überprüfe danach, wenn möglich, mithilfe einer Rechnung die Zuordnung der Nullstellen.

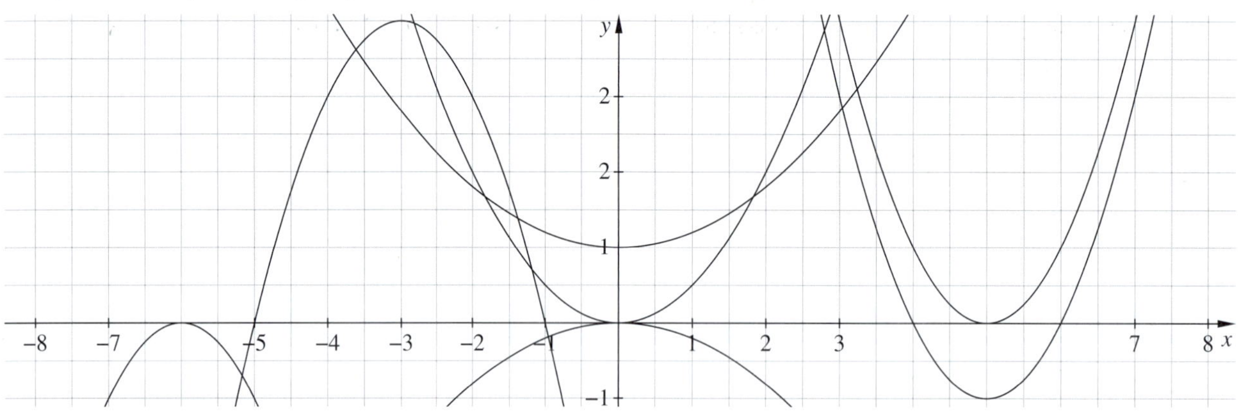

$y_1 = 0{,}5x^2$ Nullstellen: x = 0 Rechnung: 0 = 0,5 · 0² = 0

$y_2 = 0{,}2x^2 + 1$ Nullstellen: / Rechnung:

$y_3 = -0{,}2x^2$ Nullstellen: x = 0 Rechnung: 0 = −0,2 · 0² = 0

$y_4 = -(x+3)^2 + 4$ Nullstellen: x₁ = −1 x₂ = −5 Rechnung: 0 = −(−1+3)² + 4 0 = −(−5+3)² + 4

$y_5 = (x-5)^2$ Nullstellen: x = 5 Rechnung: 0 = (5 − 5)² = 0

$y_6 = -(x+6)^2$ Nullstellen: x = −6 Rechnung: 0 = −(−6+6)² = 0

$y_7 = (x-5)^2 - 1$ Nullstellen: x₁ = 4 x₂ = 6 Rechnung: 0 = (6 − 5)² − 1 = 0 0 = (4 − 5)² − 1 = 0

2 Kreuze die Anzahl der Nullstellen an.
Zusatzaufgabe: Ermittle mithilfe von Zeichnungen oder von Rechnungen die Nullstellen.

$y_1 = -0{,}81\,(x-23)^2$	☐ keine Nullstelle	☒ eine Nullstelle	☐ zwei Nullstellen
$y_2 = x^2 - 0{,}36$	☐ keine Nullstelle	☐ eine Nullstelle	☒ zwei Nullstellen
$y_3 = x^2 + 0{,}81$	☒ keine Nullstelle	☐ eine Nullstelle	☐ zwei Nullstellen
$y_4 = (x-7)^2 + 0{,}81$	☒ keine Nullstelle	☐ eine Nullstelle	☐ zwei Nullstellen
$y_5 = (x+2)^2 - 36$	☐ keine Nullstelle	☐ eine Nullstelle	☒ zwei Nullstellen

3 Ergänze zu vier passenden Funktionsgleichungen.
Der Scheitelpunkt soll jeweils in einem anderen Quadranten liegen.
Zusatzaufgabe: Gib die Nummer des Quadranten an, in dem der Scheitelpunkt liegt.

a) Die quadratischen Funktionen haben keine Nullstelle.

$y_1 = \square\,(x\,\square\,3)^2\,\square\,4$ $y_2 = \square\,(x\,\square\,3)^2\,\square\,4$ $y_3 = \square\,(x\,\square\,3)^2\,\square\,4$ $y_4 = \square\,(x\,\square\,3)^2\,\square\,4$

b) Die quadratischen Funktionen haben zwei Nullstellen.

$y_1 = \square\,(x\,\square\,3)^2\,\square\,4$ $y_2 = \square\,(x\,\square\,3)^2\,\square\,4$ $y_3 = \square\,(x\,\square\,3)^2\,\square\,4$ $y_4 = \square\,(x\,\square\,3)^2\,\square\,4$

c) Ermittle die Nullstellen der Funktionen bei Teilaufgabe **b**.

Anwenden und Vernetzen

4 Die Flugbahn einer Kugel wird durch die dargestellte Funktionsgleichung $y = -0{,}1x^2 + 0{,}6x + 1{,}6$ beschrieben.
Der Graph zeigt etwas mehr als diese Flugbahn.

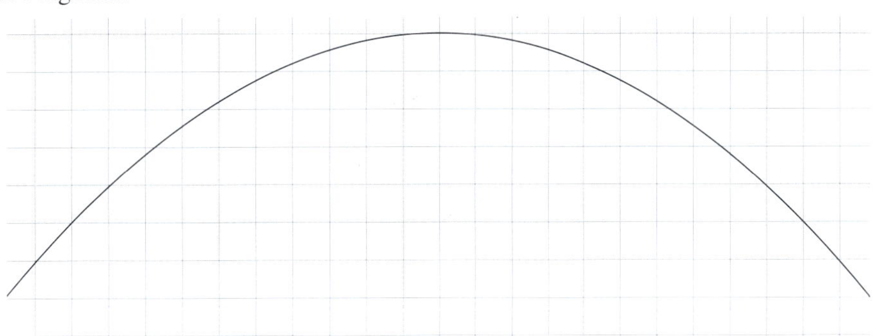

a) Aus welcher Höhe stößt Martin die Kugel ab?

b) Wie weit fliegt die Kugel? Kreuze an.
Begründe deine Entscheidung mithilfe einer Rechnung. ☐ 7 m ☐ 8 m ☐ 9 m ☐ 10 m ☐ 11 m ☐ 12 m

c) Gib die negative Nullstelle von $y = -0{,}1x^2 + 0{,}6x + 1{,}6$ an. Hat sie eine praktische Bedeutung?
Hinweis: Die negative Nullstelle ist eine ganze Zahl.

d) Ermittle die maximale Höhe, die die Kugel erreicht.
Hinweis: Beide Nullstellen haben den gleichen Abstand zum Scheitelpunkt.

e) Zeichne oben mithilfe der Ergebnisse aus den Teilaufgaben **a** bis **c** ein passendes Koordinatensystem zur Flugbahn.
Hinweis: Prüfe anhand der entstandenen Zeichnung, ob deine Ergebnisse stimmen können.

Allgemeine Form und Scheitelpunktform

▶ Grundwissen

- Jede Gleichung einer quadratischen Funktion in Scheitelpunktform $y = a(x-d)^2 + e$ (mit $a \neq 0$) kann in die allgemeine Form $y = ax^2 + bx + c$ umgeformt werden und umgekehrt.
- Für $a = 1$ gilt: $y = x^2 + bx + c = \left(x + \frac{b}{2}\right)^2 - \left(\frac{b}{2}\right)^2 + c$.

Beispiel: $y = x^2 + 2x - 4 = \left(x + \frac{\square}{\square}\right)^2 - \left(\frac{\square}{\square}\right)^2 - \square = (x+1)^2 - 5$ Scheitelpunkt: $S(-1 \mid -5)$

$y = (x+1)^2 - 5 = x^2 + 2x + 1 - 5 = x^2 + 2x - 4$

▶ Auftrag: Ergänze das Beispiel.

Trainieren

1 Wandle jeweils in die allgemeine Form $y = ax^2 + bx + c$ um.

a) $y = (x+7)^2 =$ ____________________

b) $y = (x-5)^2 =$ ____________________

c) $y = (x+3)^2 + 6 =$ ____________________

d) $y = (x-9)^2 - 2 =$ ____________________

e) $y = 2(x+4)^2 - 10 =$ ____________________

f) $y = -10(x-1)^2 + 2 =$ ____________________

2 Wandle jeweils in die Scheitelpunktform $y = a(x-d)^2 + e$ (mit $a \neq 0$) um. Gib die Koordinaten des Scheitelpunktes S an.

a) $y = x^2 + 8x + 16 =$ ____________________ $S($ __ $|$ __ $)$

b) $y = x^2 - 20x + 100 =$ ____________________ $S($ __ $|$ __ $)$

c) $y = x^2 - 10x + 26 =$ ____________________ $S($ __ $|$ __ $)$

d) $y = x^2 - 16x + 57 =$ ____________________ $S($ __ $|$ __ $)$

e) $y = 2x^2 - 8x + 20 =$ ____________________ $S($ __ $|$ __ $)$

3 Die verschobenen Normalparabeln haben jeweils den Scheitelpunkt S.
Gib die Scheitelpunktform und die allgemeine Form der Gleichung der Funktion an.

a) ____________________ $S(5 \mid 1)$

b) ____________________ $S(8 \mid -7)$

c) ____________________ $S(-4 \mid -5)$

d) ____________________ $S(10 \mid -6)$

e) ____________________ $S(-0{,}2 \mid -0{,}3)$

f) ____________________ $S(\frac{1}{2} \mid 2)$

4 Parabeln im Koordinatensystem

$y_1 = -x^2 - 4x - 4 =$ ______________

$y_2 = x^2 - 4x + 4 =$ ______________

$y_3 = x^2 + 4x + 1 =$ ______________

$y_4 = -x^2 + 4x - 7 =$ ______________

$y_5 = -2x^2 - 8x - 11 =$ ______________

$y_6 = 3x^2 - 12x + 21 =$ ______________

a) Wandle jeweils in die Scheitelpunktform um.

b) Gib im Koordinatensystem die Scheitelpunkte an und beschrifte die vorgegebenen Graphen.

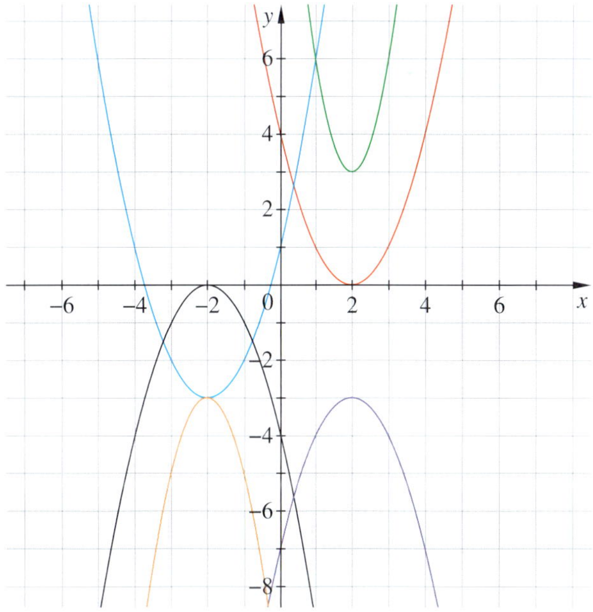

Anwenden und Vernetzen

5 Das Foto zeigt die Lupu-Brücke über den Huangpu-Fluss im Zentrum von Shanghai.
Sie war zum Zeitpunkt ihrer Fertigstellung 2003 die weltweit größte Bogenbrücke.
Die Bogenspannweite beträgt 550 m. Der Bogenscheitel hat eine Höhe von 100 m über dem Wasserspiegel.
Skizziere zuerst den fast parabelförmigen Bogen der Brücke in einem Koordinatensystem.
Gib danach eine Funktionsgleichung für den Verlauf des parabelförmigen Bogens an.

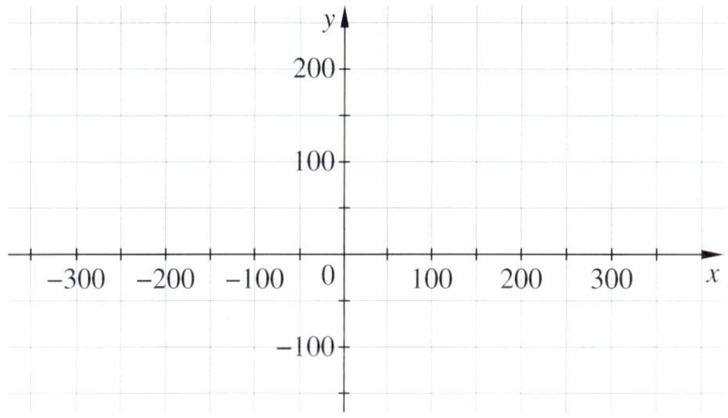

____

____

____

6 Gegeben ist die Funktionsgleichung $y = -0{,}8x^2 - 26x$.

a) Ermittle den größten Funktionswert von $y = -0{,}8x^2 - 26x$.

____

____

____

b) Kreuze Zutreffendes an.

Der Graph der Funktion $y = -0{,}8x^2 - 26x$ ist …

☐ eine Gerade	☐ ein Kreisbogenteil	☐ eine Parabel	☐ eine Normalparabel
☐ nach oben geöffnet	☐ nach unten geöffnet	☐ nach links verschoben	☐ nach rechts verschoben
☐ gestaucht	☐ gestreckt	☐ achsensymmetrisch	☐ punktsymmetrisch

Quadratische Gleichungen mit einem Blick lösen

▶ Grundwissen

- Ein Produkt ist 0, wenn mindestens ein Faktor 0 ist. Hat eine quadratische Gleichung die Form $(x + a)(x + b) = 0$, so lassen sich demzufolge die beiden Lösungen direkt ablesen: $x_1 = -a$ und $x_2 = -b$.
- Oft ist auch nur zu überlegen, von welchen Zahlen das Quadrat gegeben ist.

Beispiele:

$x^2 - 7x = 0$	$x^2 + 10x + 25 = 0$	$x^2 = 0$	$x^2 = -81$
$x \cdot (x - 7) = 0$	$(x + 5)(x + 5) = 0$	$x \cdot x = 0$	$x \cdot x = -81$
Lösungen: ______	Lösungen: ______	Lösungen: ______	Lösungen: ______

▶ Auftrag: Ergänze die Lösungen.

Trainieren

1 Kreuze alle Lösungen der quadratischen Gleichungen an.
Zusatzaufgabe: Beschreibe, wie man die Lösungen ermitteln kann.

a) $a^2 = 0$	☐ –1	☐ –0,5	☐ 0	☐ 0,5	☐ 1
b) $b^2 = 4$	☐ –2	☐ –1	☐ 0	☐ 1	☐ 2
c) $c^2 - 9 = 0$	☐ –5	☐ –3	☐ 0	☐ 3	☐ 5
d) $d \cdot (d - 1{,}5) = 0$	☐ –3	☐ –1,5	☐ 0	☐ 1,5	☐ 3

2 Gib jeweils im Stern die Anzahl der Lösungen an.

a) $145{,}78x^2 = 4{,}78$ ☆

b) $x \cdot (x - 112{,}4) = 0$ ☆

c) $45{,}78x^2 + 45{,}79 = 15{,}47x^2$ ☆

d) $(x - 112{,}4)^2 = 0$ ☆

3 Gib die Lösungen an.

a) $x^2 = 81$
Lösungen: ______

b) $b^2 = -121$
Lösungen: ______

c) $c \cdot (c + 1{,}5) = 0$
Lösungen: ______

d) $(d - 23) \cdot d = 0$
Lösungen: ______

e) $(e + 7)(e + 4) = 0$
Lösungen: ______

f) $(f + 7)(f - 7) = 0$
Lösungen: ______

g) $(g - 8)(g - 8) = 0$
Lösungen: ______

h) $(9 - h)(6 - h) = 0$
Lösungen: ______

4 Ermittle die Lösungen.

a) $x^2 + 11 = 60$
Lösungen: ______

b) $x^2 - 95 = 26$
Lösungen: ______

c) $x^2 - 64 = 297$
Lösungen: ______

d) $2x^2 + 32 = 160$
Lösungen: ______

e) $x^2 - 3x = 0$
Lösungen: ______

f) $2x^2 + 3x = 0$
Lösungen: ______

g) $-2x^2 = x$
Lösungen: ______

h) $x^2 - 8x = -16$
Lösungen: ______

5 Gib quadratische Gleichungen an, die die vorgegebenen Lösungen haben.

a) Lösungen: $-0{,}4;\ 0{,}4$ b) Lösungen: 0 c) Lösungen: $1{,}5$ d) Lösungen: $-0{,}2;\ -2$

6 Markiere zueinander äquivalente Gleichungen mit der gleichen Farbe.
Löse dazu die Gleichungen oder forme geeignet um.

$(x+0{,}2)(x-0{,}8)=0$	$x^2+0{,}6x-0{,}16=0$	$(x-0{,}2)(x+0{,}8)=0$	$x^2-0{,}6x-0{,}16=0$
$0{,}5x^2=0{,}3x+0{,}08$	$4x^2=0{,}52-1{,}8x$	$x^2+0{,}6x=0{,}16$	$3x^2=0{,}48-1{,}80x$

Anwenden und Vernetzen

7 Ein Würfel hat einen Oberflächeninhalt von $69{,}36\ \text{dm}^2$.

a) Berechne die Kantenlänge a des Würfels.

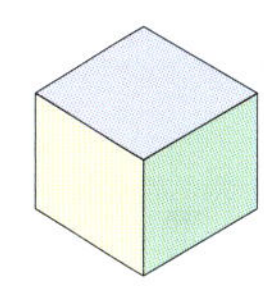

b) Mina sagt: „Der Würfel hat ein Volumen von rund $0{,}4\ \text{m}^3$."
Hat sie Recht?

8 Zahlenrätsel

a) Addiert man zum Quadrat einer natürlichen Zahl 111, so erhält man 400. Welche Zahl ist es?

b) Das Quadrat einer reellen Zahl ist gleich ihrem Siebenfachen. Welche Zahl könnte es sein?

c) Das Quadrat eines Quadrates einer reellen Zahl ist 0,0256. Welche Zahl könnte es sein?

d) Der Flächeninhalt eines Fotos beträgt $300\ \text{cm}^2$. Die ganzzahligen Seitenlängen verhalten sich zueinander wie $3:4$.
Wie lang sind die Seiten?

Verfahren zum Lösen quadratischer Gleichungen

▶ Grundwissen

- Jede Lösung einer quadratischen Gleichung lässt sich mithilfe einer quadratischen Ergänzung ermitteln.

  Beispiel:

  $$x^2+5x+4=0$$
  $$x^2+5x=-4$$
  $$x^2+5x+\left(\tfrac{5}{2}\right)^2=-4+\left(\tfrac{5}{2}\right)^2$$
  $$\left(x+\tfrac{5}{2}\right)^2=\left(\tfrac{5}{2}\right)^2-4$$
  $$x_1=-\tfrac{5}{2}+\sqrt{\left(\tfrac{5}{2}\right)^2-4} \text{ und } x_2=-\tfrac{5}{2}-\sqrt{\left(\tfrac{5}{2}\right)^2-4}$$
  $$x_1=-1 \qquad \text{ und } x_2=-4$$

- Allgemein gilt für eine quadratische Gleichung in der Normalform $x^2+px+q=0$.

  $x_1=-\frac{p}{2}+\sqrt{\left(\frac{p}{2}\right)^2-q}$ und $x_2=-\frac{p}{2}-\sqrt{\left(\frac{p}{2}\right)^2-q}$

▶ Auftrag: Kommentiere für eine Mitschülerin oder einen Mitschüler die Vorgehensweise im Beispiel.

Trainieren

1 Wandle zuerst die Gleichungen in die Normalform $x^2+px+q=0$ um. Gib danach p und q an.
Zusatzaufgabe: Ermittle die Lösungen auf einem zusätzlichen Blatt.

a) $1{,}2x^2-17-0{,}6x=10$

____

____

$p=$ ____ $q=$ ____

b) $2{,}8x=0{,}4+4x^2$

____

____

$p=$ ____ $q=$ ____

2 Löse folgende Gleichungen.

a) $x^2+8x-9=0$

b) $x^2-26x-192=0$

c) $x^2+30x+12=187$

d) $x^2-14x-36=140$

3 Löse folgende Gleichungen.

a) $1{,}4 - 5{,}4x = -1{,}4 - 2x^2$

b) $3{,}5x^2 - 0{,}25x = 4x^2 - 18$

4 Gib jeweils eine quadratische Gleichung an mit …

a) genau zwei Lösungen

b) genau einer Lösung

c) keiner Lösung

Anwenden und Vernetzen

5 Eine Supermarktkette hat ein rechteckiges Grundstück gekauft, um darauf den abgebildeten Supermarkt mit rechteckiger Grundfläche zu bauen und die benötigten Parkflächen anzulegen. Das Grundstück ist 80 m lang und 60 m breit.
Die Breite der Parkstreifen vor und neben der Halle ist gleich. Außerdem soll die Fläche des Parkplatzes insgesamt genauso groß sein wie die Grundfläche des Gebäudes samt Grünfläche. Berechne die Breite eines Parkstreifens.

6 Von mehreren 4 cm dicken quadratischen Eichenplatten wurde jeweils ein 20 cm breiter Streifen abgesägt. Die neuen Platten haben einen Flächeninhalt von $0{,}24\ \text{m}^2$. Davon werden Pakete mit jeweils 5 Platten geschnürt.

a) Wie lang war die ursprüngliche Platte?

b) Wie viele Pakete mit jeweils 5 Platten kannst du vermutlich mindestens 100 m tragen?
Hinweis: Eiche hat eine Dichte von $0{,}5\ \frac{\text{g}}{\text{cm}^3}$ bis $1{,}3\ \frac{\text{g}}{\text{cm}^3}$.

Zehnerpotenzschreibweise

▶ Grundwissen

Sehr große bzw. sehr kleine Zahlen kann man mithilfe von Zehnerpotenzen darstellen.
Die Zahl wird als Produkt geschrieben, bei dem der erste Faktor eine Zahl zwischen 1 und 10 und der zweite Faktor eine Zehnerpotenz ist.

Beispiele:

$31\,000\,000 = 3{,}1 \cdot 10\,000\,000 =$ ______ · ______ $0{,}000\,001\,2 =$ ____________________

▶ **Auftrag:** Ergänze die Beispiele.

Trainieren

1 Schreibe mit Zehnerpotenzen wie bei **a**.

a) $84\,000 = 8{,}4 \cdot 10\,000 = 8{,}4 \cdot 10^4$ b) $1\,200\,000 =$ ____________________

c) $176\,000 =$ ____________________   d) $28\,540\,000 =$ ____________________

e) $0{,}008 =$ ____________________   f) $0{,}000\,023 =$ ____________________

g) $0{,}000\,76 =$ ____________________   h) $0{,}000\,491 =$ ____________________

2 Schreibe als Dezimalzahl wie bei **a**.

a) $2{,}8 \cdot 10^3 = 2{,}8 \cdot 1\,000 = 2\,800$ b) $6{,}8 \cdot 10^6 =$ ____________________

c) $7{,}9 \cdot 10^5 =$ ____________________   d) $8{,}91 \cdot 10^5 =$ ____________________

e) $8 \cdot 10^{-6} =$ ____________________   f) $7 \cdot 10^{-5} =$ ____________________

g) $9{,}2 \cdot 10^{-8} =$ ____________________   h) $7{,}36 \cdot 10^{-4} =$ ____________________

3 Ergänze die Tabelle zu den Vorsätzen und deren Bedeutung.
Zusatzaufgabe: Nenne jeweils ein Beispiel für eine Größenangabe mit dem Vorsatz.

Faktoren, mit denen die Einheit multipliziert wird		
Faktor	Bedeutung	Vorsatz
		Deka (da)
		Hekto (h)
		Kilo (k)
	Million	Mega (M)
	Milliarde	Giga (G)
$10^{12} = 1\,000\,000\,000\,000$		Tera (T)

Faktoren, mit denen die Einheit multipliziert wird		
Faktor	Bedeutung	Vorsatz
		Dezi (d)
		Zenti (c)
		Milli (m)
$10^{-6} = 0{,}000\,001$		Mikro (μ)
	Milliardstel	Nano (n)
	Billionstel	Piko (p)

4 Ergänze.

a) $\frac{1}{1\,000} = 10^{\square} =$ ________   b) $\frac{\square}{\square} = 10^{\square} = 0{,}000\,01$

5 Ordne die Taschenrechnerangaben nach der Größe.
Beginne mit der kleinsten Zahl.

8*10^–7 | 7.0 $^{-8}$ | 8.0 ^{7} | 7*10^8 | 7.8*10^7

6 Finde heraus, bei welchen Aufgaben dein Taschenrechner das Ergebnis automatisch mit abgetrennten Zehnerpotenzen angibt.

Anwenden und Vernetzen

7 Ordne jeweils mit Linien zu.

tausend Millionen	Quadrillion $(10^6)^4 = 10^{24}$
eine Million Billionen	Milliarde $10^3 \cdot 10^6 = 10^9$
die 4-te Potenz einer Million	Billion $10^6 \cdot 10^6 = 10^{12}$
tausend Trillionen	Trilliarde $10^3 \cdot 10^{18} = 10^{21}$
eine Million Millionen	Billiarde $10^3 \cdot 10^{12} = 10^{15}$
tausend Billionen	Quinquillion $(10^6)^5 = 10^{30}$
Anzahl von Zehntausend	Myriade 10^4
die 5-te Potenz einer Million	Trillion $10^6 \cdot 10^{12} = 10^{18}$

8 Eine Strecke ist ein Lichtjahr lang, wenn Licht zum Durchlaufen dieser Strecke ein Jahr benötigt.
Die Lichtgeschwindigkeit beträgt $3 \cdot 10^5 \frac{\text{km}}{\text{s}}$.

Gib ein Lichtjahr in Kilometern an.

9 Um wie viel Zentimeter ist der aus Eisen erbaute Eiffelturm (300 m) an einem Sommertag bei 30 °C höher als im Winter bei –15 Grad °C, wenn sich ein 1 m langer Eisenstab pro Grad Erwärmung um $1{,}2 \cdot 10^{-5}$ m ausdehnt?

Potenzieren und Wurzelziehen

▶ Grundwissen

- Die Umkehrung des Potenzierens ist das Wurzelziehen.
- Die n-te Wurzel aus a ist die Zahl x, die n-mal mit sich selbst multipliziert a ergibt.

Beispiel:

$3^4 = 3 \cdot 3 \cdot 3 \cdot 3 =$ ____ $\sqrt[4]{81} =$ ____

$\sqrt[4]{81} = 3$, denn $3 \cdot 3 \cdot 3 \cdot 3 =$ ____

▶ Auftrag: Ergänze das Beispiel.

Trainieren

1 Ergänze die Zahlen. Arbeite ohne Taschenrechner.
Hinweis: $x^0 = 1$ für $x \neq 0$

	$n=0$	$n=1$	$n=2$	$n=3$	$n=4$	$n=5$
10^n						
2^n						
3^n						
5^n						

2 Gib die Ergebnisse an. Nutze die Ergebnisse in der Tabelle bei Aufgabe **1**.
Hinweis: Zwei Ergebnisse sind nicht aus der Tabelle ablesbar.

a) $\sqrt[3]{1\,000} =$ ____ **b)** $\sqrt[3]{27} =$ ____ **c)** $\sqrt[3]{8} =$ ____ **d)** $\sqrt[2]{100} =$ ____

e) $\sqrt[5]{100\,000} =$ ____ **f)** $\sqrt[6]{64} =$ ____ **g)** $\sqrt[2]{25} =$ ____ **h)** $\sqrt[5]{1024} =$ ____

3 Ermittle jeweils ohne Taschenrechner wie bei **a**, zwischen welchen natürlichen Zahlen das Ergebnis liegt.

a) $7 < \sqrt[2]{55} <$ ____, denn $7^2 = 49$ und $8^2 = 64$ **b)** ____ $< \sqrt[2]{101} <$ ____, denn ____

c) ____ $< \sqrt[3]{55} <$ ____, denn ____ **d)** ____ $< \sqrt[5]{101} <$ ____, denn ____

4 Gib jeweils das Ergebnis an. Überprüfe es durch Potenzieren.
Hinweis: Arbeite ohne Taschenrechner.

a) $\sqrt[3]{0{,}001} =$ ____, denn ____ **b)** $\sqrt[3]{0{,}125} =$ ____, denn ____

c) $\sqrt[4]{0{,}000\,1} =$ ____, denn ____ **d)** $\sqrt[4]{0{,}000\,81} =$ ____, denn ____

5 Ergänze jeweils die fehlende Zahl.
Hinweis: Nutze, wenn nötig, einen Taschenrechner.

a) $\square^5 = 3\,125$ **b)** $\square^4 = 0{,}2401$ **c)** $1{,}2^{\square} = 1{,}728$ **d)** $2{,}1^{\square} = 19{,}4481$

e) $4^{0{,}5} = \square$ **f)** $81^{0{,}5} = \square$ **g)** $5^{-2} = \square$ **h)** $0{,}125^{\square} = 512$

i) $\square \cdot \sqrt[3]{1000} = 20$ **j)** $\sqrt[3]{1} + \sqrt[3]{\square} = 7$ **k)** $\sqrt[3]{2} \cdot \sqrt[3]{\square} = 4$ **l)** $\sqrt[3]{1 - \square} = 0{,}3$

6 Ermittle die Kantenlängen a von Würfeln mit dem Volumen V. Runde, wenn nötig, auf Hundertstel Dezimeter. Was fällt auf?

V	1 dm³	10 dm³	100 dm³	1 000 dm³	10 000 dm³	100 000 dm³
a						

V	0,27 dm³	2,7 dm³	27 dm³	270 dm³	2 700 dm³	27 000 dm³
a						

Folgendes fällt auf:

Anwenden und Vernetzen

7 Ein Würfel, der durch und durch aus Glas besteht, mit einer Dichte von 2,5 g pro Kubikzentimeter

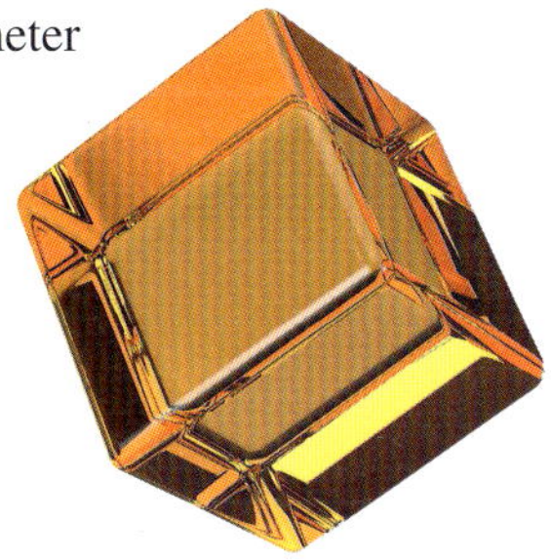

a) Einer der Glaswürfel hat 10 cm lange Kanten.
Ermittle seine Masse in Kilogramm.

b) Aus 50 kg Glas soll ein Würfel gegossen werden.
Ermittle seine Kantenlänge in Dezimetern. Runde auf Zehntel Dezimeter.

8 Jemand „beweist" auf folgende Art, dass 5 = 11 gilt.
Wo steckt der Fehler? Begründe deine Antwort.

$$\left(\frac{5}{11}\right)^x = \left(\frac{11}{5}\right)^7$$

$$\frac{5^x}{11^x} = \frac{11^7}{5^7}$$

$$5^x \cdot 5^7 = 11^7 \cdot 11^x$$

$$5^{x+7} = 11^{x+7}$$

$$5 = 11$$

Lineares Wachstum

▶ Grundwissen

Lineares Wachstum liegt vor, wenn in gleich langen Zeitspannen die Zu- oder Abnahme den gleichen Wert hat.

Es gilt: $G_n = G_0 + d \cdot n$ G_0: Anfangswert
d: Zu- oder Abnahme (Steigung)
n: Anzahl der gleichen Zeitspannen

Beispiel: In einem Schrank sind 4 Tafeln Schokolade.
Jeden Tag wird eine halbe Tafel davon weggenommen.

$G_n = 4 - 0{,}5 \cdot n$

Tage (n)	1	2	3	4	5	6	7	8
Tafeln (G_n)	3,5	3	2,5	2	1,5	1	0,5	0

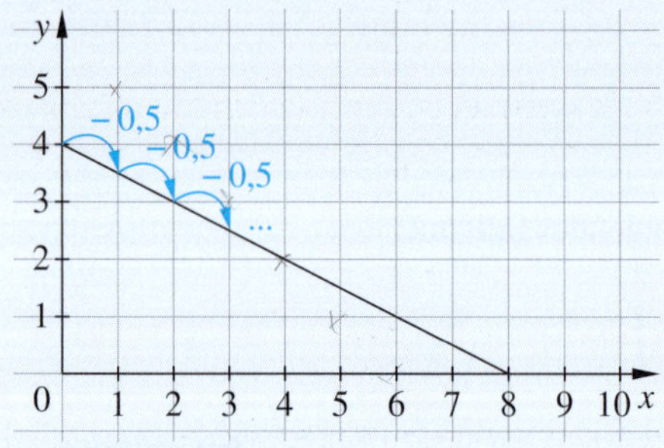

▶ Auftrag: Ergänze die Tabelle.

Trainieren

1 Lineares Wachstum

①

Zeit in min	0	1	2	3
fertige Teile	1	3	5	7

②

Zeit in h	2	4	6	10
Abstand in km	1	1,5	2	3

③

Zeit in Wochen	0	1	2	3
Tüten Futter	7	5,5	4	1,5

④

Zeit in Monaten	2	3	4	5
Betrag in €	2,6	2,4	2,2	2

a) Ermittle jeweils den fehlenden Wert.

b) Stelle die Daten grafisch dar.

c) Markiere positives und negatives Wachstum mit unterschiedlichen Farben.

☒ positives lineares Wachstum ($d > 0$)

☒ negatives lineares Wachstum ($d < 0$)

d) Ordne die Gleichungen den Tabellen zu und gib die Zu- oder Abnahme in je einer Zeitspanne an.

$G_n = 7 - 1{,}5 \cdot n$ ③ – 1,5 Tüten Futter

$G_n = 0{,}5 + 0{,}25 \cdot n$ ② + 0,25 km

$G_n = 1 + 2 \cdot n$ ① + 2 fertige Teile

$G_n = 3 - 0{,}2 \cdot n$ ④ – 0,2 €

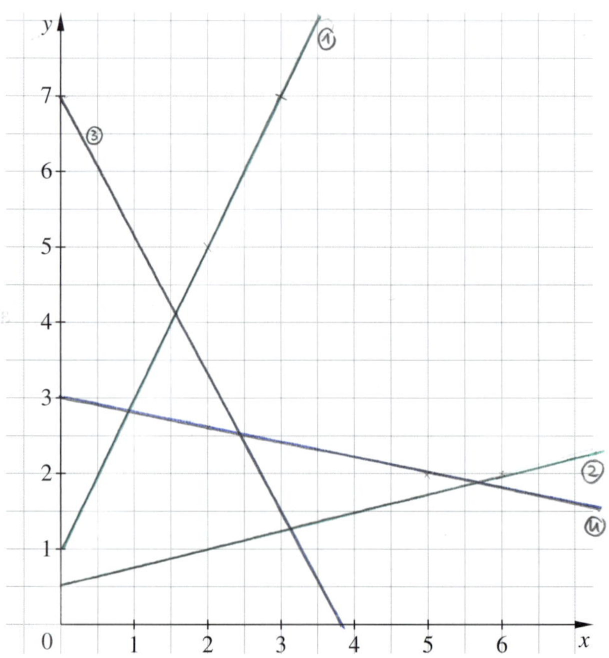

2 Wahr oder falsch?

① Lineares Wachstum kann mit einer linearen Funktion $y = mx + b$ beschrieben werden. ☒ wahr ☐ falsch

② Bei linearem Wachstum werden die Werte der Funktion immer größer. ☐ wahr ☒ falsch

③ Bei linearem Wachstum geht die passende Gerade durch den Punkt $P(0\,|\,0)$. ☐ wahr ☒ falsch

3 Entscheide, ob im Alltag eher positives lineares Wachstum (p), negatives lineares Wachstum (n) oder keines von beidem vorliegt.

① Eine Haar wächst durchschnittlich 1 cm pro Monat.	☐ p	☐ n	☐ k
② Eine Aktie verlor pro Tag 5 % von ihrem Wert.	☐ p	☐ n	☐ k
③ Jeden Tag werden 25 von 200 Bäumen gefällt.	☐ p	☐ n	☐ k
④ Die Preise für Getreide stiegen pro Jahr um 2 %.	☐ p	☐ n	☐ k
⑤ Pro Stunde werden 10 Torten fertig.	☐ p	☐ n	☐ k

4 Gib ein Beispiel aus dem Alltag für negatives lineares Wachstum an.

____

____

Anwenden und Vernetzen

5

Anzahl zugelassener Pkw in Deutschland 2000–2011

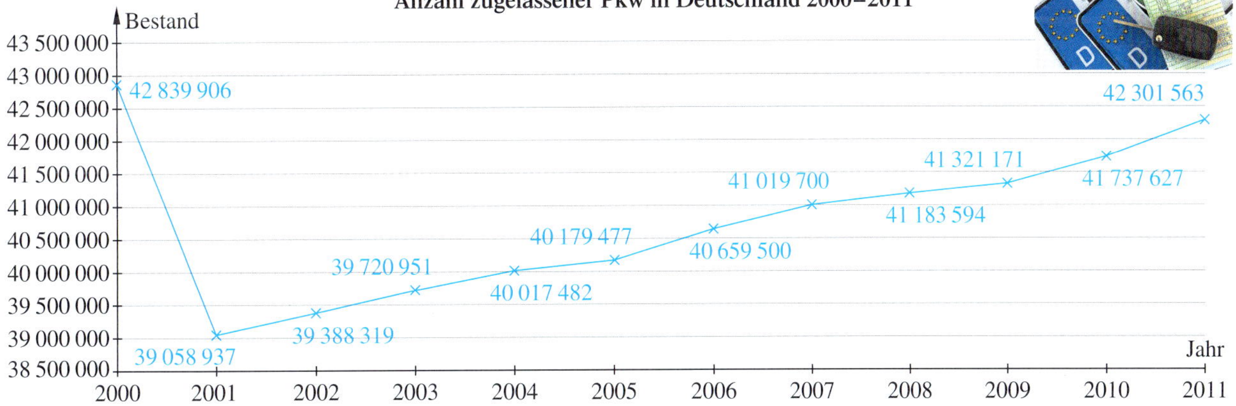

a) Betrachte die Anzahl der zugelassenen Pkw in Deutschland von 2001 bis 2011.
Gib an, welche Art von Wachstum in der Zeit von 2001 bis 2011 etwa vorliegt.

____

b) In welchem Jahr hatten die Zulassungen den größten absoluten und den größten prozentualen Zuwachs gegenüber dem Vorjahr?
Gib passende Werte an.
Zusatzaufgabe: Recherchiere, woran das liegen könnte.

____

____

c) In welchem Jahr hatten die Zulassungen den kleinsten absoluten und den kleinsten prozentualen Zuwachs gegenüber dem Vorjahr?
Gib passende Werte an.

____

____

d) Wie hoch ist der prozentuale Zuwachs zugelassener Pkw in Deutschland von 2001 bis 2011?

____

e) Kreuze passende Gleichungen an.

☐ $G_n = 39\,058\,937 + 1\,000\,000 \cdot n$	☐ $G_n = 39\,058\,937 + 4\,\% \cdot n$	☐ $G_n = 39\,058\,937 + 1\,500\,000 \cdot n$
☐ $G_{2002} = 39\,058\,937 \cdot 97{,}17$	☐ $G_{2008} = 41\,321\,171 \cdot 1{,}02$	☐ $G_{2010} = 40\,179\,477 \cdot 1{,}04$

Exponentielles Wachstum

▶ Grundwissen

Exponentielles Wachstum liegt vor, wenn in gleich langen Zeitspannen die Zu- oder Abnahme den gleichen Faktor hat. Es gilt: $G_n = G_0 \cdot q^n$ G_0: Anfangswert
q: Wachstumsfaktor ($q = 1 + p\%$)
n: Anzahl der gleichen Zeitspannen

Beispiel: In einem Schrank sind 4 Tafeln Schokolade.
Jeden Tag wird die Hälfte davon weggenommen.

$G_n = 4 \cdot 0{,}5^n$

Tage (n)	0	1	2	3	4	5
Tafeln (G_n)	4	2	1	0,5	0,25	0,125

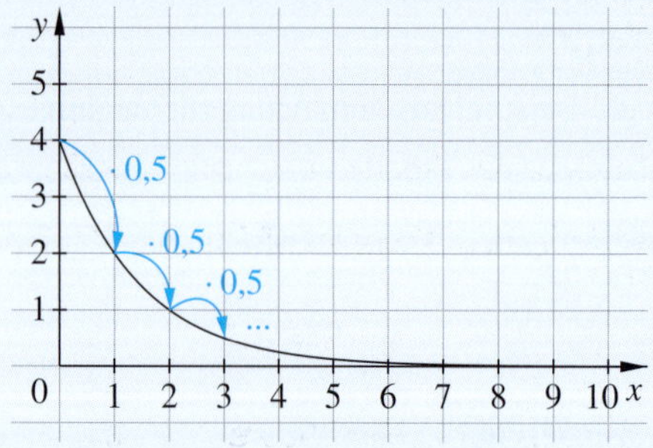

▶ **Auftrag:** Ergänze die Tabelle.

Trainieren

1 Exponentielles Wachstum mit $G_n = G_0 \cdot q^n$

①

n	0	1	2	3	4
G_n	0,5	1	2	4	8

②

n	0	1	2	3	4
G_n	5	1	0,2	0,04	0,008

③

n	0	1	2	3	4
G_n	2	2,4	2,88	3,456	4,1472

④

n	0	1	2	3	4
G_n	2	1	0,5	0,25	0,125

a) Ermittle jeweils den fehlenden Wert und trage die Punkte im Koordinatensystem ein.

b) Ordne die Gleichungen den Tabellen zu und gib die Zu- oder Abnahme in je einer Zeitspanne an.

$G_n = 0{,}5 \cdot 2^n$ ① $q =$ 2

$G_n = 2 \cdot 0{,}5^n$ ④ $q =$ 0,5

$G_n = 5 \cdot 0{,}2^n$ ② $q =$ 0,2

$G_n = 2 \cdot 1{,}2^n$ ③ $q =$ 1,2

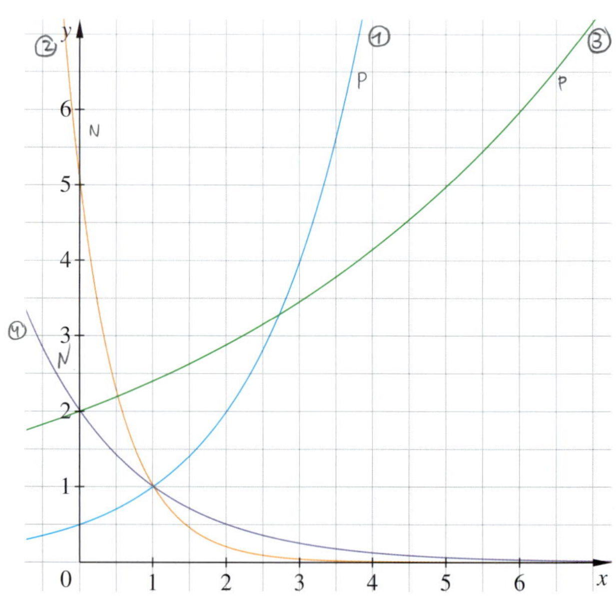

c) Markiere positives und negatives Wachstum mit unterschiedlichen Farben.

☐ P positives exponentielles Wachstum ($q > 0$)

☐ N negatives exponentielles Wachstum ($q < 0$)

2 Wahr oder falsch?

① Exponentielles Wachstum kann mit einer Gleichung der Form $y = mx$ beschrieben werden. ☐ wahr ☒ falsch
② Exponentielles Wachstum kann mit einer Gleichung der Form $y = x^m$ beschrieben werden. ☒ wahr ☐ falsch
③ Bei exponentiellem Wachstum werden die Werte der Funktion immer größer. ☐ wahr ☒ falsch
④ Zu exponentiellem Wachstum passt keine Gerade. ☒ wahr ☐ falsch

3 Geldanlagen über 2 000 € mit Zinseszins und vollständiger Auszahlung nach 8 Jahren

Zinssatz p. a.	Kapital am Ende des 1. Jahres	Kapital am Ende des 2. Jahres	Kapital am Ende des 4. Jahres	Kapital am Ende des 6. Jahres	Kapital am Ende des 8. Jahres
5 %					
10 %					
15 %					

a) Ergänze die Tabelle mithilfe des Taschenrechners oder einer Tabellenkalkulation.

b) Ermittle den Wachstumsfaktor q und gib passende Gleichungen zur Ermittlung des Kapitals K nach n Jahren an.

① $p = 5\,\%$ $K_0 = 2\,000$ € $q =$ ______ $K_n =$ ______

② $p = 10\,\%$ $K_0 = 2\,000$ € $q =$ ______ $K_n =$ ______

③ $p = 15\,\%$ $K_0 = 2\,000$ € $q =$ ______ $K_n =$ ______

c) Veranschauliche die Entwicklung des Kapitals. Ermittle, in welchem Jahr erstmals das Kapital größer als 8 000 € wäre. Gib das Kapital am Ende des Jahres zuvor und in dem Jahr an.

① $p = 5\,\%$ ______

______

② $p = 10\,\%$ ______

______

③ $p = 15\,\%$ ______

______

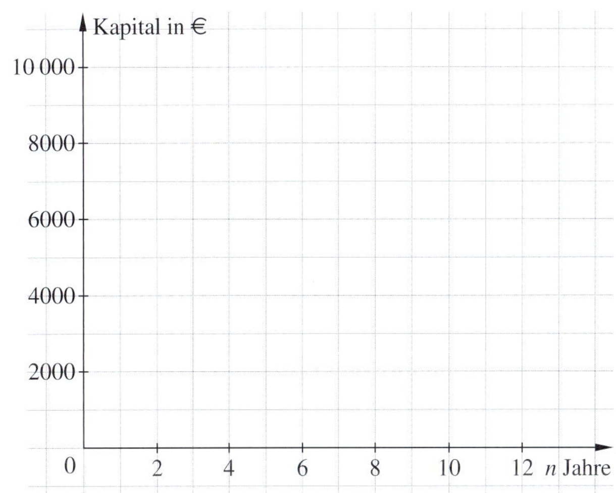

Anwenden und Vernetzen

4

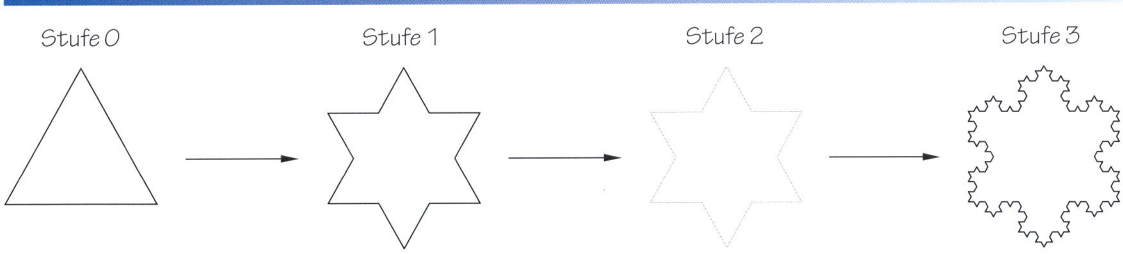

Drittele die Länge der Seite eines gleichseitigen Dreiecks der letzten Stufe.
Setze über den mittleren Stücken damit gleichseitige Dreiecke auf.

a) Zeichne die Figur zur Stufe 2 und ergänze die Tabelle.

	Stufe 0	Stufe 1	Stufe 2	Stufe 3
Anzahl der Strecken	3			
Länge einer Strecke	1			
Umfang der Figur	3			

b) Gib eine Formel zur Berechnung des Umfangs u in der n-ten Stufe an. ______

Pyramiden und Kegel erkennen

▶ Grundwissen

- Eine Pyramide ist ein Körper, dessen Grundfläche ein Vieleck ist und dessen Seitenflächen Dreiecke sind, die eine gemeinsame Ecke, die Pyramidenspitze, bilden.
- Ein Kegel ist ein Körper, der durch einen Kreis und einen Punkt außerhalb der Ebene des Kreises, der Spitze des Kegels, festgelegt wird.

Beispiele:

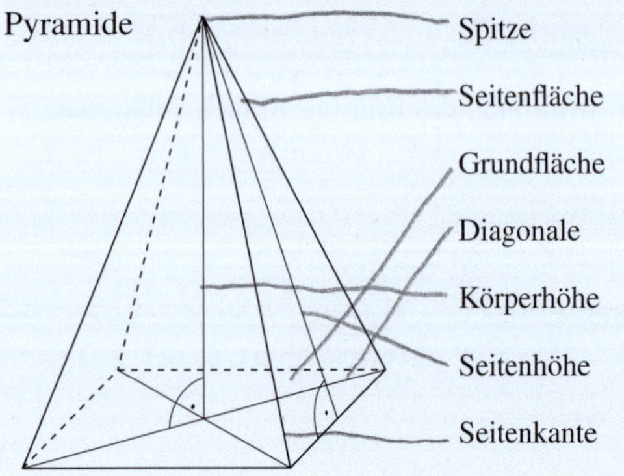

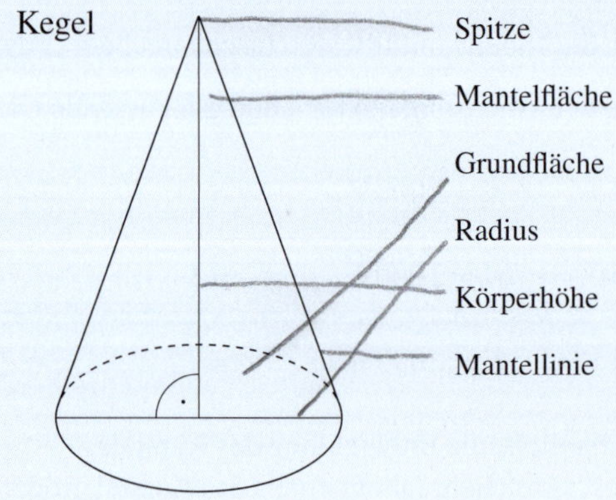

▶ Auftrag: Zeichne bei den Beispielen passende Linien ein.

Trainieren

1 Körperzeichnungen

a) Ergänze jeweils die Anzahl der dargestellten Körper.

Pyramiden: 5 Kegel: 4

b) Gib die Form der Grundflächen der Pyramiden an.

Vierecke

c) Zusatzaufgabe: Benenne möglichst viele der dargestellten Körper.

2 Pyramiden und Kegel im Alltag

a) Entscheide, ob im Alltag oft die Form einer Pyramide (P), eines Kegels (K) oder keines von beidem (n) vorliegt.

① Dach eines Kirchturms	☒ P	☒ K	☐ n
② Spitze eines angespitzten Buntstiftes	☐ P	☒ K	☐ n
③ Kegel einer Kegelbahn	☐ P	☐ K	☒ n
④ Bevölkerungspyramide, z. B. im Geographiebuch	☒ P	☐ K	☐ n
⑤ gewöhnlicher Klebestift	☐ P	☐ K	☒ n

b) Nenne jeweils ein Beispiel für einen Gegenstand mit der Form eines Kegels und mit der Form einer Pyramide.

Kegel : Spitze vom Kugelschreiber

Pyramide = Dach eines Hauses

3 Schrägbilder

a) Zeichne in die Schrägbilder von Prismen passende Pyramiden ein.
Markiere darin jeweils die Spitze S, die Körperhöhe h_k, eine Seitenhöhe h_a und eine Seitenkante s.

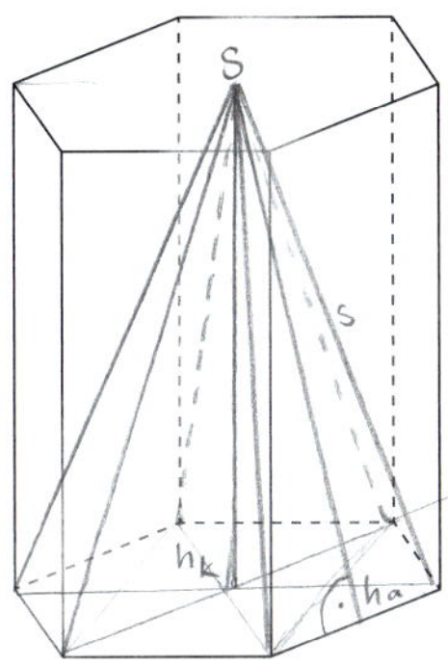

gerade, regelmäßige, sechsseitige Pyramide, die so hoch ist wie das Prisma

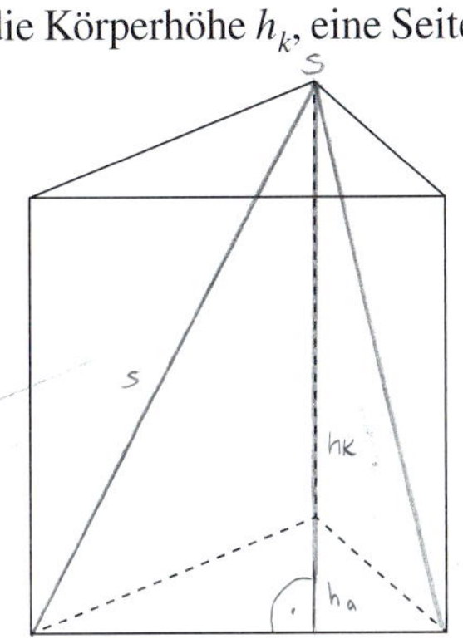

schiefe, regelmäßige, dreiseitige Pyramide, die so hoch ist wie das Prisma

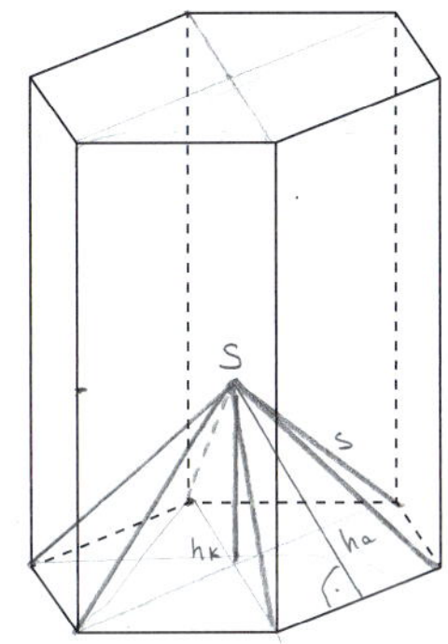

gerade, regelmäßige, sechsseitige Pyramide, die halb so hoch ist wie das Prisma

b) Zeichne in die Schrägbilder von Zylindern passende Kegel ein.
Markiere darin jeweils die Spitze S, den Radius r, die Körperhöhe h_k und eine Mantellinie m.

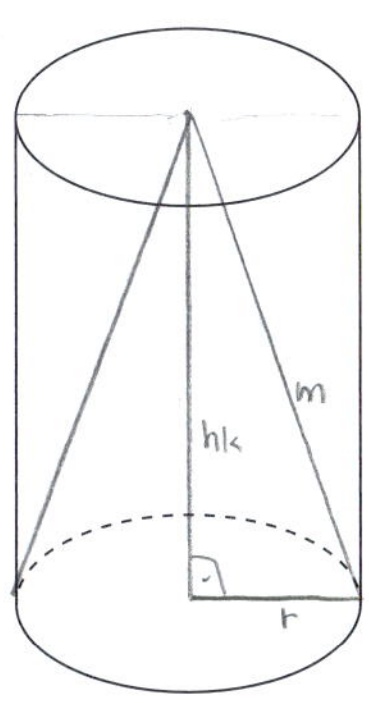

gerader Kegel, der so hoch ist wie der Zylinder

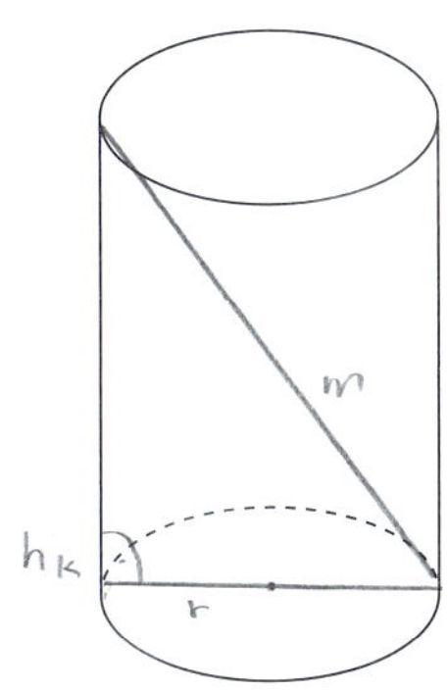

schiefer Kegel, der so hoch ist wie der Zylinder

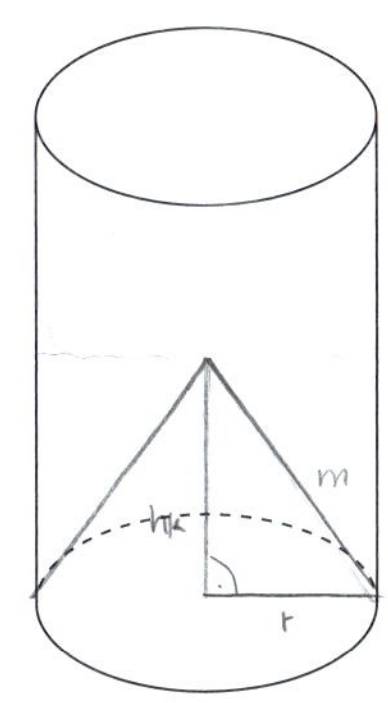

gerader Kegel, der halb so hoch ist wie der Zylinder

Anwenden und Vernetzen

4 Zwei Zuckertüten sind 25 cm hoch. Eine hat die Form eines Kegels mit 5 cm Radius. Die andere hat die Form einer geraden sechsseitigen Pyramide mit 10 cm langen Diagonalen.
Zeichne in einem geeigneten Maßstab passende Schrägbilder vom Kegel und von der Pyramide. Gib den Maßstab an.
Zusatzaufgabe: Zeichne jeweils einen stehenden und einen liegenden Körper.

5 : 1

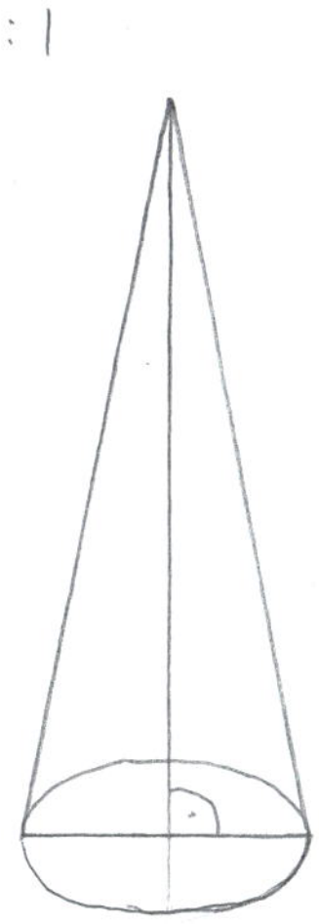

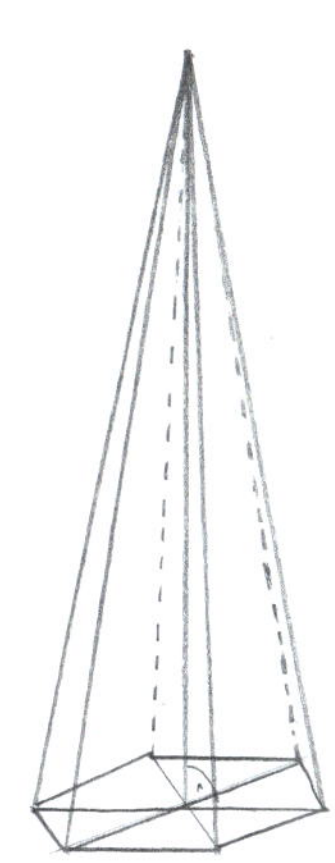

Oberfläche von Pyramiden

▶ Grundwissen

Für den Oberflächeninhalt einer Pyramide gilt:

$a^2 + 4\left(\frac{a \cdot h_a}{2}\right) = O = G + M$

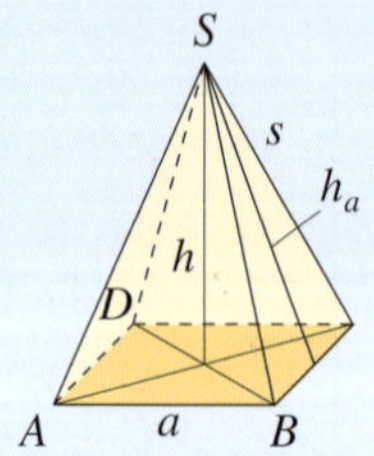

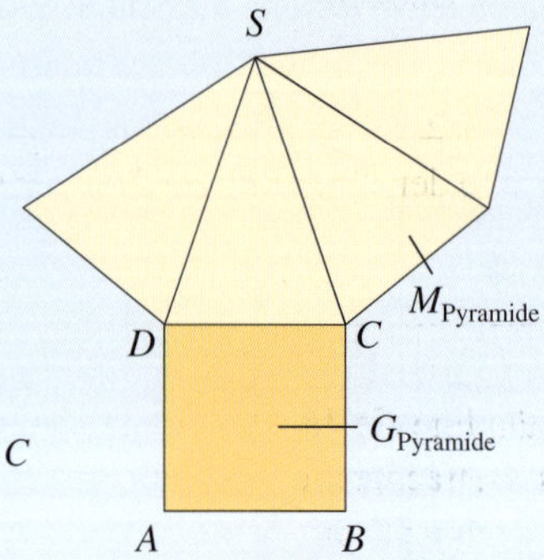

▶ **Auftrag:** Ergänze eine Formel zu Berechnung der Größe der Oberfläche.

Trainieren

1

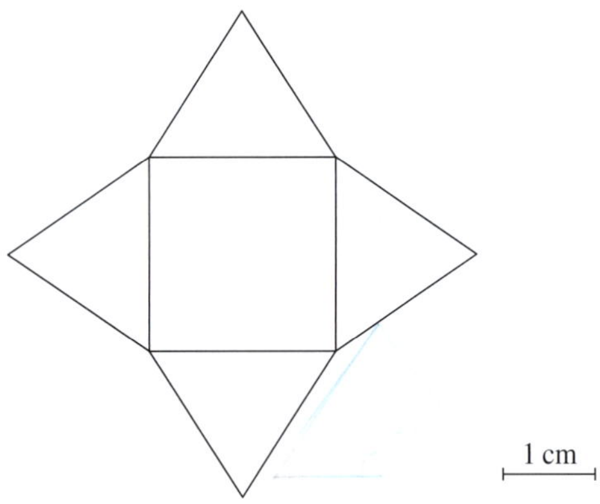

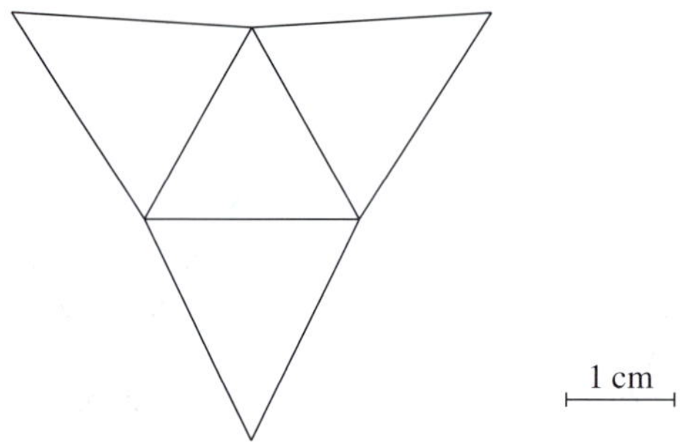

Größe der Grundfläche: $4\ cm^2$

Größe der Mantelfläche: $6\ cm^2$

Größe der Oberfläche: $10\ cm^2$

Größe der Grundfläche: $2\ cm^2$

Größe der Mantelfläche: $6\ cm^2$

Größe der Oberfläche: $8\ cm^2$

a) Ermittle die Größen der Flächen der geraden, regelmäßigen Pyramiden. Entnimm dazu benötigte Angaben den Körpernetzen.

b) Kreuze alle zu beiden Pyramiden passenden Formeln an. Hinweis: Prüfe, ob sie für beide Beispiele gelten.

☐ $G_{\text{Pyramide}} = a^2$

☒ $A_{\text{Seitenfläche}} = \frac{h_a \cdot a}{2}$

☒ $s = \sqrt{h_a^2 + a^2}$

☒ $h_a = \sqrt{s^2 - a^2}$

2 Ordne die Pyramidennetze nach der Größe. Beginne jeweils mit dem kleinsten Wert.

a) Grundfläche:

(3) (1) (2)

b) Mantelfläche:

(3) (2) (1)

c) Oberfläche:

(3) (2) (1)

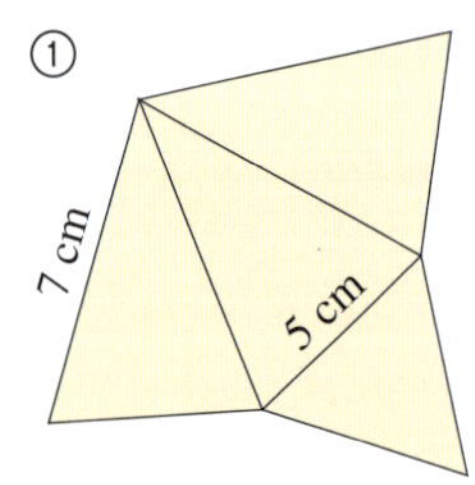

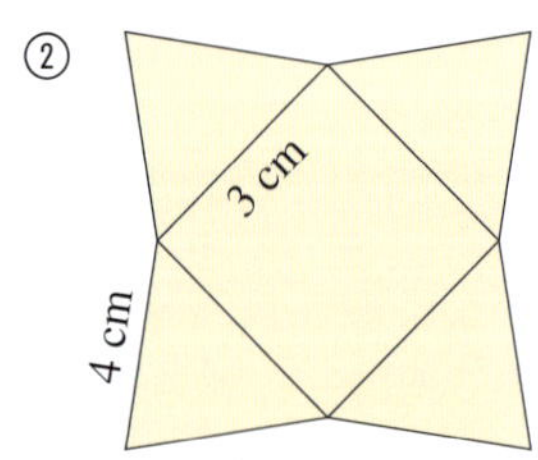

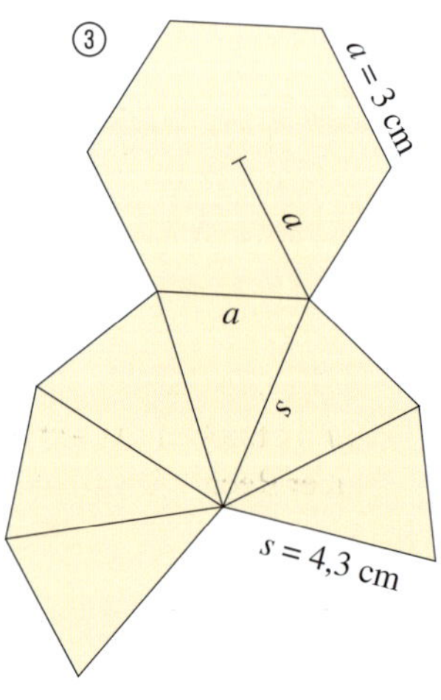

3 Eine gerade Pyramide ist 34 cm hoch und hat eine quadratische Grundfläche mit 56 cm langen Seiten.

a) Berechne die Höhe h_a einer Seitenfläche.
Hinweis: Betrachte die Pyramide im Grundwissen.

$h_a = \sqrt{34^2 + 28^2} = 44{,}05$ cm

b) Berechne den Oberflächeninhalt der Pyramide.

O = G + M G = 3136 cm² M = 4933,6 cm² O = 8069,6

4 Vervollständige die Tabelle für gerade Pyramiden mit quadratischen Grundflächen.
Hinweis: Betrachte die Pyramide im Grundwissen.

a	h	s	h_a	M_{Pyramide}	O_{Pyramide}
3 cm	5 cm	5,43 cm	5,22 cm	31,32 cm²	40,32 cm²
3,92 cm	2,14 cm	3,5 cm	2,9 cm	22,74 cm²	38,11 cm²
19,37 cm	7,9 m	15,81 cm	12,5 m	484,25 cm²	859,45 cm²

Anwenden und Vernetzen

5 Ein Turmdach soll neu gedeckt werden. Die Dachdecker haben ermittelt, dass alle unteren Dachkanten 8 m lang sind und ein Quadrat bilden. Alle schrägen Dachkanten sind 9 m lang.
Jeder der neuen Ziegel deckt eine Fläche von 15 cm mal 12 cm ab.
Berechne die Anzahl der benötigten Ziegel.

6 Eine 12 cm hohe Schachtel hat die Form einer geraden Pyramide.
Die Grundfläche ist ein regelmäßiges Achteck mit der Seitenlänge $a = 7$ cm.
Die Höhe h_d jedes Teildreiecks der Grundfläche beträgt rund 8,45 cm.

a) Berechne den Oberflächeninhalt der Pyramide.

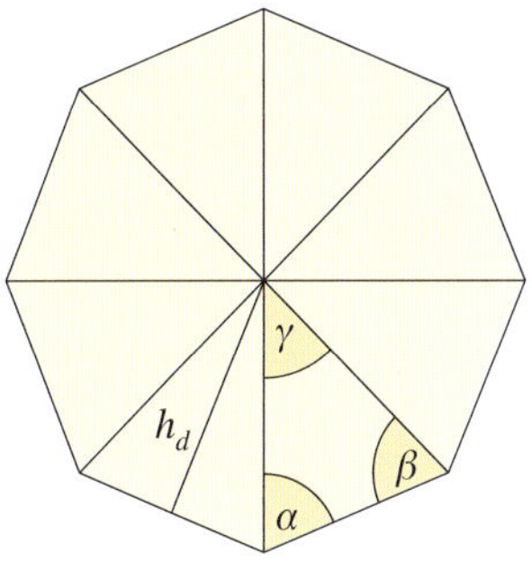

b) Karl betrachtet das Achteck und behauptet: „α ist genau 86° groß."
Hat er Recht? Begründe deine Meinung mithilfe einer Rechnung.

Oberfläche von Kegeln

▶ Grundwissen

Für den Oberflächeninhalt eines Kegels gilt:

$O_{Kegel} =$ G + M

$G_{Kreis} =$ π · r²

$M_{Kegel} =$ π · r · s

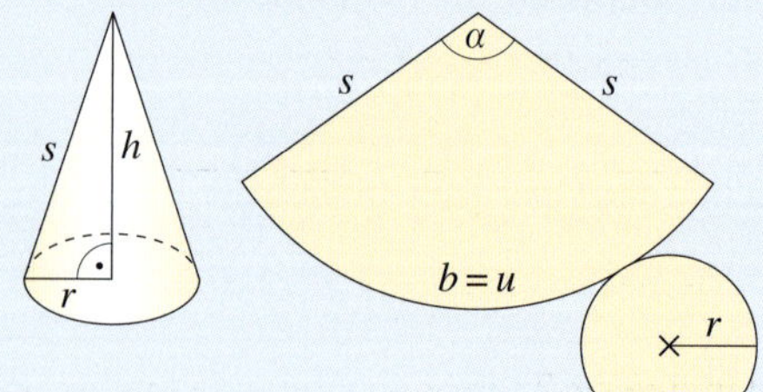

$\frac{\alpha}{360°} = \frac{r}{s}$

▶ Auftrag: Ergänze die Formeln.

Trainieren

1

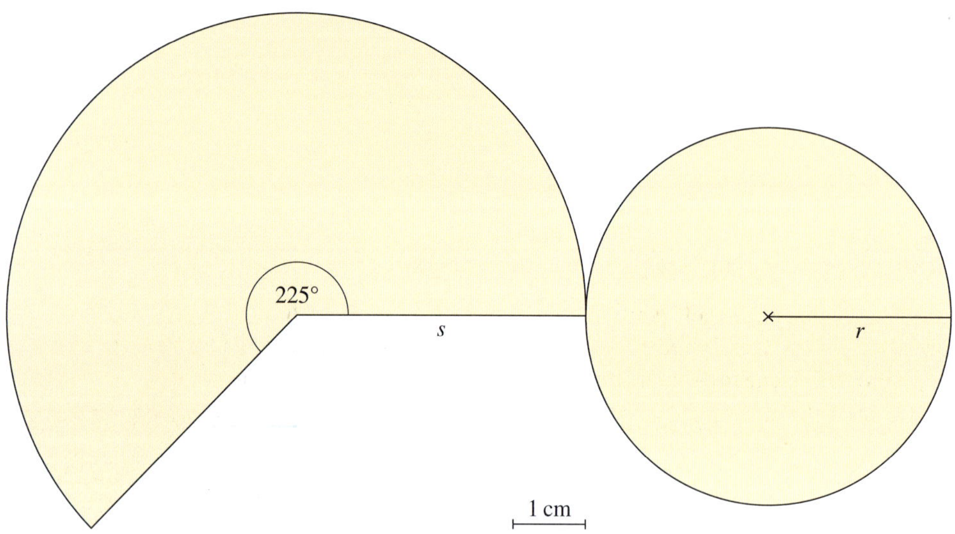

Ermittle die Größen der Flächen des geraden Kegels. Entnimm dazu benötigte Angaben dem Körpernetz.

Größe der Grundfläche: 2,5² · π = 19,63 cm²

Größe der Mantelfläche: π · 4 · 2,5 = 31,42 cm²

Größe der Oberfläche: O = 51,05 cm²

2 Berechne den Flächeninhalt der Grundfläche, des Mantels und der Oberfläche der Kegel.

a)

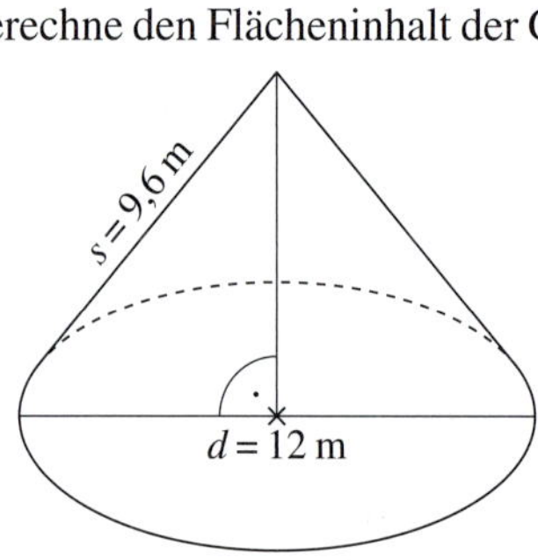

G = π · 6² G = 113,10 m²

M = 9,96 · 6 · π G = 187,74 m²

O = 300,84 m²

b)

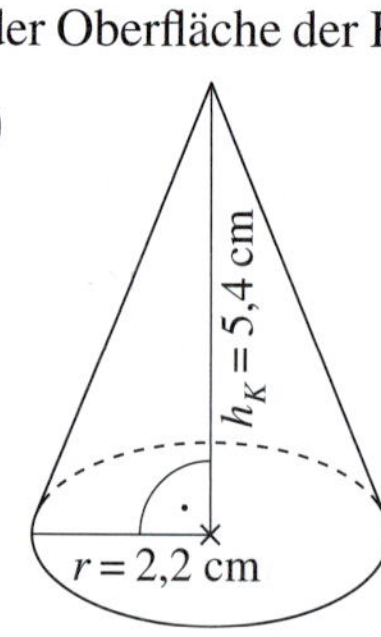

G = 2,2² π G = 15,21 cm²

M = 2,2 · 5,83 · π M = 40,29 cm²

O = 55,50 cm²

3 Zeichne das Netz eines Kegels mit einem Durchmesser von 2,6 cm und einer Seitenhöhe von 2,1 cm. Berechne den Oberflächeninhalt.

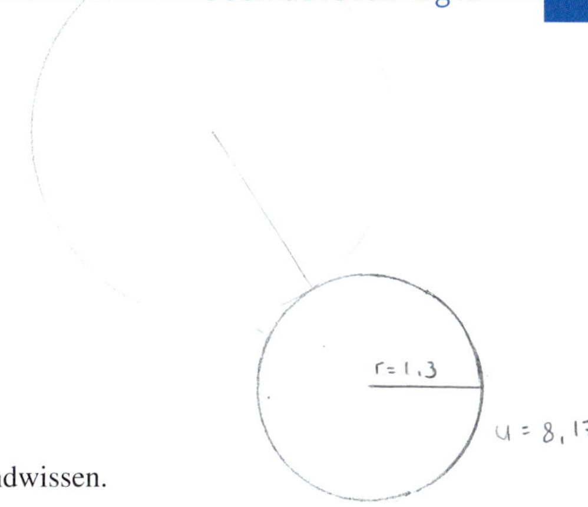

4 Vervollständige die Tabelle für Kegel. Betrachte dazu die Abbildungen im Grundwissen.

r	s	h	α	M_{Kegel}	G_{Kreis}	O_{Kegel}
	8 dm			65 dm^2		
	15,2 m	12,4 m				
25,6 m	27,5 m					
5,5 m				97,6 m^2		
8 cm						950 cm^2

Anwenden und Vernetzen

5 Auf dem Bild ist ein Kletterturm zu sehen, der „Kegel" genannt wird. Er befindet sich in Berlin. Der Turm hat eine Gesamthöhe von 18,70 m. Der Zylinder hat einen Umfang von 44 m und eine Höhe von 10,7 m. Berechne näherungsweise die Größe der Fläche im Außenbereich, die den Kletterern zur Verfügung steht.

6 Das Körpernetz eines Kegels besteht aus einem Viertelkreis mit einem Radius von 10 cm und einem Kreis.

a) Welchen Oberflächeninhalt hat der zugehörige Kegel?
Zusatzaufgabe: Bastle einen derartigen Kegel.

b) Schätze, wie groß das Volumen des zugehörigen Kegels ist.
Kreuze alle passenden Angaben an.

☐ ca. 6 cm^2 ☐ ca. $6 \cdot 10^{-5}$ m^3 ☐ ca. $6 \cdot 10^{3}$ mm^3

☐ ca. 0,006 dm^3 ☐ ca. 60 cm^3 ☐ 6000 mm^3

Volumen von Pyramiden und Kegeln

▶ Grundwissen

- Für das Volumen einer Pyramide gilt:

  $V_{\text{Pyramide}} = G \cdot h_k \cdot \frac{1}{3}$

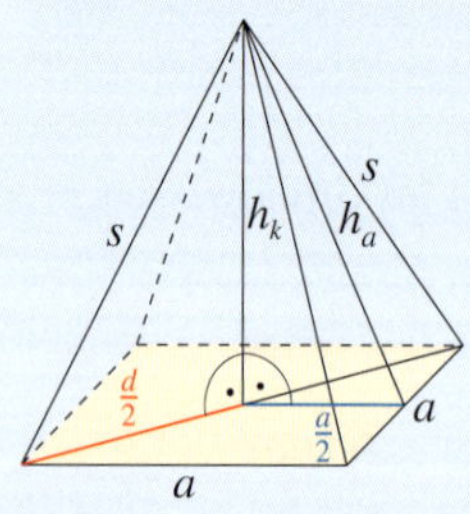

- Für das Volumen eines Kegels gilt:

  $V_{\text{Kegel}} = G \cdot h_k \cdot \frac{1}{3}$

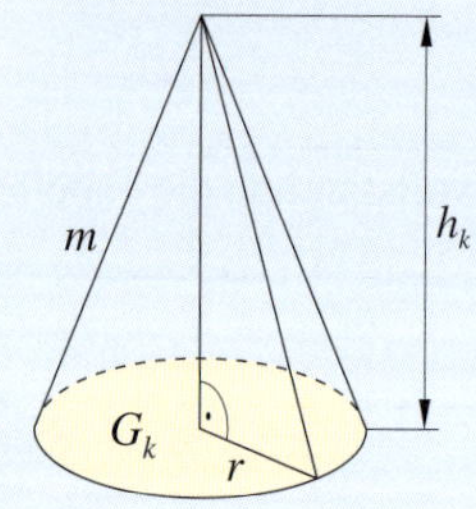

▶ **Auftrag:** Ergänze die Formeln.

Trainieren

1 Ermittle das Volumen der skizzierten Pyramide.

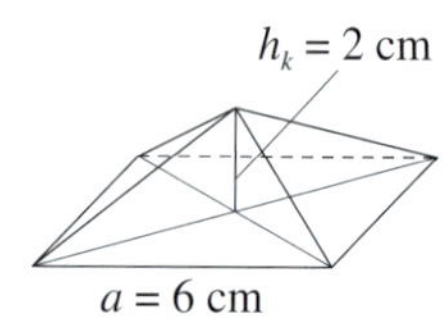

2 Ergänze die Tabelle für Pyramiden.

Flächeninhalt der Grundfläche	6 cm²	10 dm²	7 mm²	0,25 m²
Höhe	4 cm	4 cm	11 mm	0,6 m
Volumen	8 cm³	40 dm³	77 mm³	0,15 m³

3 Ermittle das Volumen des skizzierten Kegels.

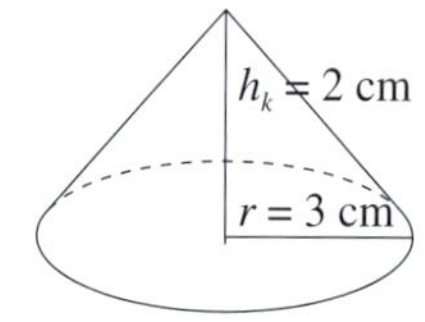

4 Ergänze die Tabelle für Kegel.

Radius	Durchmesser	Flächeninhalt der Grundfläche	Höhe	Volumen
4 dm	8 dm	50,27 dm²	6 dm	100,54 dm³
1 m	2 m	3,14 m²	12 m	12,56 m³
1,5 cm			2 cm	
	2 mm			7,32 mm³

5 Formuliere eine gemeinsame Regel zur Berechnung des Volumens von Pyramiden und Kegeln.

6 Ordne die Körper nach der Größe der Volumen. Beginne mit dem kleinsten Wert.
Körper ① ist eine 5 cm hohe quadratische Pyramide mit 2 cm langen Kanten an der Grundfläche.
Körper ② ist ein 5 cm hoher Kegel, dessen Grundfläche einen Durchmesser von 5 cm hat.
Körper ③ ist eine 4 cm hohe rechteckige Pyramide mit 6 cm und 2,5 cm langen Kanten an der Grundfläche.
Körper ④ ist ein 4 cm hoher Kegel, dessen Grundfläche einen Radius von 3 cm hat.

Anwenden und Vernetzen

7 Auf einer Drehmaschine wurde das in der Zeichnung dargestellte Werkstück gefertigt. Es entstehen bei der Drehung um die eingezeichnete Achse Rotationskörper. Die Maße sind in Millimetern angegeben.
Benenne die entstandenen Körper.
Berechne Volumen und Oberflächeninhalt von jedem der beiden Körper.

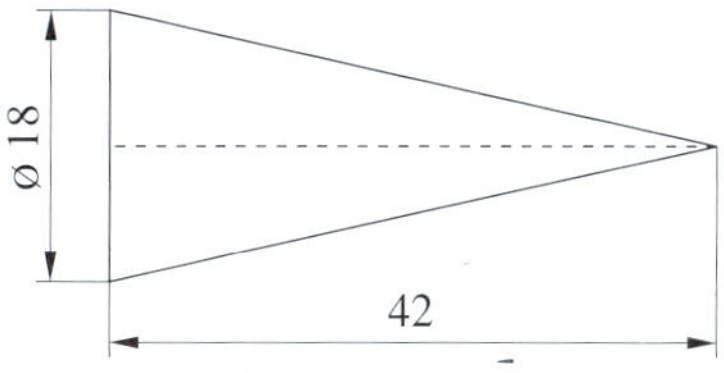

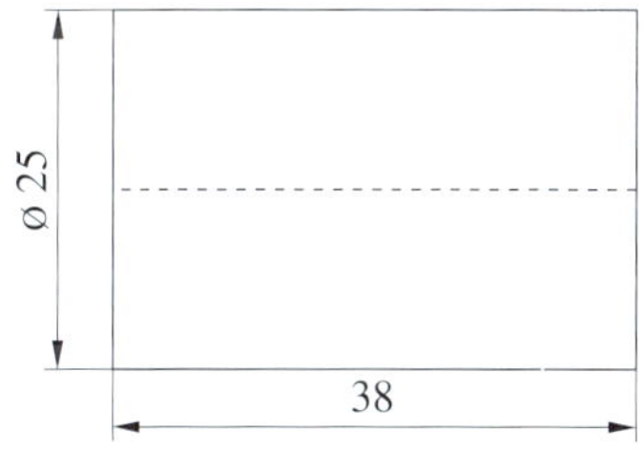

8 Alle Kanten eines regelmäßigen Tetraeders und einer geraden quadratischen Pyramide haben eine Länge von $a = 3$ cm.
Berechne die Volumen beider Körper.

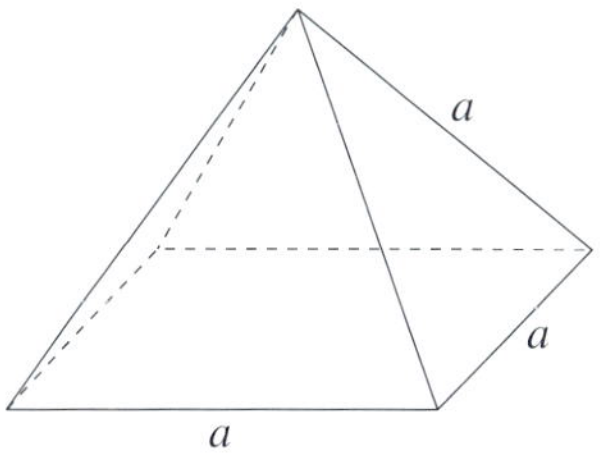

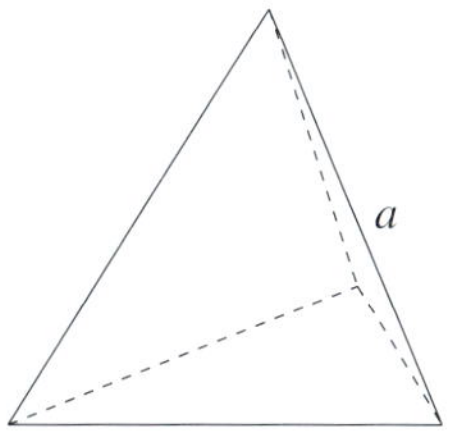

Volumen und Oberfläche von Kugeln

▶ Grundwissen

- Für das Volumen einer Kugel gilt:

  $V_{Kugel} = \frac{4}{3}\pi \cdot r^3$. V_{Kugel} = ____________________

- Für den Oberflächeninhalt einer Kugel gilt:

  $O_{Kugel} = 4\pi \cdot r^2$. O_{Kugel} = ____________________

Beispiel:

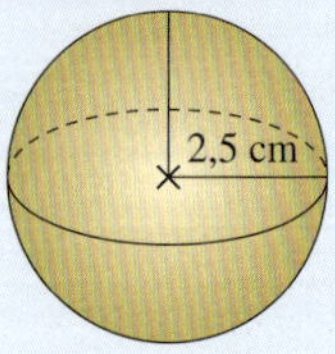

▶ Auftrag: Ergänze das Beispiel.

Trainieren

1 Berechne jeweils das Volumen und den Oberflächeninhalt der Kugel. Runde die Ergebnisse auf Hundertstel.
Hinweis: Nutze zum Rechnen gegebenenfalls ein zusätzliches Blatt.

Radius	7,6 cm	32,1 cm	0,69 cm	99,9 cm
Oberflächeninhalt				
Volumen				

2 Ergänze die Tabelle für Kugeln. Runde die Ergebnisse auf Hundertstel.
Hinweis: Nutze zum Nachrechnen gegebenenfalls ein zusätzliches Blatt.

Radius	3,5 cm			
Durchmesser		4 dm		
Oberflächeninhalt			120 mm^2	
Volumen				700 m^3

3 Ordne mithilfe von Überschlägen innerhalb einer Minute möglichst viele Werte jeweils einer Kugel zu (Radius bzw. Durchmesser, Oberflächeninhalt, Volumen).
Markiere einander zugeordnete Größenangaben mit der gleichen Farbe.
Hinweis: Nutze gegebenenfalls zum Nachrechnen ein zusätzliches Blatt.

3,5 cm	79 cm^2	154 cm^2	4347 cm^2
12 cm^2	180 cm^3	18,6 cm	1 cm
26 954 cm^3	65 cm^3	4 cm^3	5 cm

4 Schätze, welchen Oberflächeninhalt und welches Volumen ein Fußball hat.

____

____

5 Untersuche, ob alle Kugeln aus dem gleichen Gusseisen bestehen können. Berechne dazu mithilfe des Volumens die Dichte des Materials, aus dem jeweils die Kugel besteht.
Hinweis: $\varrho = \frac{m}{V}$

	Kugel ①	Kugel ②	Kugel ③	Kugel ④
Masse m	3 000 g	4 000 g	5 000 g	7 260 g
Durchmesser d	9,4 cm	10,3 cm	11,0 cm	12,5 cm
Volumen V				
Dichte ϱ				

Anwenden und Vernetzen

6 Je drei Tennisbälle sollen platz- und materialsparend verpackt werden. Sie haben einen Durchmesser von 6,6 cm. Es bieten sich zylinderförmige oder quaderförmige Schachteln an. Gib jeweils die Raumausnutzung in Prozent an. Wie viel Karton ist mindestens nötig, um eine solche Schachtel zu falten, wenn man 15 % für Klebestellen und Überlappung hinzurechnet?

7 Einem Würfel mit der Kantenlänge $a = 10$ cm wird eine Kugel einbeschrieben.
Um wie viel Prozent sind Volumen und Oberflächeninhalt der Kugel kleiner als die entsprechenden Größen des Würfels?

Seitenverhältnisse in rechtwinkligen Dreiecken

▶ Grundwissen

Beispiel:

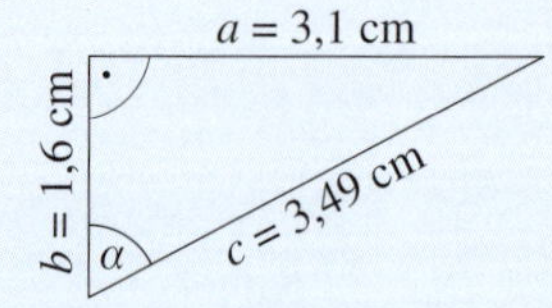

Beziehungen in rechtwinkligen Dreiecken:

Sinus eines Winkels = $\frac{\text{Länge der Gegenkathete des Winkels}}{\text{Länge der Hypotenuse}}$ sin (α) = $\frac{3,1}{3,49}$ = 0,89

Kosinus eines Winkels = $\frac{\text{Länge der Ankathete des Winkels}}{\text{Länge der Hypotenuse}}$ cos (α) = $\frac{1,6}{3,49}$ = 0,46

Tangens eines Winkels = $\frac{\text{Länge der Gegenkathete des Winkels}}{\text{Länge der Ankathete des Winkels}}$ tan (α) = $\frac{3,1}{1,6}$ = 1,94

▶ Auftrag: Berechne den Sinus, den Kosinus und den Tangens von α.

Trainieren

1 Ergänze die Sätze.
Hinweis: „δ" steht für Delta. „ε" steht für Epsilon. „ζ" steht für Zeta.

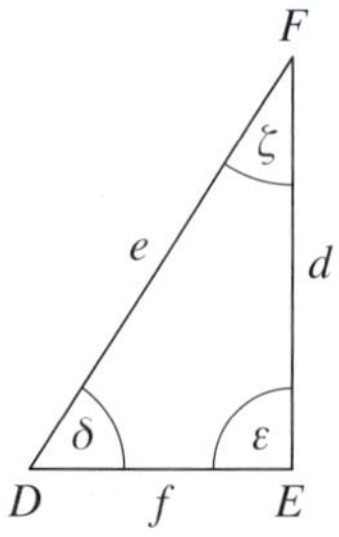

① ε ist der rechte Winkel im Dreieck *DEF*. Die Hypotenuse ist die Seite e.

② Die Ankathete zum Winkel δ im Dreieck *DEF* ist die Seite f. Die Gegenkathete ist die Seite d.

③ Die Ankathete zum Winkel ζ im Dreieck *DEF* ist die Seite d. Die Gegenkathete ist die Seite f.

2 Vervollständige die Gleichungen so, dass sie zum jeweiligen Dreieck passen.

a) $\sin(\alpha) = \frac{a}{c}$

$\cos(\alpha) = \frac{b}{c}$

$\tan(\alpha) = \frac{a}{b}$

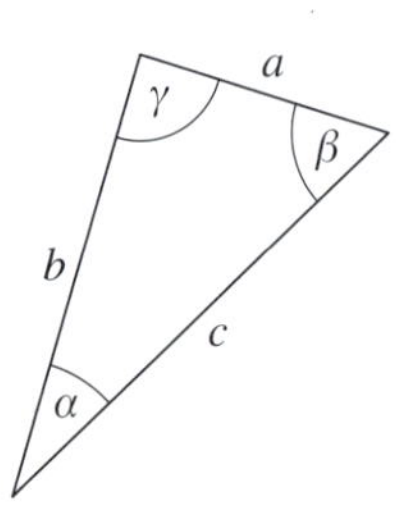

b) $\sin(\alpha) = \frac{a}{b}$

$\cos(\alpha) = \frac{c}{b}$

$\tan(\alpha) = \frac{a}{c}$

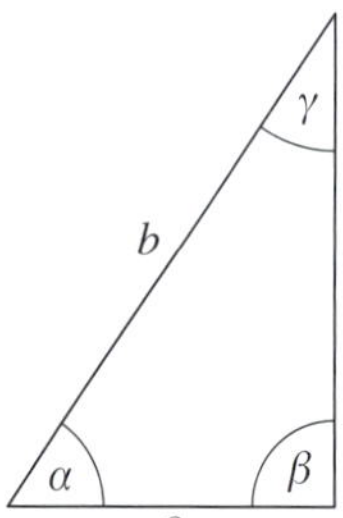

c) $\sin(\beta) = \frac{b}{a}$

$\cos(\gamma) = \frac{c}{a}$

$\tan(\gamma) = \frac{c}{b}$

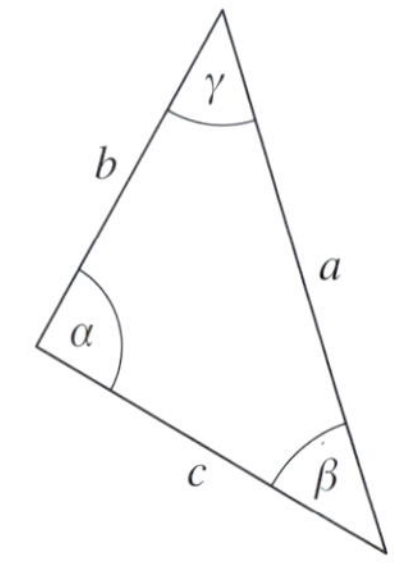

3 Kreuze alle zum Dreieck *ABC* passenden Formeln an.
Zusatzaufgabe: Gib weitere passende Formeln an.

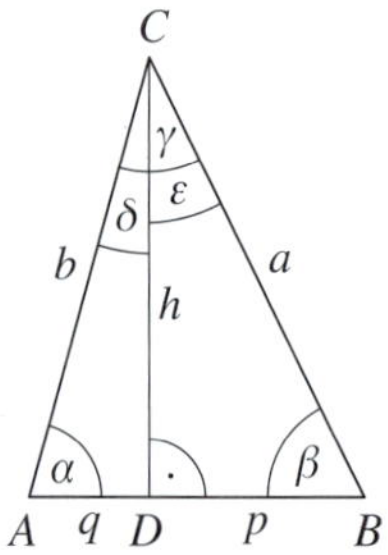

☐ $\sin(\alpha) = \frac{a}{b}$	☒ $\sin(\alpha) = \frac{h}{b}$	☒ $\sin(\beta) = \frac{h}{a}$	☐ $\sin(\beta) = \frac{h}{p}$
☐ $\cos(\alpha) = \frac{b}{a}$	☐ $\cos(\alpha) = \frac{b}{h}$	☐ $\cos(\beta) = \frac{h}{a}$	☒ $\cos(\beta) = \frac{p}{a}$
☐ $\tan(\alpha) = \frac{q}{b}$	☒ $\tan(\alpha) = \frac{q}{h}$	☐ $\tan(\beta) = \frac{p}{h}$	☐ $\tan(\beta) = \frac{p}{a}$
☒ $\frac{q}{b} = \sin(\delta)$	☒ $\frac{h}{b} = \cos(\delta)$	☒ $\frac{p}{a} = \sin(\varepsilon)$	☒ $\frac{p}{h} = \tan(\varepsilon)$

4 Berechne mit einem Taschenrechner.
Hinweis: Nutze beim Taschenrechner z. B. „sin" und „$\sin^{-1}$".

a) $\sin(20°) \approx$ ______ **b)** sin (______) ≈ 0,3

c) $\cos(20°) \approx$ ______ **d)** cos (______) ≈ 0,3

e) $\tan(20°) \approx$ ______ **f)** tan (______) ≈ 0,3

Arbeitsheft

Schlüssel zur Mathematik
Klasse 10
Niedersachsen

LÖSUNGEN

Cornelsen

Beraterin: Christa Meyer

Redaktion: Berit Kroschel
Illustration: Gudrun Lenz, Berlin

Grafik: Christian Böhning
Umschlaggestaltung: Studio Syberg
Technische Umsetzung: Ralf Franz, CMS – Cross Media Solutions GmbH

Bildnachweis
Umschlag Bühne, H. W., Essen
Fotos 7/1 www.schurr-fotografie.de; 9/1 Shutterstock / atiger; 11/1 Fotolia/DURIS Guillaume;
15/1 Berit Kroschel, Berlin; 17/1 Fotolia/tigger11th; 19/1 Fotolia/svort; 21/1 Fotolia/Fiona Coulter;
22/1 Fotolia/carlacdesign; 23/1 Fotolia/silencefoto; 25/1 Fotolia/RABE; 27/1 picture-alliance/dpa/dpaweb;
29/1 Fotolia/ehrenberg-bilder; 31/1 Shutterstock/Blend Images; 31/2 Shutterstock/C-You;
32/1 Fotolia/mathisa; 33/1 Fotolia/magicbeam; 37/1 Fotolia/pusteflower9024; 38/1 Shutterstock/Jakub Mrocek;
40/1 Shutterstock/Monkey Business Images; 41/1 Fotolia/kyoko; 41/2 Fotolia/VERSUSstudio;
41/3 Fotolia/pablographix; 42/1 Shutterstock/Craig Russell; 44/1 Fotolia/Stéphane Hell;
46/1 Shutterstock/AnnaIA; 47/1 Shutterstock/Julia Benedikt; 49/1 Shutterstock/holbox;
50/1 Shutterstock/Maxx-Studio; 60/1 Fotolia/Birgit Brandlhuber; 62/1 Fotolia/Bergfee;
63/1 Fotolia/Markus Mainka

Dieses Heft gehört: Klasse:

Rein quadratische Funktionen

▶ Grundwissen

Bei quadratischen Funktionen mit Gleichungen der Form $y = ax^2$ bestimmt der Faktor a die Form und die Öffnungsrichtung der Parabel in Richtung der y-Achse gegenüber der Normalparabel.

Für $a = 1$ entsteht eine Normalparabel.

Für $a = -1$ entsteht eine an der x-Achse gespiegelte Normalparabel.

Für $a < 0$ ist die Parabel nach unten geöffnet.

Für $a > 0$ ist die Parabel nach oben geöffnet.

Für $0 < |a| < 1$ entsteht eine gestauchte Parabel.

Für $|a| > 1$ entsteht eine gestreckte Parabel.

Beispiele:

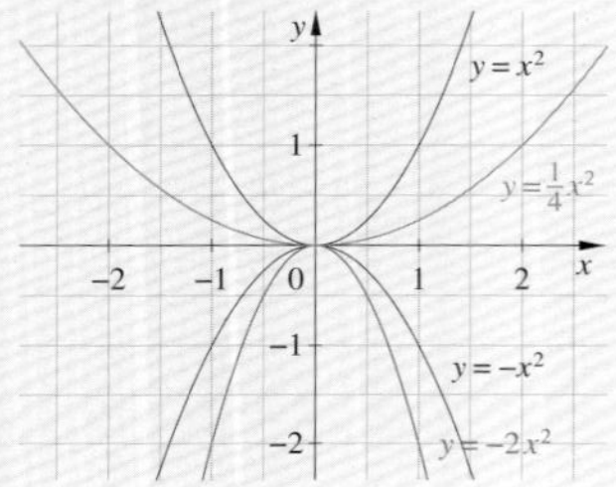

▶ **Auftrag:** Ergänze den Bereich, aus dem der Faktor a jeweils kommt.

Trainieren

1 Normalparabel

a) Ergänze die fehlenden Werte.

x	−2,5	−2	−1	0	1	2	2,5
$y = x^2$	6,25	4	1	0	1	4	6,25

b) Zeichne den Graphen von $y = x^2$ ins Koordinatensystem ein.

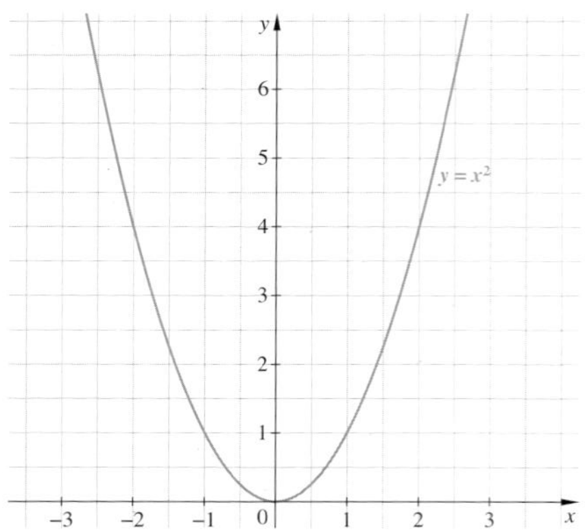

c) Prüfe jeweils mithilfe einer Rechnung, ob der Punkt auf der Normalparabel liegt.
Kreuze die Punkte an, die auf der Normalparabel liegen.

☒ $A(4|16)$ $y = 4^2 = 16$

☐ $B(16|4)$ $y = 16^2 = 256$

☒ $C(-4|16)$ $y = (-4)^2 = 16$

d) Kreuze Zutreffendes an.

☒ Die Normalparabel ist nach oben geöffnet.
☐ Die Normalparabel ist symmetrisch zur x-Achse. **Sie ist symmetrisch zur y-Achse.**
☒ Die Normalparabel hat eine Nullstelle bei $x = 0$.
☒ Bei einer gestauchten Parabel ist die Öffnung größer als bei der Normalparabel.
☒ Die Normalparabel hat den Scheitelpunkt $Q(0|0)$. **tiefster Punkt**

e) Ermittle jeweils die fehlende Koordinate der vier Punkte auf der Normalparabel.

$E(10|\,100\,)$ $F(\,-10\,|100)$ $G(\,5\,|25)$ $H(\,-5\,|25)$

f) Ergänze die Wertetabelle zur Normalparabel.

x	−9	−10	−11	−12	−13	−14	15	16	17	18	19	20
y	81	100	121	144	169	196	225	256	289	324	361	400

2 Beschrifte zuerst die vorgegebenen Graphen.
Ergänze danach die Wertetabellen für die beiden fehlenden Funktionen und zeichne deren Graphen ein.

$y_1 = -0{,}5x^2$
$y_2 = 1{,}6x^2$
$y_3 = -2{,}5x^2$
$y_4 = 0{,}7x^2$
$y_5 = 0{,}2x^2$
$y_6 = -1{,}5x^2$

x	−4	−2	0	2	4
y_5	3,2	0,8	0	0,8	3,2

x	−1,5	−1	0	1	1,5
y_6	−3,375	−1,5	0	−1,5	−3,375

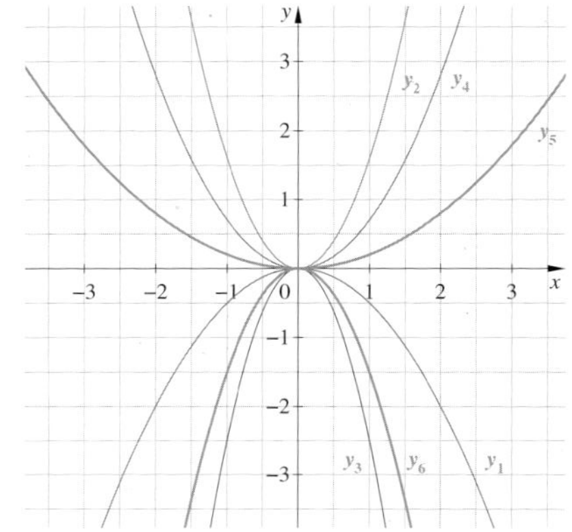

3 Ist die jeweils zugehörige Parabel gestreckt oder gestaucht?
In welche Richtung ist sie geöffnet?
Kreuze Zutreffendes an.

a) $y = 0{,}47x^2$ ☐ gestreckt ☒ gestaucht ☒ nach oben geöffnet ☐ nach unten geöffnet
b) $y = -6{,}8x^2$ ☒ gestreckt ☐ gestaucht ☐ nach oben geöffnet ☒ nach unten geöffnet
c) $y = \frac{4}{3}x^2$ ☒ gestreckt ☐ gestaucht ☒ nach oben geöffnet ☐ nach unten geöffnet
d) $y = -\frac{3}{4}x^2$ ☐ gestreckt ☒ gestaucht ☐ nach oben geöffnet ☒ nach unten geöffnet
e) $y = 1x^2 - 0{,}47$ ☐ gestreckt ☐ gestaucht ☒ nach oben geöffnet ☐ nach unten geöffnet

Anwenden und Vernetzen

4 Gegeben ist der Punkt $O(3|27)$ der Parabel mit der Funktionsgleichung $y = ax^2$.
Ermittle den Faktor a und begründe deine Antwort.

$27 = a \cdot 3^2$, d. h. $a = 3$

5 In der Abbildung siehst du eine Hängebrücke.
Ihre Spannweite beträgt 50 m, die Höhe der oberen Befestigungspunkte über der Fahrbahn beträgt 15 m.

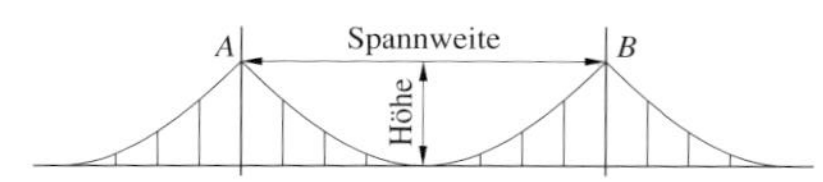

Die Hauptseile im mittleren Abschnitt hängen annähernd parabelförmig durch.
Fertige eine Skizze an und bestimme die Gleichung der Form $f(x) = ax^2$, die den Verlauf der Hauptseile beschreibt.

$y = ax^2$

$15 = a \cdot 25^2$ **somit ist** $a = 0{,}024$ **und** $f(x) = 0{,}024x^2 = \frac{3}{125}x^2$

Die Gleichung $f(x) = 0{,}024x^2$ beschreibt den Verlauf der Hauptseile.

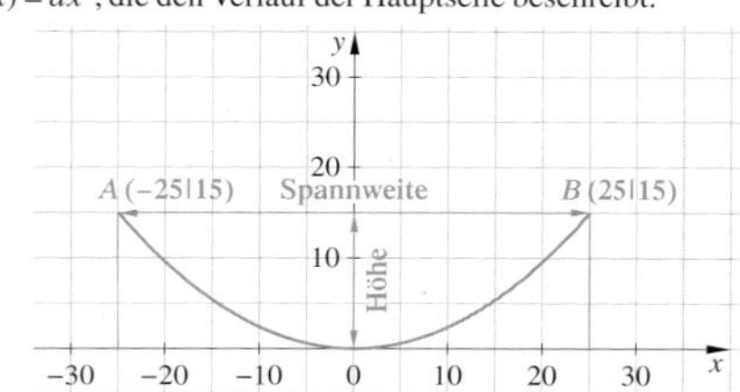

Scheitelpunktform quadratischer Funktionen

▶ Grundwissen

- Der Graph der Funktion mit der Gleichung $y = x^2$ heißt Normalparabel.
  Der Scheitelpunkt der Parabel ist $S(0|0)$.
- Verschiebt man die Normalparabel um e in y-Richtung, so lautet die Gleichung der entsprechenden Funktion

  $y = x^2 + e$.

  Der Scheitelpunkt der Parabel ist $S(0|e)$.
- Verschiebt man die Normalparabel um d in x-Richtung, so lautet die Gleichung der entsprechenden Funktion

  $y = (x - d)^2$.

  Der Scheitelpunkt der Parabel ist $S(d|0)$.
- $y = (x - d)^2 + e$ hat den Scheitelpunkt $S(d|e)$.

Beispiele:

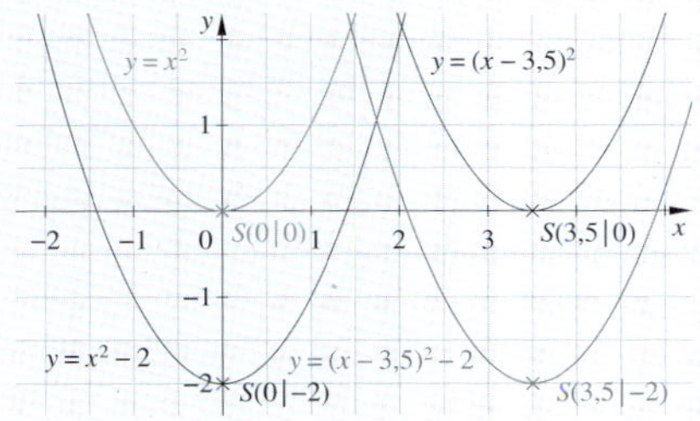

▶ Auftrag: Gib jeweils die Funktionsgleichungen an.

Trainieren

1 Koordinatensystem mit verschobenen Normalparabeln

a) Ergänze die fehlenden Werte.

x	–2	–1	0	1	2	3
$y_1 = x^2$	4	1	0	1	4	9
$y_2 = x^2 + 5$	9	6	5	6	9	14
$y_3 = x^2 - 4$	0	–3	–4	–3	0	5

x	–2	–1	0	1	2	3
$y_1 = x^2$	4	1	0	1	4	9
$y_4 = (x + 1)^2$	1	0	1	4	9	16
$y_5 = (x - 2)^2$	16	9	4	1	0	1

x	–2	–1	0	1	2	3
$y_6 = (x + 1)^2 + 2$	3	2	3	6	11	17
$y_7 = (x + 1)^2 - 4$	–3	–4	–3	0	5	12
$y_8 = (x - 2)^2 - 4$	12	5	0	–3	–4	–3

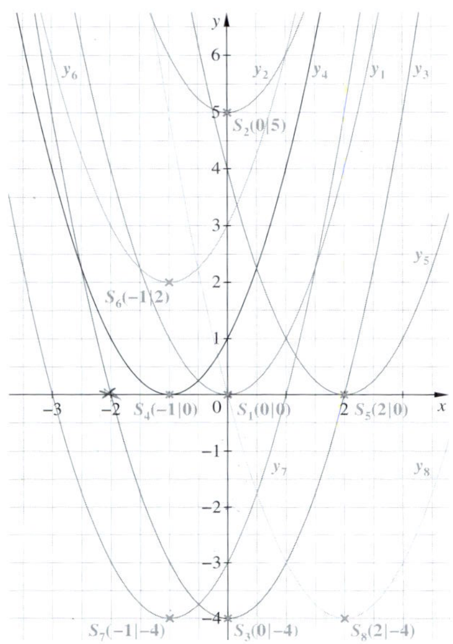

b) Beschrifte zuerst die Graphen.
Gib danach im Koordinatensystem die Scheitelpunkte an.

2 Kreuze alle Parabeln an, die symmetrisch zur y-Achse sind. Gib, wenn möglich, jeweils den Scheitelpunkt S an.
Zusatzaufgabe: Zeichne die Graphen mithilfe eines Funktionenplotters oder einer Tabellenkalkulation.

☒ $y = x^2 + 3$ $S(0|3)$ ☐ $y = x + 7$ ☐ $y = (x + 5)^2$ $S(-5|0)$ ☒ $y = 7 - x^2$ $S(0|7)$

3 Nach oben geöffnete verschobene Normalparabeln

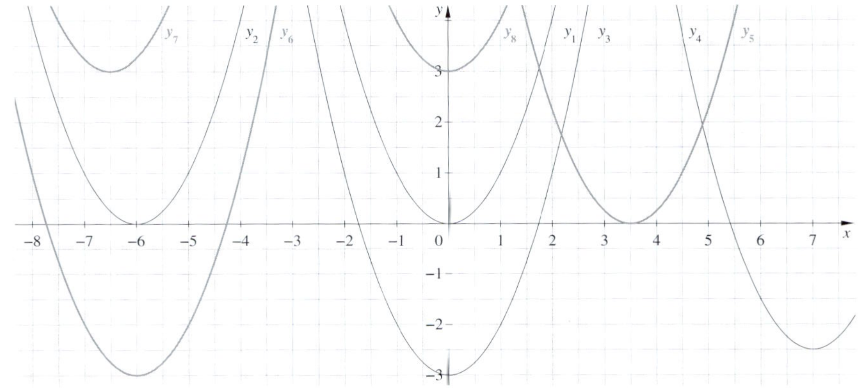

a) Gib die zugehörigen Funktionsgleichungen und die Koordinaten der Scheitelpunkte an.

$y_1 = x^2$ $S(0|0)$ $y_2 = (x + 6)^2$ $S(-6|0)$

$y_3 = x^2 - 3$ $S(0|-3)$ $y_4 = (x - 7)^2 - 2{,}5$ $S(7|-2{,}5)$

b) Zeichne im Koordinatensystem die verschobenen Normalparabeln ein und vervollständige die Angaben.
Hinweis: Nutze eine Schablone.

$y_5 = (x - 3{,}5)^2$ $S(3{,}5|0)$ $y_6 = (x + 6)^2 - 3$ $S(-6|-3)$

$y_7 = (x + 6{,}5)^2 + 3$ $S(-6{,}5|3)$ $y_8 = x^2 + 3$ $S(0|3)$

Anwenden und Vernetzen

4 Zeichne zunächst die den Eigenschaften entsprechende verschobene Normalparabel in das Koordinatensystem ein.
Gib danach die Funktionsgleichung an.
Hinweis: Nutze eine Schablone.

a) Der Graph der Funktion f schneidet die x-Achse an der Stellen $x_1 = 1{,}5$ und $x_2 = 3{,}5$.
Hinweis: $x_S = \frac{x_1 + x_2}{2}$.
$y_1 = -(x - 2{,}5)^2 + 1$ $S_1(2{,}5|1)$
$y_2 = (x - 2{,}5)^2 - 1$ $S_2(2{,}5|-1)$

b) Der Graph von g ist für $x < -1$ fallend und für $x > -1$ steigend.
Der kleinste Funktionswert ist –2.

$y_3 = (x + 1)^2 - 2$ $S(-1|-2)$

c) Der Graph der Funktion h ist symmetrisch zur Geraden $x = 3$ und verläuft durch den Punkt $P(1|2)$.

$y_4 = (x - 3)^2 - 2$ $S(3|-2)$

d) Die Punkte $P(-3|2)$ und $Q(-1|2)$ gehören zum Graphen i.

$y_5 = (x + 2)^2 + 1$ $S(-2|1)$

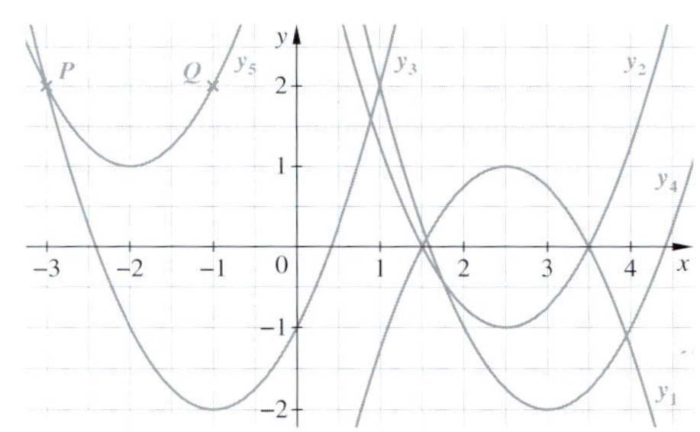

Nullstellen quadratischer Funktionen

▶ Grundwissen

- Die x-Werte, zu denen der y-Wert 0 ist, werden Nullstellen genannt.
- Eine quadratische Funktion kann entweder keine, eine oder zwei Nullstellen haben.

Beispiele:

$y_1 = 4(x+1)^2 + 1$ hat keine Nullstelle.

$y_2 = (x-3)^2$
$0 = (3-3)^2$
$x = 3$ ist die einzige Nullstelle.

$y_3 = x^2 - 1$
$0 = x^2 - 1$
$0 = 1^2 - 1$ und $0 = (-1)^2 - 1$
$x_1 = 1$ und $x_2 = -1$ sind die Nullstellen.

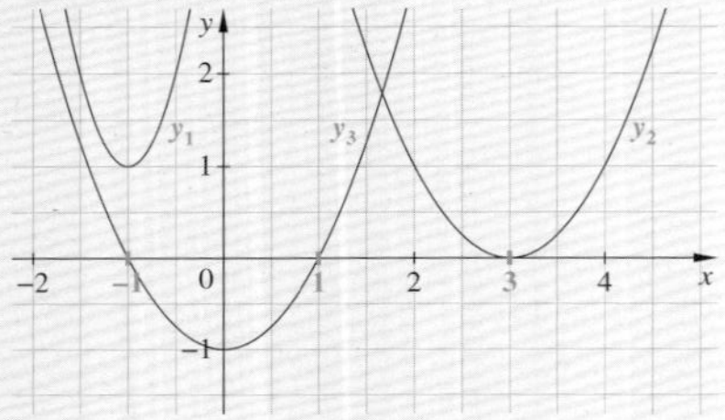

▶ **Auftrag:** Beschrifte die Graphen und markiere die Nullstellen.

Trainieren

1 Markiere zuerst die Nullstellen und ordne die Funktionsgleichungen zu.
Überprüfe danach, wenn möglich, mithilfe einer Rechnung die Zuordnung der Nullstellen.

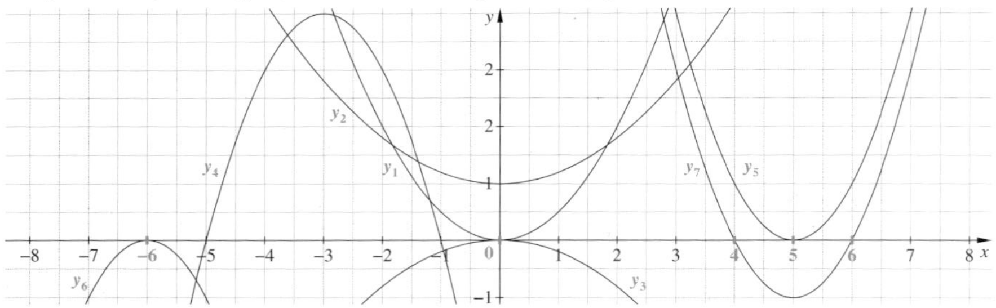

$y_1 = 0{,}5x^2$	Nullstellen: $x = 0$	Rechnung: $0{,}5 \cdot 0^2 = 0$
$y_2 = 0{,}2x^2 + 1$	Nullstellen:	Rechnung:
$y_3 = -0{,}2x^2$	Nullstellen: $x = 0$	Rechnung: $-0{,}5 \cdot 0^2 = 0$
$y_4 = -(x+3)^2 + 4$	Nullstellen: $x_1 = -1; x_2 = -5$	Rechnung: $-(-5+3)^2 + 4 = 0$ $-(-1+3)^2 + 4 = 0$
$y_5 = (x-5)^2$	Nullstellen: $x = 5$	Rechnung: $(5-5)^2 = 0$
$y_6 = -(x+6)^2$	Nullstellen: $x = -6$	Rechnung: $-(-6+6)^2 = 0$
$y_7 = (x-5)^2 - 1$	Nullstellen: $x_1 = 4; x_2 = 6$	Rechnung: $(4-5)^2 - 1 = 0$ $(6-5)^2 - 1 = 0$

2 Kreuze die Anzahl der Nullstellen an.
Zusatzaufgabe: Ermittle mithilfe von Zeichnungen oder von Rechnungen die Nullstellen.

$y_1 = -0{,}81\,(x-23)^2$	$x = 23$	☐ keine Nullstelle	☒ eine Nullstelle	☐ zwei Nullstellen
$y_2 = x^2 - 0{,}36$	$x_1 = 0{,}6;\ x_2 = -0{,}6$	☐ keine Nullstelle	☐ eine Nullstelle	☒ zwei Nullstellen
$y_3 = x^2 + 0{,}81$		☒ keine Nullstelle	☐ eine Nullstelle	☐ zwei Nullstellen
$y_4 = (x-7)^2 + 0{,}81$		☒ keine Nullstelle	☐ eine Nullstelle	☐ zwei Nullstellen
$y_5 = (x+2)^2 - 36$	$x_1 = 4;\ x_2 = -8$	☐ keine Nullstelle	☐ eine Nullstelle	☒ zwei Nullstellen

3 Ergänze zu vier passenden Funktionsgleichungen.
Der Scheitelpunkt soll jeweils in einem anderen Quadranten liegen.
Zusatzaufgabe: Gib die Nummer des Quadranten an, in dem der Scheitelpunkt liegt.

a) Die quadratischen Funktionen haben keine Nullstelle.

$y_1 = + (x - 3)^2 + 4$ I. $y_2 = + (x + 3)^2 + 4$ II. $y_3 = - (x + 3)^2 - 4$ III. $y_4 = - (x - 3)^2 - 4$ IV.

b) Die quadratischen Funktionen haben zwei Nullstellen.

$y_1 = - (x - 3)^2 + 4$ I. $y_2 = - (x + 3)^2 + 4$ II. $y_3 = + (x + 3)^2 - 4$ III. $y_4 = + (x - 3)^2 - 4$ IV.

c) Ermittle die Nullstellen der Funktionen bei Teilaufgabe **b**.

$0 = -(x-3)^2 + 4 \quad \mid -4$	$0 = -(x+3)^2 + 4 \quad \mid -4$	$0 = (x+3)^2 - 4 \quad \mid +4$	$0 = (x-3)^2 - 4 \quad \mid +4$
$-4 = -(x-3)^2 \quad \mid \cdot(-1)$	$-4 = -(x+3)^2 \quad \mid \cdot(-1)$	$4 = (x-3)^2$	$4 = (x+3)^2$
$4 = (x-3)^2$	$4 = (x+3)^2$	$x_1 = 1; x_2 = 5$	$x_1 = -1; x_2 = -5$
$x_1 = 1; x_2 = 5$	$x_1 = -1; x_2 = -5$		

Anwenden und Vernetzen

4 Die Flugbahn einer Kugel wird durch die dargestellte Funktionsgleichung $y = -0{,}1x^2 + 0{,}6x + 1{,}6$ beschrieben.
Der Graph zeigt etwas mehr als diese Flugbahn.

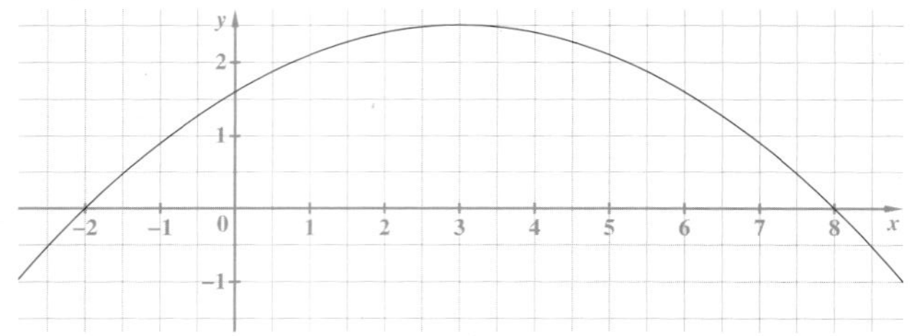

a) Aus welcher Höhe stößt Martin die Kugel ab?

$-0{,}1 \cdot 0^2 + 0{,}6 \cdot 0 + 1{,}6 = 1{,}6$ Aus 1,6 m stößt Martin die Kugel ab.

b) Wie weit fliegt die Kugel? Kreuze an.
Begründe deine Entscheidung mithilfe einer Rechnung.   ☐ 7 m   ☒ 8 m   ☐ 9 m   ☐ 10 m   ☐ 11 m   ☐ 12 m

$-0{,}1 \cdot (8\,\text{m})^2 + 0{,}6 \cdot 8\,\text{m} + 1{,}6 = 0$ Die Kugel fliegt 8 m weit.

c) Gib die negative Nullstelle von $y = -0{,}1x^2 + 0{,}6x + 1{,}6$ an. Hat sie eine praktische Bedeutung?
Hinweis: Die negative Nullstelle ist eine ganze Zahl.

$-0{,}1 \cdot (-2\,\text{m})^2 + 0{,}6 \cdot (-2\,\text{m}) + 1{,}6 = 0$ −2 ist die Nullstelle. Sie hat keine praktische Bedeutung.

d) Ermittle die maximale Höhe, die die Kugel erreicht.
Hinweis: Beide Nullstellen haben den gleichen Abstand zum Scheitelpunkt.

$(8\,\text{m} - 2\,\text{m}) : 2 = 3\,\text{m}$ $-0{,}1 \cdot (3\,\text{m})^2 + 0{,}6 \cdot 3\,\text{m} + 1{,}6 = 2{,}5\,\text{m}$ Scheitelpunkt: $S(3\,|\,2{,}5)$

Die maximale Höhe, die die Kugel erreicht, ist 2,5 m.

e) Zeichne oben mithilfe der Ergebnisse aus den Teilaufgaben **a** bis **c** ein passendes Koordinatensystem zur Flugbahn.
Hinweis: Prüfe anhand der entstandenen Zeichnung, ob deine Ergebnisse stimmen können.

Allgemeine Form und Scheitelpunktform

▶ Grundwissen

- Jede Gleichung einer quadratischen Funktion in Scheitelpunktform $y = a(x-d)^2 + e$ (mit $a \neq 0$) kann in die allgemeine Form $y = ax^2 + bx + c$ umgeformt werden und umgekehrt.
- Für $a = 1$ gilt: $y = x^2 + bx + c = \left(x + \frac{b}{2}\right)^2 - \left(\frac{b}{2}\right)^2 + c$.

Beispiel: $y = x^2 + 2x - 4 = \left(x + \frac{2}{2}\right)^2 - \left(\frac{2}{2}\right)^2 - 4 = (x+1)^2 - 5$ Scheitelpunkt: $S(-1\,|\,-5)$

$y = (x+1)^2 - 5 = x^2 + 2x + 1 - 5 = x^2 + 2x - 4$

▶ **Auftrag:** Ergänze das Beispiel.

Trainieren

1 Wandle jeweils in die allgemeine Form $y = ax^2 + bx + c$ um.

a) $y = (x+7)^2 =$ $x^2 + 14x + 49$

b) $y = (x-5)^2 =$ $x^2 - 10x + 25$

c) $y = (x+3)^2 + 6 =$ $x^2 + 6x + 15$

d) $y = (x-9)^2 - 2 =$ $x^2 - 18x - 79$

e) $y = 2(x+4)^2 - 10 =$ $2(x^2 + 8x + 16) - 10 = 2x^2 + 16x + 22$

f) $y = -10(x-1)^2 + 2 =$ $-10(x^2 - 2x + 1) + 2 = -10x^2 + 20x - 8$

2 Wandle jeweils in die Scheitelpunktform $y = a(x-d)^2 + e$ (mit $a \neq 0$) um. Gib die Koordinaten des Scheitelpunktes S an.

a) $y = x^2 + 8x + 16 =$ $(x+4)^2$ $S(-4\,|\,0)$

b) $y = x^2 - 20x + 100 =$ $(x-10)^2$ $S(10\,|\,0)$

c) $y = x^2 - 10x + 26 =$ $(x-5)^2 + 1$ $S(5\,|\,1)$

d) $y = x^2 - 16x + 57 =$ $(x-8)^2 - 7$ $S(8\,|\,-7)$

e) $y = 2x^2 - 8x + 20 =$ $2(x^2 - 4x + 10) = 2((x-2)^2 + 6) = 2(x-2)^2 + 12$ $S(2\,|\,12)$

3 Die verschobenen Normalparabeln haben jeweils den Scheitelpunkt S.
Gib die Scheitelpunktform und die allgemeine Form der Gleichung der Funktion an.

a) $y = (x-5)^2 + 1 =$ $x^2 - 10x + 26$ $S(5\,|\,1)$

b) $y = (x-8)^2 - 7 =$ $x^2 - 16x + 57$ $S(8\,|\,-7)$

c) $y = (x+4)^2 - 5 =$ $x^2 + 8x + 11$ $S(-4\,|\,-5)$

d) $y = (x-10)^2 - 6 =$ $x^2 - 20x + 94$ $S(10\,|\,-6)$

e) $y = (x+0{,}2)^2 - 0{,}3 = x^2 + 0{,}4x - 0{,}14$ $S(-0{,}2\,|\,-0{,}3)$

f) $y = (x-0{,}5)^2 + 2 =$ $x^2 - x + 2{,}25$ $S(\tfrac{1}{2}\,|\,2)$

4 Parabeln im Koordinatensystem

$y_1 = -x^2 - 4x - 4 =$ $-(x+2)^2$

$y_2 = x^2 - 4x + 4 =$ $(x-2)^2$

$y_3 = x^2 + 4x + 1 =$ $(x+2)^2 - 3$

$y_4 = -x^2 + 4x - 7 =$ $-(x-2)^2 - 3$

$y_5 = -2x^2 - 8x - 11 =$ $-2(x+2)^2 - 3$

$y_6 = 3x^2 - 12x + 21 =$ $3(x-2)^2 + 3$

a) Wandle jeweils in die Scheitelpunktform um.

b) Gib im Koordinatensystem die Scheitelpunkte an und beschrifte die vorgegebenen Graphen.

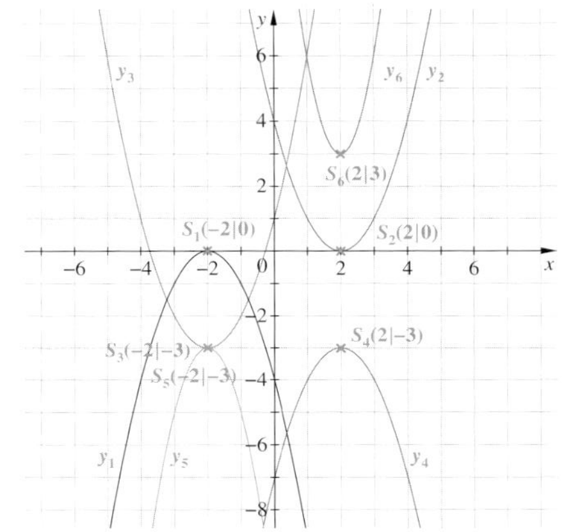

Anwenden und Vernetzen

5 Das Foto zeigt die Lupu-Brücke über den Huangpu-Fluss im Zentrum von Shanghai.
Sie war zum Zeitpunkt ihrer Fertigstellung 2003 die weltweit größte Bogenbrücke.
Die Bogenspannweite beträgt 550 m. Der Bogenscheitel hat eine Höhe von 100 m über dem Wasserspiegel.
Skizziere zuerst den fast parabelförmigen Bogen der Brücke in einem Koordinatensystem.
Gib danach eine Funktionsgleichung für den Verlauf des parabelförmigen Bogens an.

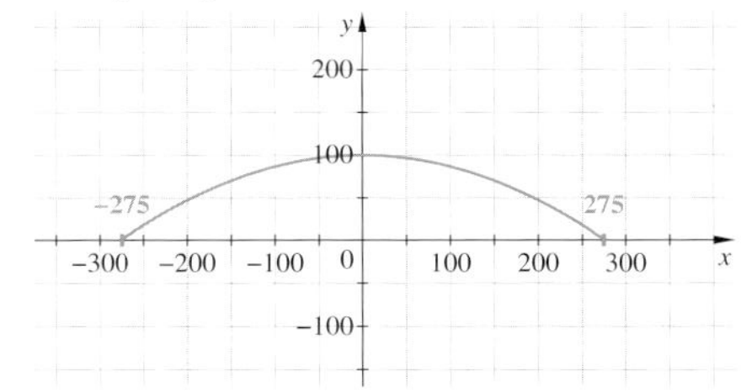

z. B.
Nullstellen: $x_1 = -275$ und $x_2 = 275$ Scheitelpunkt: $S(0\,|\,100)$ Gleichung: $y = ax^2 + 100$

$0 = a(-275)^2 + 100$ daraus folgt $a = -100 : (-275)^2 \approx -0{,}0013$

$y = -0{,}0013x^2 + 100$ ist die gesuchte Funktionsgleichung für den Verlauf des parabelförmigen Bogens.

6 Gegeben ist die Funktionsgleichung $y = -0{,}8x^2 - 26x$.

a) Ermittle den größten Funktionswert von $y = -0{,}8x^2 - 26x$.

$y = -0{,}8x^2 - 26x = -0{,}8(x^2 + 32{,}5x) = -0{,}8(x^2 + 32\,5x) = -0{,}8((x+16{,}25)^2 - 264{,}0625) = -0{,}8(x+16{,}25)^2 + 211{,}25$

211,25 ist der größte Funktionswert von $y = -0{,}8x^2 - 26x$.

b) Kreuze Zutreffendes an.

Der Graph der Funktion $y = -0{,}8x^2 - 26x$ ist …

☐ eine Gerade	☐ ein Kreisbogenteil	☐ eine Parabel	☐ eine Normalparabel
☐ nach oben geöffnet	☒ nach unten geöffnet	☐ nach links verschoben	☐ nach rechts verschoben
☒ gestaucht	☐ gestreckt	☒ achsensymmetrisch	☐ punktsymmetrisch

Quadratische Gleichungen mit einem Blick lösen

▶ Grundwissen

- Ein Produkt ist 0, wenn mindestens ein Faktor 0 ist. Hat eine quadratische Gleichung die Form $(x+a)(x+b)=0$, so lassen sich demzufolge die beiden Lösungen direkt ablesen: $x_1=-a$ und $x_2=-b$.
- Oft ist auch nur zu überlegen, von welchen Zahlen das Quadrat gegeben ist.

Beispiele:

$x^2-7x=0$	$x^2+10x+25=0$	$x^2=0$	$x^2=-81$
$x\cdot(x-7)=0$	$(x+5)(x+5)=0$	$x\cdot x=0$	$x\cdot x=-81$
Lösungen: 0; 7	Lösungen: –5	Lösungen: 0	Lösungen: ___

▶ Auftrag: Ergänze die Lösungen.

Trainieren

1 Kreuze alle Lösungen der quadratischen Gleichungen an.
Zusatzaufgabe: Beschreibe, wie man die Lösungen ermitteln kann. individuelle Lösungen

a) $a^2=0$	☐ –1	☐ –0,5	☒ 0	☐ 0,5	☐ 1
b) $b^2=4$	☒ –2	☐ –1	☐ 0	☐ 1	☒ 2
c) $c^2-9=0$	☐ –5	☒ –3	☐ 0	☒ 3	☐ 5
d) $d\cdot(d-1{,}5)=0$	☐ –3	☐ –1,5	☒ 0	☒ 1,5	☐ 3

2 Gib jeweils im Stern die Anzahl der Lösungen an.

a) $145{,}78x^2=4{,}78$ ☆ 2
b) $x\cdot(x-112{,}4)=0$ ☆ 2
c) $45{,}78x^2+45{,}79=15{,}47x^2$ ☆ 0
d) $(x-112{,}4)^2=0$ ☆ 1

3 Gib die Lösungen an.

a) $x^2=81$ Lösungen: –9; 9
b) $b^2=-121$ Lösungen: ___
c) $c\cdot(c+1{,}5)=0$ Lösungen: 0; –1,5
d) $(d-23)\cdot d=0$ Lösungen: 0; 23
e) $(e+7)(e+4)=0$ Lösungen: –7; –4
f) $(f+7)(f-7)=0$ Lösungen: –7; 7
g) $(g-8)(g-8)=0$ Lösungen: 8
h) $(9-h)(6-h)=0$ Lösungen: 6; 9

4 Ermittle die Lösungen.

a) $x^2+11=60$
$x^2=49$
Lösungen: 7; –7

b) $x^2-95=26$
$x^2=121$
Lösungen: 11; –11

c) $x^2-64=297$
$x^2=361$
Lösungen: 19; –19

d) $2x^2+32=160$
$2\cdot x^2=128$ | : 2
$x^2=64$
Lösungen: 8; –8

e) $x^2-3x=0$
$x(x-3)=0$
Lösungen: 0; 3

f) $2x^2+3x=0$
$x\cdot(2x+3)=0$
Lösungen: 0; –1,5

g) $-2x^2=x$
$0=x+2x^2$
$0=x(1+2x)$
Lösungen: 0; 0,5

h) $x^2-8x=-16$
$x^2-8x+16=0$
$(x-4)(x-4)=0$
Lösungen: 4

5 Gib quadratische Gleichungen an, die die vorgegebenen Lösungen haben.

a) Lösungen: –0,4; 0,4
z. B.
$(x+0{,}4)(x-0{,}4)=0$
$x^2-0{,}16=0$

b) Lösungen: 0
z. B.
$x\cdot x=0$
$x^2=0$

c) Lösungen: 1,5
z. B.
$(x-1{,}5)(x-1{,}5)=0$
$x^2-3x+2{,}25=0$

d) Lösungen: –0,2; –2
z. B.
$(x+0{,}2)(x+2)=0$
$x^2+2{,}2x+0{,}4=0$

6 Markiere zueinander äquivalente Gleichungen mit der gleichen Farbe.
Löse dazu die Gleichungen oder forme geeignet um.

$(x+0{,}2)(x-0{,}8)=0$ A	$x^2+0{,}6x-0{,}16=0$ B	$(x-0{,}2)(x+0{,}8)=0$ B	$x^2-0{,}6x-0{,}16=0$ A
$0{,}5x^2=0{,}3x+0{,}08$ A	$4x^2=0{,}52-1{,}8x$ C	$x^2+0{,}6x=0{,}16$ B	$3x^2=0{,}48-1{,}80x$ B

Anwenden und Vernetzen

7 Ein Würfel hat einen Oberflächeninhalt von $69{,}36\ \text{dm}^2$.

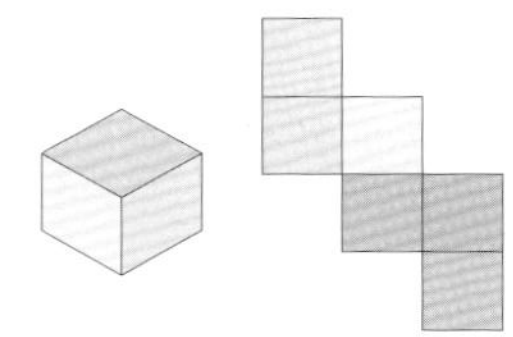

a) Berechne die Kantenlänge a des Würfels.
$69{,}36\ \text{dm}^2=6a^2$ | : 6
$11{,}56\ \text{dm}^2=a^2$ $a=3{,}4\ \text{dm}$ Die Kantenlänge beträgt 3,4 dm.

b) Mina sagt: „Der Würfel hat ein Volumen von rund $0{,}4\ \text{m}^3$.“
Hat sie Recht?
$V=a^3=(3{,}4\ \text{dm})^3=39{,}304\ \text{dm}^3\approx 0{,}04\ \text{m}^3$ Mina hat nicht Recht.

8 Zahlenrätsel

a) Addiert man zum Quadrat einer natürlichen Zahl 111, so erhält man 400. Welche Zahl ist es?
$x^2+111=400$ | –111
$x^2=289$ Die gesuchte Zahl ist 17.

b) Das Quadrat einer reellen Zahl ist gleich ihrem Siebenfachen. Welche Zahl könnte es sein?
$x^2=7x$ | –7x
$x\cdot(x-7)=0$ Die gesuchte Zahl kann 0 oder 7 sein.

c) Das Quadrat eines Quadrates einer reellen Zahl ist 0,0256. Welche Zahl könnte es sein?
$(x^2)^2=0{,}0256$
$x^2=0{,}16$ Die gesuchte Zahl kann –0,4 oder 0,4 sein.

d) Der Flächeninhalt eines Fotos beträgt $300\ \text{cm}^2$. Die ganzzahligen Seitenlängen verhalten sich zueinander wie 3 : 4. Wie lang sind die Seiten?
$3x\cdot 4x=300\ \text{cm}^2$
$12x^2=300\ \text{cm}^2$ | : 12
$x^2=25\ \text{cm}^2$ $x=5\ \text{cm}$ $3\cdot 5\ \text{cm}=15\ \text{cm}$ $4\cdot 5\ \text{cm}=20\ \text{cm}$
Die Seiten des Fotos sind 20 cm und 15 cm lang.

Verfahren zum Lösen quadratischer Gleichungen

▶ Grundwissen

- Jede Lösung einer quadratischen Gleichung lässt sich mithilfe einer quadratischen Ergänzung ermitteln.

  Beispiel:

  $x^2+5x+4=0$ — **Gegeben ist eine Gleichung in der Normalform $x^2+px+q=0$.**

  $x^2+5x=-4$ — **Die Gleichung wird in die Form $x^2+px=-q$ überführt.**

  $x^2+5x+\left(\frac{5}{2}\right)^2=-4+\left(\frac{5}{2}\right)^2$

  $\left(x+\frac{5}{2}\right)^2=\left(\frac{5}{2}\right)^2-4$ — **Es erfolgt die quadratische Ergänzung mit $\left(\frac{p}{2}\right)^2$. Die binomische Formel $a^2+2ab+b^2=(a+b)^2$ wird angewandt.**

  $x_1=-\frac{5}{2}+\sqrt{\left(\frac{5}{2}\right)^2-4}$ und $x_2=-\frac{5}{2}-\sqrt{\left(\frac{5}{2}\right)^2-4}$ — **Wurzeln werden gezogen. Nach x wird umgestellt.**

  $x_1=-1$ und $x_2=-4$

- Allgemein gilt für eine quadratische Gleichung in der Normalform $x^2+px+q=0$.

  $x_1=-\frac{p}{2}+\sqrt{\left(\frac{p}{2}\right)^2-q}$ und $x_2=-\frac{p}{2}-\sqrt{\left(\frac{p}{2}\right)^2-q}$

▶ Auftrag: Kommentiere für eine Mitschülerin oder einen Mitschüler die Vorgehensweise im Beispiel.

Trainieren

1 Wandle zuerst die Gleichungen in die Normalform $x^2+px+q=0$ um. Gib danach p und q an.
Zusatzaufgabe: Ermittle die Lösungen auf einem zusätzlichen Blatt.

a) $1{,}2x^2-17-0{,}6x=10 \quad |-10$

$1{,}2x^2-0{,}6x-27=0 \quad |:1{,}2$

$x^2-0{,}5x-22{,}5=0$

$p=-0{,}5 \quad q=-22{,}5$ — Lösungen: 5; –4,5

b) $2{,}8x=0{,}4+4x^2 \quad |-2{,}8x$

$0=4x^2-2{,}8x+0{,}4 \quad |:4$

$0=x^2-0{,}7x+0{,}1$

$p=-0{,}7 \quad q=0{,}1$ — Lösungen: 0,2; 0,5

2 Löse folgende Gleichungen.

a) $x^2+8x-9=0$

$x^2+8x=9$

$x^2+8x+\left(\frac{8}{2}\right)^2=9+\left(\frac{8}{2}\right)^2$

$\left(x+\frac{8}{2}\right)^2=\left(\frac{8}{2}\right)^2+9$

$x_1=-\frac{8}{2}+\sqrt{\left(\frac{8}{2}\right)^2+9}$ und $x_2=-\frac{8}{2}-\sqrt{\left(\frac{8}{2}\right)^2+9}$

$x_1=1$ und $x_2=-9$

b) $x^2-26x-192=0$

$x^2-26x=192$

$x^2-26x+\left(\frac{26}{2}\right)^2=192+\left(\frac{26}{2}\right)^2$

$\left(x+\frac{26}{2}\right)^2=\left(\frac{26}{2}\right)^2+192$

$x_1=\frac{26}{2}+\sqrt{\left(\frac{26}{2}\right)^2+192}$ und $x_2=\frac{26}{2}-\sqrt{\left(\frac{26}{2}\right)^2+192}$

$x_1=32$ und $x_2=-6$

c) $x^2+30x+12=187$

$x^2+30x-175=0 \quad p=30;\ q=-175$

$x_1=-\frac{30}{2}+\sqrt{\left(\frac{30}{2}\right)^2+175}$ und $x_2=-\frac{30}{2}-\sqrt{\left(\frac{30}{2}\right)^2+175}$

$x_1=5$ und $x_2=-35$

d) $x^2-14x-36=140$

$x^2-14x-176=0 \quad p=-14;\ q=-176$

$x_1=-\frac{-14}{2}+\sqrt{\left(\frac{-14}{2}\right)^2+176}$ und $x_2=-\frac{-14}{2}-\sqrt{\left(\frac{-14}{2}\right)^2+176}$

$x_1=22$ und $x_2=-8$

3 Löse folgende Gleichungen.

a) $1{,}4-5{,}4x=-1{,}4-2x^2 \quad |+1{,}4+2x^2$

$2x^2-5{,}4x+2{,}8=0 \quad |:2$

$x^2-2{,}7x+1{,}4=0$

$x_1=\frac{2{,}7}{2}+\sqrt{\left(\frac{2{,}7}{2}\right)^2-1{,}4}=2$

$x_2=\frac{2{,}7}{2}-\sqrt{\left(\frac{2{,}7}{2}\right)^2-1{,}4}=0{,}7$

b) $3{,}5x^2-0{,}25x=4x^2-18 \quad |-3{,}5x^2+0{,}25x$

$0=0{,}5x^2+0{,}25x-18 \quad |:0{,}5$

$0=x^2+0{,}5x-36$

$x_1=-\frac{0{,}5}{2}+\sqrt{\left(\frac{0{,}5}{2}\right)^2+36}\approx 5{,}75$

$x_2=-\frac{0{,}5}{2}-\sqrt{\left(\frac{0{,}5}{2}\right)^2+36}\approx -6{,}25$

4 Gib jeweils eine quadratische Gleichung an mit …

a) genau zwei Lösungen
z. B. $x^2+10x-25=0$
$(x^2+px+q=0$ und $\left(\frac{p}{2}\right)^2-q>0)$

b) genau einer Lösung
z. B. $x^2+10x+25=0$
$(x^2+px+q=0$ und $\left(\frac{p}{2}\right)^2-q=0)$

c) keiner Lösung
z. B. $x^2+10x+36=0$
$(x^2+px+q=0$ und $\left(\frac{p}{2}\right)^2-q<0)$

Anwenden und Vernetzen

5 Eine Supermarktkette hat ein rechteckiges Grundstück gekauft, um darauf den abgebildeten Supermarkt mit rechteckiger Grundfläche zu bauen und die benötigten Parkflächen anzulegen. Das Grundstück ist 80 m lang und 60 m breit. Die Breite der Parkstreifen vor und neben der Halle ist gleich. Außerdem soll die Fläche des Parkplatzes insgesamt genauso groß sein wie die Grundfläche des Gebäudes samt Grünfläche. Berechne die Breite eines Parkstreifens.

$80\cdot 60:2=(80-x)\cdot(60-x)$

$2400=x^2-140x+4800 \quad |-2400$

$0=x^2-140x+2400$

$x_1=\frac{140}{2}+\sqrt{\left(\frac{140}{2}\right)^2-2400}$ und $x_2=\frac{140}{2}-\sqrt{\left(\frac{140}{2}\right)^2-2400}$

$x_1=120$ und $x_2=20$ ($x_1=120$ kommt als Maß nicht infrage.)

Der Parkstreifen ist 20 m breit.

6 Von mehreren 4 cm dicken quadratischen Eichenplatten wurde jeweils ein 20 cm breiter Streifen abgesägt. Die neuen Platten haben einen Flächeninhalt von 0,24 m². Davon werden Pakete mit jeweils 5 Platten geschnürt.

a) Wie lang war die ursprüngliche Platte?

$x\cdot(x-20)=2400 \quad |-2400$ — x ist die Länge der ursprünglichen Platte in Zentimetern.

$x^2-20x-2400=0$

$x_1=\frac{20}{2}+\sqrt{\left(\frac{20}{2}\right)^2+2400}$ und $x_2=\frac{20}{2}-\sqrt{\left(\frac{20}{2}\right)^2+2400}$

$x_1=60$ und $x_2=-40$ ($x_2=-40$ kommt als Maß nicht infrage.)

Die ursprüngliche Platte war 60 cm lang.

b) Wie viele Pakete mit jeweils 5 Platten kannst du vermutlich mindestens 100 m tragen?
Hinweis: Eiche hat eine Dichte von $0{,}5\,\frac{g}{cm^3}$ bis $1{,}3\,\frac{g}{cm^3}$.

Platte: $(60\,cm\cdot 40\,cm\cdot 4\,cm)\cdot 0{,}5\,\frac{g}{cm^3}=4800\,g=4{,}8\,kg$ — $(60\,cm\cdot 40\,cm\cdot 4\,cm)\cdot 1{,}3\,\frac{g}{cm^3}=12\,480\,g=12{,}48\,kg$

Paket: $4{,}8\,kg\cdot 5=24\,kg$ — $12{,}48\,kg\cdot 5=62{,}4\,kg$

Ein bis höchstens zwei Pakete kannst du vermutlich mindestens 100 m tragen.

Zehnerpotenzschreibweise

▶ Grundwissen

Sehr große bzw. sehr kleine Zahlen kann man mithilfe von Zehnerpotenzen darstellen.
Die Zahl wird als Produkt geschrieben, bei dem der erste Faktor eine Zahl zwischen 1 und 10 und der zweite Faktor eine Zehnerpotenz ist.

Beispiele:

$31\,000\,000 = 3{,}1 \cdot 10\,000\,000 = 3{,}1 \cdot 10^7$ $\qquad 0{,}000\,001\,2 = 1{,}2 \cdot 0{,}000\,001 = 1{,}2 \cdot 10^{-6}$

▶ Auftrag: Ergänze die Beispiele.

Trainieren

1 Schreibe mit Zehnerpotenzen wie bei **a**.

a) $84\,000 = 8{,}4 \cdot 10\,000 = 8{,}4 \cdot 10^4$
b) $1\,200\,000 = 1{,}2 \cdot 1\,000\,000 = 1{,}2 \cdot 10^6$
c) $176\,000 = 1{,}76 \cdot 100\,000 = 1{,}76 \cdot 10^5$
d) $28\,540\,000 = 2{,}854 \cdot 10\,000\,000 = 2{,}854 \cdot 10^7$
e) $0{,}008 = 8 \cdot 0{,}001 = 8 \cdot 10^{-3}$
f) $0{,}000\,023 = 2{,}3 \cdot 0{,}000\,01 = 2{,}3 \cdot 10^{-5}$
g) $0{,}000\,76 = 7{,}6 \cdot 0{,}0001 = 7{,}6 \cdot 10^{-4}$
h) $0{,}000\,491 = 4{,}91 \cdot 0{,}0001 = 4{,}91 \cdot 10^{-4}$

2 Schreibe als Dezimalzahl wie bei **a**.

a) $2{,}8 \cdot 10^3 = 2{,}8 \cdot 1\,000 = 2\,800$
b) $6{,}8 \cdot 10^6 = 6{,}8 \cdot 1\,000\,000 = 6\,800\,000$
c) $7{,}9 \cdot 10^5 = 7{,}9 \cdot 100\,000 = 790\,000$
d) $8{,}91 \cdot 10^5 = 8{,}91 \cdot 100\,000 = 891\,000$
e) $8 \cdot 10^{-6} = 8 \cdot 0{,}000\,001 = 0{,}000\,008$
f) $7 \cdot 10^{-5} = 7 \cdot 0{,}000\,01 = 0{,}000\,07$
g) $9{,}2 \cdot 10^{-8} = 9{,}2 \cdot 0{,}000\,000\,01 = 0{,}000\,000\,092$
h) $7{,}36 \cdot 10^{-4} = 7{,}36 \cdot 0{,}000\,1 = 0{,}000\,736$

3 Ergänze die Tabelle zu den Vorsätzen und deren Bedeutung.
Zusatzaufgabe: Nenne jeweils ein Beispiel für eine Größenangabe mit dem Vorsatz. individuelle Lösung

Faktoren, mit denen die Einheit multipliziert wird		
Faktor	Bedeutung	Vorsatz
$10^1 = 10$	Zehn	Deka (da)
$10^2 = 100$	Hundert	Hekto (h)
$10^3 = 1\,000$	Tausend	Kilo (k)
$10^6 = 1\,000\,000$	Million	Mega (M)
$10^9 = 1\,000\,000\,000$	Milliarde	Giga (G)
$10^{12} = 1\,000\,000\,000\,000$	Billion	Tera (T)

Faktoren, mit denen die Einheit multipliziert wird		
Faktor	Bedeutung	Vorsatz
$10^{-1} = 0{,}1$	Zehntel	Dezi (d)
$10^{-2} = 0{,}01$	Hundertstel	Zenti (c)
$10^{-3} = 0{,}001$	Tausendstel	Milli (m)
$10^{-6} = 0{,}000\,001$	Millionstel	Mikro (µ)
$10^{-9} = 0{,}000\,000\,001$	Milliardstel	Nano (n)
$10^{-12} = 0{,}000\,000\,000\,001$	Billionstel	Piko (p)

4 Ergänze.

a) $\frac{1}{1000} = 10^{-3} = 0{,}001$
b) $\frac{1}{100\,000} = 10^{-5} = 0{,}000\,01$

5 Ordne die Taschenrechnerangaben nach der Größe.
Beginne mit der kleinsten Zahl.

8*10^-7 | 7.0 -8 | 8.0 7 | 7*10^8 | 7.8*10^7

$7 \cdot 10^{-8} < 8 \cdot 10^{-7} < 7{,}8 \cdot 10^7 < 8 \cdot 10^7 < 7 \cdot 10^8$

6 Finde heraus, bei welchen Aufgaben dein Taschenrechner das Ergebnis automatisch mit abgetrennten Zehnerpotenzen angibt.

individuelle Lösung

Anwenden und Vernetzen

7 Ordne jeweils mit Linien zu.

tausend Millionen	Quadrillion $(10^6)^4 = 10^{24}$
eine Million Billionen	Milliarde $10^3 \cdot 10^6 = 10^9$
die 4-te Potenz einer Million	Billion $10^6 \cdot 10^6 = 10^{12}$
tausend Trillionen	Trilliarde $10^3 \cdot 10^{18} = 10^{21}$
eine Million Millionen	Billiarde $10^3 \cdot 10^{12} = 10^{15}$
tausend Billionen	Quinquillion $(10^6)^5 = 10^{30}$
Anzahl von Zehntausend	Myriade 10^4
die 5-te Potenz einer Million	Trillion $10^6 \cdot 10^{12} = 10^{18}$

8 Eine Strecke ist ein Lichtjahr lang, wenn Licht zum Durchlaufen dieser Strecke ein Jahr benötigt.
Die Lichtgeschwindigkeit beträgt $3 \cdot 10^5 \frac{km}{s}$.
Gib ein Lichtjahr in Kilometern an.

$365{,}25 \cdot 24 \cdot 60 \cdot 60\,s = 31\,557\,600\,s$

$31\,557\,600\,s \cdot 3 \cdot 10^5 \frac{km}{s} \approx 9{,}47 \cdot 10^{12}\,km$ Ein Lichtjahr ist etwa $9{,}47 \cdot 10^{12}$ km lang.

9 Um wie viel Zentimeter ist der aus Eisen erbaute Eiffelturm (300 m) an einem Sommertag bei 30 °C höher als im Winter bei −15 Grad °C, wenn sich ein 1 m langer Eisenstab pro Grad Erwärmung um $1{,}2 \cdot 10^{-5}$ m ausdehnt?

$1{,}2 \cdot 10^{-5} = 0{,}000\,012$ Die Temperaturdifferenz beträgt 45 K.

$300\,m \cdot 0{,}000\,012 \cdot 45 = 0{,}162\,m = 16{,}2\,cm$

An einem Sommertag mit 30 °C ist der Eiffelturm 16,2 cm höher als bei einer Temperatur von −15 °C.

Potenzieren und Wurzelziehen

▶ Grundwissen

- Die Umkehrung des Potenzierens ist das Wurzelziehen.
- Die n-te Wurzel aus a ist die Zahl x, die n-mal mit sich selbst multipliziert a ergibt.

Beispiel:

$3^4 = 3 \cdot 3 \cdot 3 \cdot 3 =$ 81 $\qquad \sqrt[4]{81} =$ 3

$\sqrt[4]{81} = 3$, denn $3 \cdot 3 \cdot 3 \cdot 3 =$ 81

▶ Auftrag: Ergänze das Beispiel.

Trainieren

1 Ergänze die Zahlen. Arbeite ohne Taschenrechner.
Hinweis: $x^0 = 1$ für $x \neq 0$

	$n=0$	$n=1$	$n=2$	$n=3$	$n=4$	$n=5$
10^n	1	10	100	1 000	1 000	10 000
2^n	1	2	4	8	16	32
3^n	1	3	9	27	81	243
5^n	1	5	25	125	625	3 125

2 Gib die Ergebnisse an. Nutze die Ergebnisse in der Tabelle bei Aufgabe 1.
Hinweis: Zwei Ergebnisse sind nicht aus der Tabelle ablesbar.

a) $\sqrt[3]{1000} =$ 10 b) $\sqrt[3]{27} =$ 3 c) $\sqrt[3]{8} =$ 2 d) $\sqrt[2]{100} =$ 10

e) $\sqrt[5]{100000} =$ 10 f) $\sqrt[6]{64} =$ 2 g) $\sqrt[2]{25} =$ 5 h) $\sqrt[5]{1024} =$ 4

3 Ermittle jeweils ohne Taschenrechner wie bei a, zwischen welchen natürlichen Zahlen das Ergebnis liegt.

a) 7 $< \sqrt[2]{55} <$ 8, denn $7^2 = 49$ und $8^2 = 64$

b) 10 $< \sqrt[2]{101} <$ 11, denn $10^2 = 100$ und $11^2 = 121$

c) 3 $< \sqrt[3]{55} <$ 4, denn $3^3 = 27$ und $4^3 = 64$

d) 2 $< \sqrt[5]{101} <$ 3, denn $2^5 = 32$ und $3^5 = 243$

4 Gib jeweils das Ergebnis an. Überprüfe es durch Potenzieren.
Hinweis: Arbeite ohne Taschenrechner.

a) $\sqrt[3]{0{,}001} =$ 0,1, denn $(0{,}1)^3 = 0{,}001$

b) $\sqrt[3]{0{,}125} =$ 0,5, denn $(0{,}5)^3 = 0{,}125$

c) $\sqrt[4]{0{,}0001} =$ 0,1, denn $(0{,}1)^4 = 0{,}0001$

d) $\sqrt[4]{0{,}00081} =$ 0,3, denn $(0{,}3)^3 = 0{,}00081$

5 Ergänze jeweils die fehlende Zahl.
Hinweis: Nutze, wenn nötig, einen Taschenrechner.

a) $\boxed{5}^5 = 3125$ b) $\boxed{0{,}7}^4 = 0{,}2401$ c) $1{,}2^{\boxed{3}} = 1{,}728$ d) $2{,}1^{\boxed{4}} = 19{,}4481$

e) $4^{0{,}5} = \boxed{2}$ f) $81^{0{,}5} = \boxed{9}$ g) $5^{-2} = \boxed{0{,}04}$ h) $0{,}125^{\boxed{3}} = 512$

i) $\boxed{2} \cdot \sqrt[3]{1000} = 20$ j) $\sqrt[3]{1} + \sqrt[3]{\boxed{216}} = 7$ k) $\sqrt[3]{2} \cdot \sqrt[3]{\boxed{32}} = 4$ l) $\sqrt[3]{1 - \boxed{0{,}973}} = 0{,}3$

6 Ermittle die Kantenlängen a von Würfeln mit dem Volumen V. Runde, wenn nötig, auf Hundertstel Dezimeter.
Was fällt auf?

V	1 dm³	10 dm³	100 dm³	1 000 dm³	10 000 dm³	100 000 dm³
a	1 dm	2,15 dm	4,64 dm	10 dm	21,54 dm	46,42 dm

V	0,27 dm³	2,7 dm³	27 dm³	270 dm³	2 700 dm³	27 000 dm³
a	0,65 dm	1,39 dm	3 dm	6,46 dm	13,92 dm	30 dm

Folgendes fällt auf:
z. B.
Wenn das Volumen V mit 1 000 multipliziert wurde, ist die zugehörige Kantenlänge a mit 10 zu multiplizieren.

Anwenden und Vernetzen

7 Ein Würfel, der durch und durch aus Glas besteht, mit einer Dichte von 2,5 g pro Kubikzentimeter

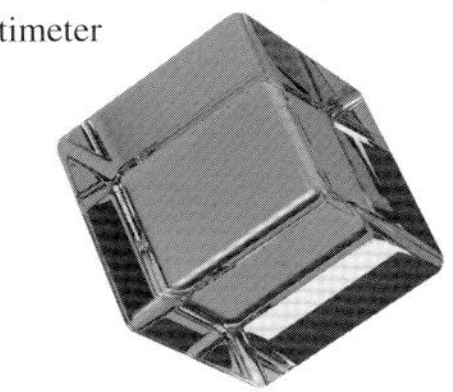

a) Einer der Glaswürfel hat 10 cm lange Kanten.
Ermittle seine Masse in Kilogramm.

$(10\text{ cm})^3 = 1000\text{ cm}^3$ $\quad 1000 \cdot 2{,}5\text{ g} = 2500\text{ g} = 2{,}5\text{ kg}$

Er ist 2,5 kg schwer.

b) Aus 50 kg Glas soll ein Würfel gegossen werden.
Ermittle seine Kantenlänge in Dezimetern. Runde auf Zehntel Dezimeter.

$50\text{ kg} = 50000\text{ g}$ $\quad 50000\text{ g} : 2{,}5\text{ g} = 20000$ $\quad \sqrt[3]{20000\text{ cm}^3} \approx 27{,}14\text{ cm} \approx 2{,}7$

Die Kantenlänge beträgt rund 2,7 dm.

8 Jemand „beweist“ auf folgende Art, dass 5 = 11 gilt.
Wo steckt der Fehler? Begründe deine Antwort.

$\left(\frac{5}{11}\right)^x = \left(\frac{11}{5}\right)^7$

$\frac{5^x}{11^x} = \frac{11^7}{5^7}$

$5^x \cdot 5^7 = 11^7 \cdot 11^x$

$5^{x+7} = 11^{x+7}$

$5 = 11$

Die letzte Umformung ist falsch.
Zwar folgt aus $a = b$ die Gleichung $a^{x+7} = b^{x+7}$,
umgekehrt folgt aber aus $a^{x+7} = b^{x+7}$ nicht
$a = b$; z. B. ist $5^{-7+7} = 11^{-7+7}$ $(1 = 1)$.

Lineares Wachstum

▶ Grundwissen

Lineares Wachstum liegt vor, wenn in gleich langen Zeitspannen die Zu- oder Abnahme den gleichen Wert hat.
Es gilt: $G_n = G_0 + d \cdot n$ G_0: Anfangswert
d: Zu- oder Abnahme (Steigung)
n: Anzahl der gleichen Zeitspannen

Beispiel: In einem Schrank sind 4 Tafeln Schokolade.
Jeden Tag wird eine halbe Tafel davon weggenommen.

$G_n = 4 - 0{,}5 \cdot n$

Tage (n)	1	2	3	4	5	6	7	8
Tafeln (G_n)	3,5	3,0	2,5	2,0	1,5	1,0	0,5	0

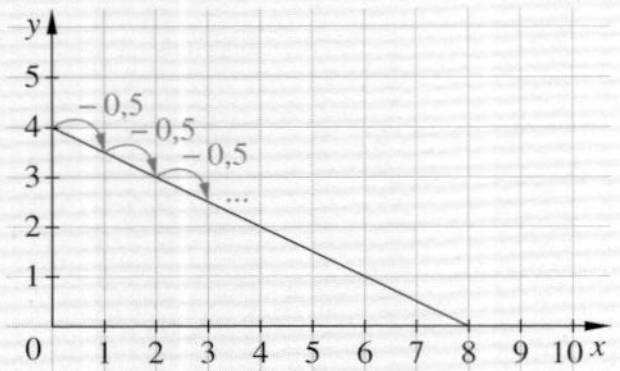

▶ Auftrag: Ergänze die Tabelle.

Trainieren

1 Lineares Wachstum

① $G_n = 1 + 2 \cdot n$

Zeit in min	0	1	2	3
fertige Teile	1	3	5	7

② $G_n = 0{,}5 + 0{,}25 \cdot n$

Zeit in h	2	4	6	10
Abstand in km	1	1,5	2	3

③ $G_n = 7 - 1{,}5 \cdot n$

Zeit in Wochen	0	1	2	3
Tüten Futter	7	5,5	4	2,5

④ $G_n = 3 - 0{,}2 \cdot n$

Zeit in Monaten	2	3	4	5
Betrag in €	2,6	2,4	2,2	2

a) Ermittle jeweils den fehlenden Wert.

b) Stelle die Daten grafisch dar.

c) Markiere positives und negatives Wachstum mit unterschiedlichen Farben.

☐ positives lineares Wachstum ($d > 0$) ....

☐ negatives lineares Wachstum ($d < 0$) - - - - - - -

d) Ordne die Gleichungen den Tabellen zu und gib die Zu- oder Abnahme in je einer Zeitspanne an.

$G_n = 7 - 1{,}5 \cdot n$	③	−1,5 Tüten
$G_n = 0{,}5 + 0{,}25 \cdot n$	②	0,25 km
$G_n = 1 + 2 \cdot n$	①	2 Teile
$G_n = 3 - 0{,}2 \cdot n$	④	−0,20 €

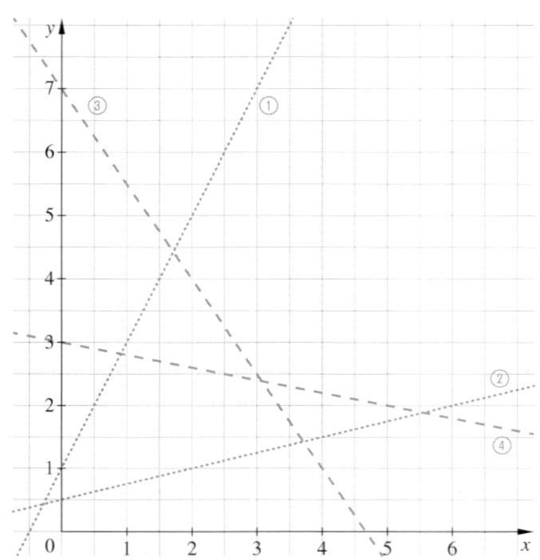

2 Wahr oder falsch?

① Lineares Wachstum kann mit einer linearen Funktion $y = mx + b$ beschrieben werden. ☒ wahr ☐ falsch
② Bei linearem Wachstum werden die Werte der Funktion immer größer. ☐ wahr ☒ falsch
③ Bei linearem Wachstum geht die passende Gerade durch den Punkt $P(0\,|\,0)$. ☐ wahr ☒ falsch

3 Entscheide, ob im Alltag eher positives lineares Wachstum (p), negatives lineares Wachstum (n) oder keines von beidem vorliegt.

	p	n	k
① Eine Haar wächst durchschnittlich 1 cm pro Monat.	☒ p	☐ n	☐ k
② Eine Aktie verlor pro Tag 5 % von ihrem Wert.	☐ p	☐ n	☒ k
③ Jeden Tag werden 25 von 200 Bäumen gefällt.	☐ p	☒ n	☐ k
④ Die Preise für Getreide stiegen pro Jahr um 2 %.	☐ p	☐ n	☒ k
⑤ Pro Stunde werden 10 Torten fertig.	☒ p	☐ n	☐ k

4 Gib ein Beispiel aus dem Alltag für negatives lineares Wachstum an.

individuelle Lösung

Anwenden und Vernetzen

5

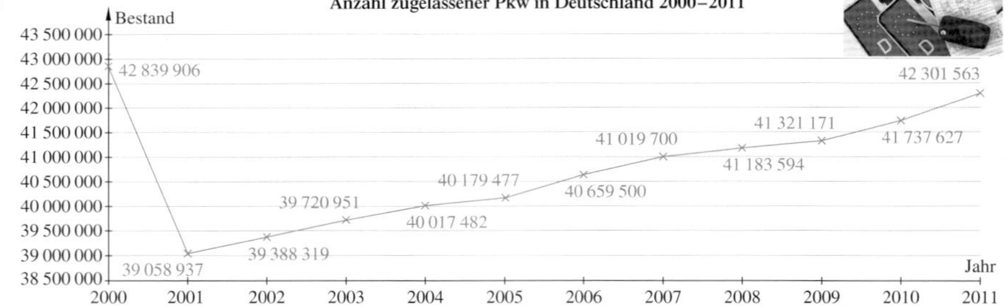

a) Betrachte die Anzahl der zugelassenen Pkw in Deutschland von 2001 bis 2011.
Gib an, welche Art von Wachstum in der Zeit von 2001 bis 2011 etwa vorliegt.

Es liegt annähernd positives lineares Wachstum vor.

b) In welchem Jahr hatten die Zulassungen den größten absoluten und den größten prozentualen Zuwachs gegenüber dem Vorjahr?
Gib passende Werte an.
Zusatzaufgabe: Recherchiere, woran das liegen könnte. individuelle Lösung

Der größte Zuwachs war von 2010 zu 2011. Es gab 563 936 Zulassungen mehr. Das sind etwa 1,4 %.

c) In welchem Jahr hatten die Zulassungen den kleinsten absoluten und den kleinsten prozentualen Zuwachs gegenüber dem Vorjahr?
Gib passende Werte an.

Der kleinste Zuwachs war von 2000 zu 2001. Es gab 3 780 969 Zulassungen weniger. Das sind etwa −8,8 %.

d) Wie hoch ist der prozentuale Zuwachs zugelassener Pkw in Deutschland von 2001 bis 2011?

Der Zuwachs beträgt ca. 1,3 %.

e) Kreuze passende Gleichungen an.

☐ $G_n = 39\,058\,937 + 1\,000\,000 \cdot n$ ☐ $G_n = 39\,058\,937 + 4\,\% \cdot n$ ☐ $G_n = 39\,058\,937 + 1\,500\,000 \cdot n$

☐ $G_{2002} = 39\,058\,937 \cdot 97{,}17$ ☐ $G_{2008} = 41\,321\,171 \cdot 1{,}02$ ☒ $G_{2010} = 40\,179\,477 \cdot 1{,}04$

Exponentielles Wachstum

Grundwissen

Exponentielles Wachstum liegt vor, wenn in gleich langen Zeitspannen die Zu- oder Abnahme den gleichen Faktor hat. Es gilt: $G_n = G_0 \cdot q^n$ G_0: Anfangswert
q: Wachstumsfaktor ($q = 1 + p\%$)
n: Anzahl der gleichen Zeitspannen

Beispiel: In einem Schrank sind 4 Tafeln Schokolade.
Jeden Tag wird die Hälfte davon weggenommen.

$G_n = 4 \cdot 0{,}5^n$

Tage (n)	0	1	2	3	4	5
Tafeln (G_n)	4	2	1	0,5	0,25	0,125

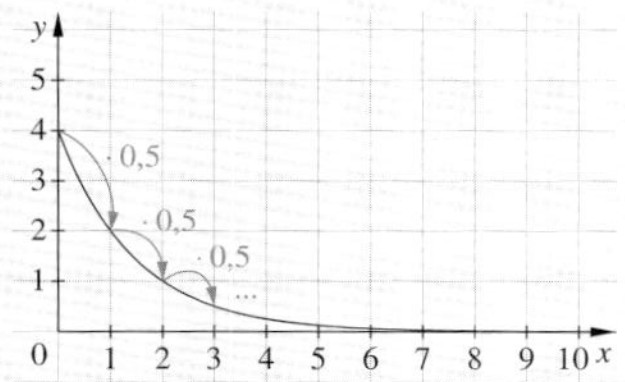

▶ Auftrag: Ergänze die Tabelle.

Trainieren

1 Exponentielles Wachstum mit $G_n = G_0 \cdot q^n$

① $G_n = 0{,}5 \cdot 2^n$

n	0	1	2	3	4
G_n	0,5	1	2	4	8

② $G_n = 5 \cdot 0{,}2^n$

n	0	1	2	3	4
G_n	5	1	0,2	0,04	0,008

③ $G_n = 2 \cdot 1{,}2^n$

n	0	1	2	3	4
G_n	2	2,4	2,88	3,456	4,1472

④ $G_n = 2 \cdot 0{,}5^n$

n	0	1	2	3	4
G_n	2	1	0,5	0,25	0,125

a) Ermittle jeweils den fehlenden Wert und trage die Punkte im Koordinatensystem ein.

b) Ordne die Gleichungen den Tabellen zu und gib die Zu- oder Abnahme in je einer Zeitspanne an.

$G_n = 0{,}5 \cdot 2^n$ ① $q = 2$

$G_n = 2 \cdot 0{,}5^n$ ④ $q = 0{,}5$

$G_n = 5 \cdot 0{,}2^n$ ② $q = 0{,}2$

$G_n = 2 \cdot 1{,}2^n$ ③ $q = 1{,}2$

c) Markiere positives und negatives Wachstum mit unterschiedlichen Farben.

☐ positives exponentielles Wachstum ($q > 0$) ....

☐ negatives exponentielles Wachstum ($q < 0$) - - - - -

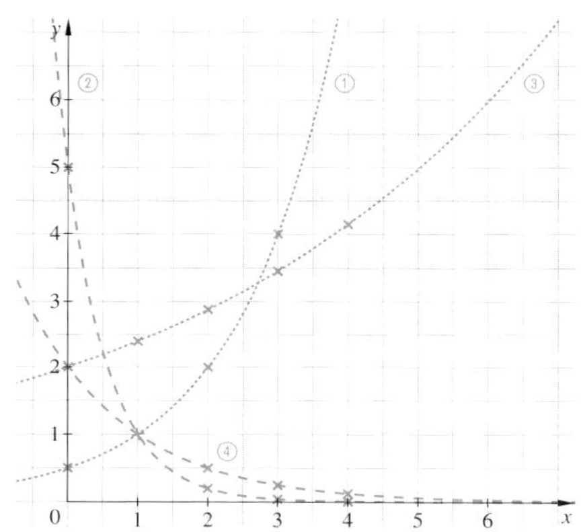

2 Wahr oder falsch?

① Exponentielles Wachstum kann mit einer Gleichung der Form $y = mx$ beschrieben werden. ☐ wahr ☒ falsch
② Exponentielles Wachstum kann mit einer Gleichung der Form $y = x^m$ beschrieben werden. ☐ wahr ☒ falsch
③ Bei exponentiellem Wachstum werden die Werte der Funktion immer größer. ☐ wahr ☒ falsch
④ Zu exponentiellem Wachstum passt keine Gerade. ☒ wahr ☐ falsch

3 Geldanlagen über 2 000 € mit Zinseszins und vollständiger Auszahlung nach 8 Jahren

Zinssatz p. a.	Kapital am Ende des 1. Jahres	Kapital am Ende des 2. Jahres	Kapital am Ende des 4. Jahres	Kapital am Ende des 6. Jahres	Kapital am Ende des 8. Jahres
5 %	2 100,00 €	2 205,00 €	2 431,01 €	2 680,19 €	2 954,90 €
10 %	2 200,00 €	2 420,00 €	2 928,20 €	3 543,12 €	4 287,18 €
15 %	2 300,00 €	2 645,00 €	3 498,01 €	4 626,12 €	6 118,05 €

a) Ergänze die Tabelle mithilfe des Taschenrechners oder einer Tabellenkalkulation.

b) Ermittle den Wachstumsfaktor q und gib passende Gleichungen zur Ermittlung des Kapitals K nach n Jahren an.

① $p = 5\%$ $K_0 = 2000\,€$ $q = 100\% + 5\% = 105\% = 1{,}05$ $K_n = 2000\,€ \cdot 1{,}05^n$

② $p = 10\%$ $K_0 = 2000\,€$ $q = 100\% + 10\% = 110\% = 1{,}10$ $K_n = 2000\,€ \cdot 1{,}10^n$

③ $p = 15\%$ $K_0 = 2000\,€$ $q = 100\% + 15\% = 115\% = 1{,}15$ $K_n = 2000\,€ \cdot 1{,}15^n$

c) Veranschauliche die Entwicklung des Kapitals. Ermittle, in welchem Jahr erstmals das Kapital größer als 8 000 € wäre. Gib das Kapital am Ende des Jahres zuvor und in dem Jahr an.

① $p = 5\%$ $K_{28} = 2000\,€ \cdot 1{,}05^{28} \approx 7840{,}26\,€$

$K_{29} = 2000\,€ \cdot 1{,}05^{29} \approx 8232{,}27\,€$

② $p = 10\%$ $K_{14} = 2000\,€ \cdot 1{,}1^{14} \approx 7595{,}00\,€$

$K_{15} = 2000\,€ \cdot 1{,}1^{15} \approx 8354{,}50\,€$

③ $p = 15\%$ $K_9 = 2000\,€ \cdot 1{,}15^9 \approx 7035{,}75\,€$

$K_{10} = 2000\,€ \cdot 1{,}15^{10} \approx 8091{,}12\,€$

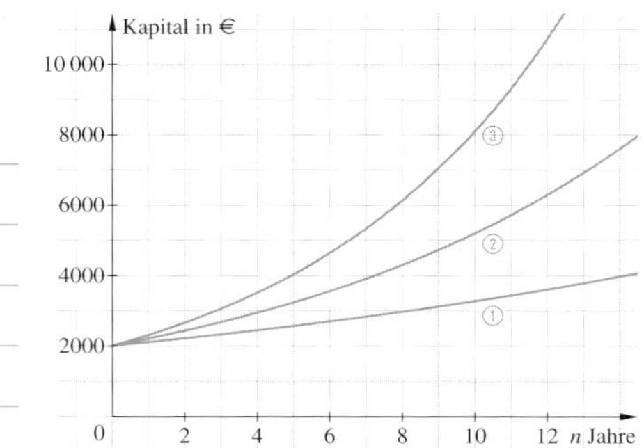

Anwenden und Vernetzen

4

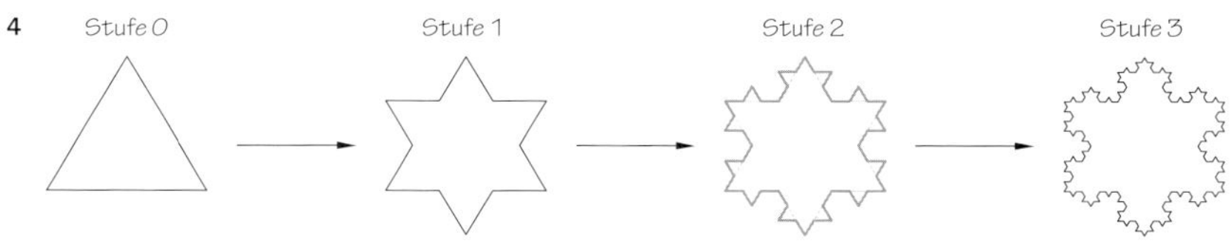

Drittele die Länge der Seite eines gleichseitigen Dreiecks der letzten Stufe. Setze über den mittleren Stücken damit gleichseitige Dreiecke auf.

a) Zeichne die Figur zur Stufe 2 und ergänze die Tabelle.

	Stufe 0	Stufe 1	Stufe 2	Stufe 3
Anzahl der Strecken	3	12	48	192
Länge einer Strecke	1	$\frac{1}{3}$	$\frac{1}{9}$	$\frac{1}{27}$
Umfang der Figur	3	4	$5\frac{1}{3}$	$7\frac{1}{9}$

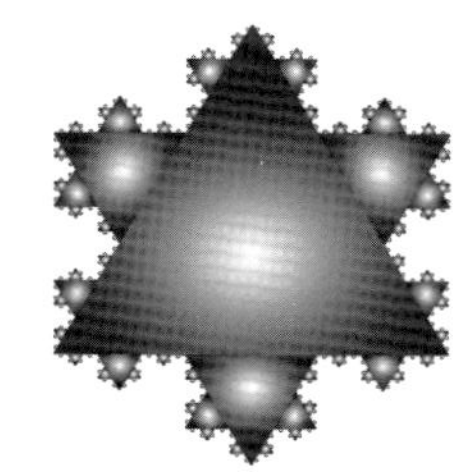

b) Gib eine Formel zur Berechnung des Umfangs u in der n-ten Stufe an. $u_n = 3 \cdot \left(1\frac{1}{3}\right)^n = \frac{4^n}{3^{n-1}}$

Pyramiden und Kegel erkennen

▶ Grundwissen

- Eine Pyramide ist ein Körper, dessen Grundfläche ein Vieleck ist und dessen Seitenflächen Dreiecke sind, die eine gemeinsame Ecke, die Pyramidenspitze, bilden.
- Ein Kegel ist ein Körper, der durch einen Kreis und einen Punkt außerhalb der Ebene des Kreises, der Spitze des Kegels, festgelegt wird.

Beispiele:

Pyramide

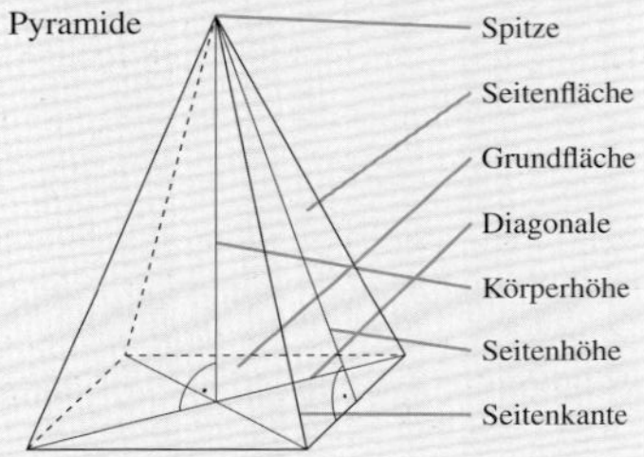

Kegel

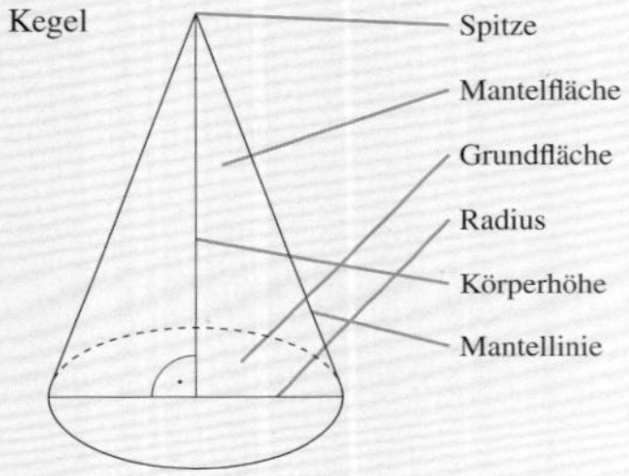

▶ **Auftrag:** Zeichne bei den Beispielen passende Linien ein.

Trainieren

1 Körperzeichnungen

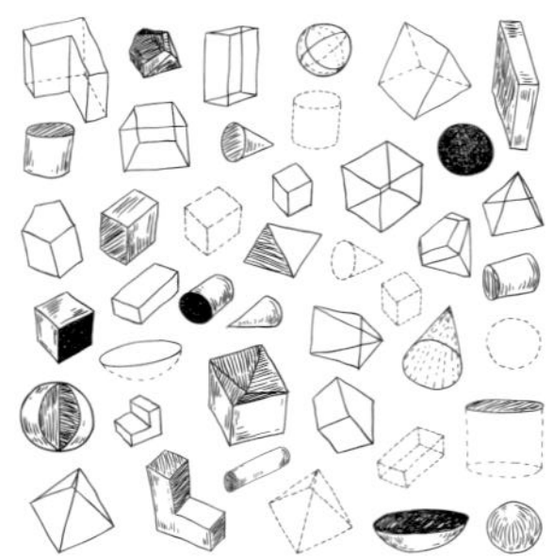

a) Ergänze jeweils die Anzahl der dargestellten Körper.

Pyramiden: 5 Kegel: 4

b) Gib die Form der Grundflächen der Pyramiden an.

Vier Pyramiden haben Vierecke als Grundflächen. Eine Pyramide hat vermutlich ein Dreieck als Grundfläche.

c) Zusatzaufgabe: Benenne möglichst viele der dargestellten Körper.
Würfel; Quader; Prismen; Zylinder; Kugeln; Halbkugeln; Pyramidenstümpfe

2 Pyramiden und Kegel im Alltag

a) Entscheide, ob im Alltag oft die Form einer Pyramide (P), eines Kegels (K) oder keines von beidem (n) vorliegt.

① Dach eines Kirchturms	☒ P	☒ K	☒ n
② Spitze eines angespitzten Buntstiftes	☐ P	☒ K	☐ n
③ Kegel einer Kegelbahn	☐ P	☐ K	☒ n
④ Bevölkerungspyramide, z. B. im Geographiebuch	☐ P	☐ K	☒ n
⑤ gewöhnlicher Klebestift	☐ P	☐ K	☒ n

b) Nenne jeweils ein Beispiel für einen Gegenstand mit der Form eines Kegels und mit der Form einer Pyramide.

individuelle Lösung

3 Schrägbilder

a) Zeichne in die Schrägbilder von Prismen passende Pyramiden ein.
Markiere darin jeweils die Spitze S, die Körperhöhe h_k, eine Seitenhöhe h_a und eine Seitenkante s.

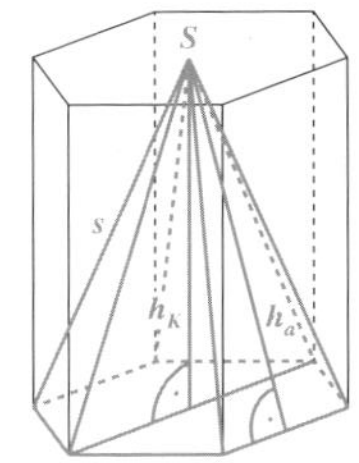

gerade, regelmäßige, sechsseitige Pyramide, die so hoch ist wie das Prisma

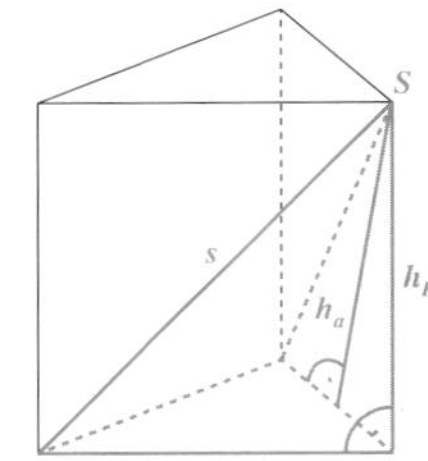

schiefe, regelmäßige, dreiseitige Pyramide, die so hoch ist wie das Prisma

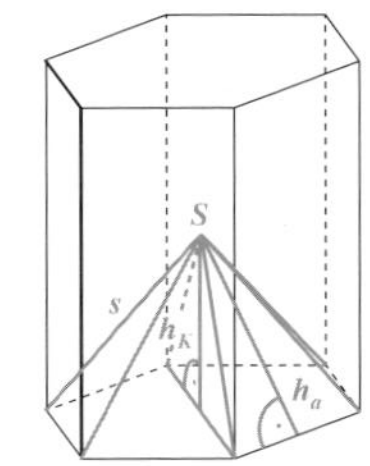

gerade, regelmäßige, sechsseitige Pyramide, die halb so hoch ist wie das Prisma

b) Zeichne in die Schrägbilder von Zylindern passende Kegel ein.
Markiere darin jeweils die Spitze S, den Radius r, die Körperhöhe h_k und eine Mantellinie m.

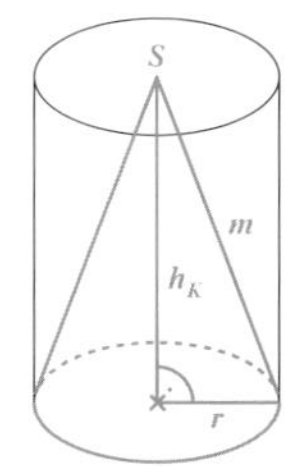

gerader Kegel, der so hoch ist wie der Zylinder

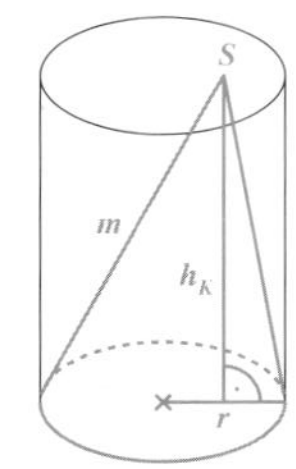

schiefer Kegel, der so hoch ist wie der Zylinder

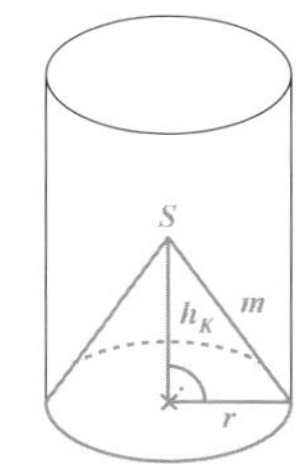

gerader Kegel, der halb so hoch ist wie der Zylinder

Anwenden und Vernetzen

4 Zwei Zuckertüten sind 25 cm hoch. Eine hat die Form eines Kegels mit 5 cm Radius. Die andere hat die Form einer geraden sechsseitigen Pyramide mit 10 cm langen Diagonalen.
Zeichne in einem geeigneten Maßstab passende Schrägbilder vom Kegel und von der Pyramide. Gib den Maßstab an.
Zusatzaufgabe: Zeichne jeweils einen stehenden und einen liegenden Körper.

z. B.
Maßstab 1:5

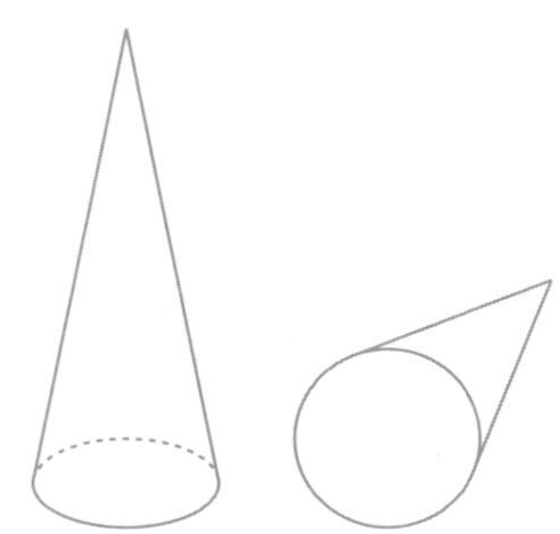

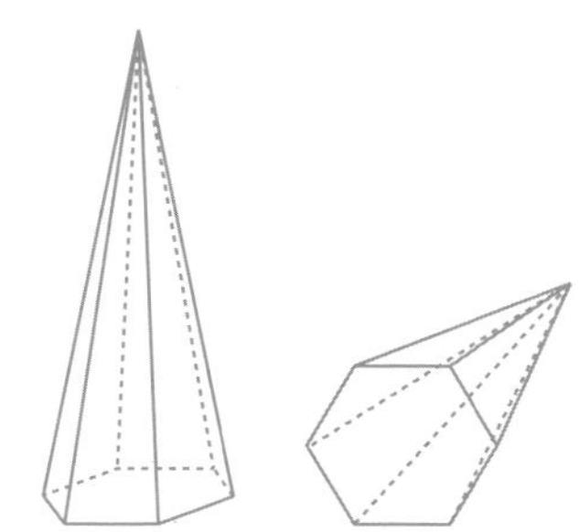

Oberfläche von Pyramiden

▶ Grundwissen

Für den Oberflächeninhalt einer Pyramide gilt:

$O_{Pyramide} = G_{Pyramide} + M_{Pyramide}$.

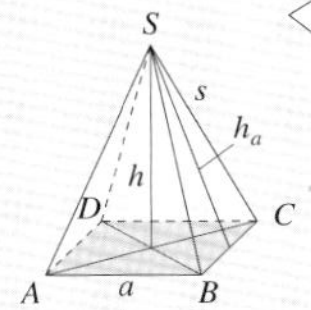

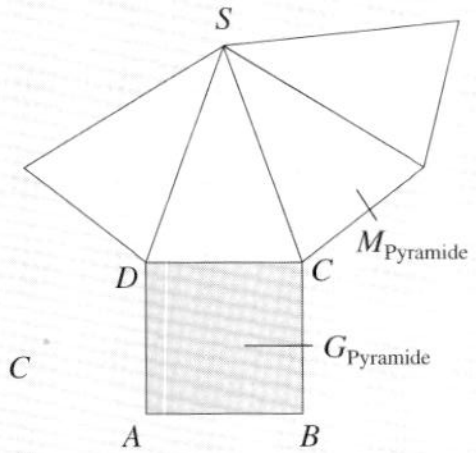

▶ Auftrag: Ergänze eine Formel zu Berechnung der Größe der Oberfläche.

Trainieren

1

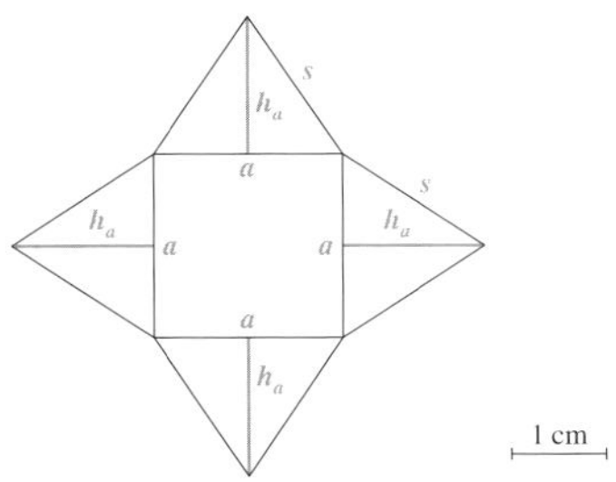

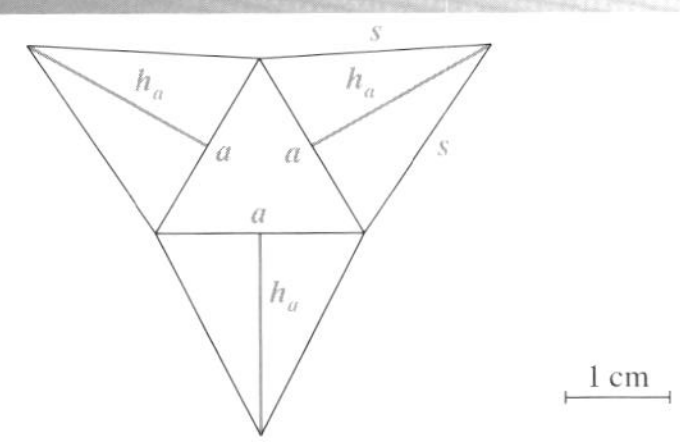

Größe der Grundfläche: $4\,cm^2$

Größe der Mantelfläche: $6\,cm^2$

Größe der Oberfläche: $10\,cm^2$

Größe der Grundfläche: $1{,}7\,cm^2$

Größe der Mantelfläche: $6\,cm^2$

Größe der Oberfläche: $7{,}7\,cm^2$

a) Ermittle die Größen der Flächen der geraden, regelmäßigen Pyramiden. Entnimm dazu benötigte Angaben den Körpernetzen.

b) Kreuze alle zu beiden Pyramiden passenden Formeln an. Hinweis: Prüfe, ob sie für beide Beispiele gelten.

☐ $G_{Pyramide} = a^2$ ☒ $s = \sqrt{h_a^2 + a^2}$

☒ $A_{Seitenfläche} = \frac{h_a \cdot a}{2}$ ☒ $h_a = \sqrt{s^2 - a^2}$

2 Ordne die Pyramidennetze nach der Größe. Beginne jeweils mit dem kleinsten Wert.

a) Grundfläche:

③; ①; ②

b) Mantelfläche:

③; ②; ①

c) Oberfläche:

③; ②; ①

①

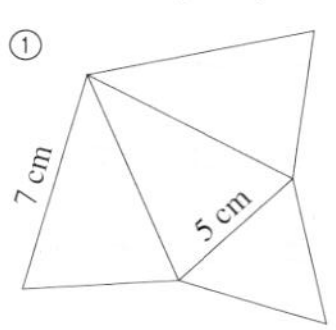

②

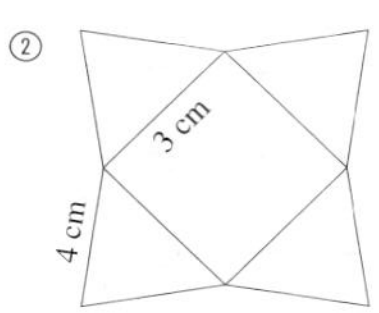

③

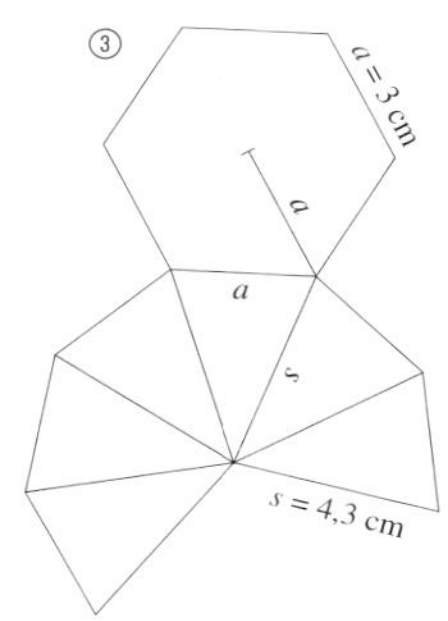

3 Eine gerade Pyramide ist 34 cm hoch und hat eine quadratische Grundfläche mit 56 cm langen Seiten.

a) Berechne die Höhe h_a einer Seitenfläche.
Hinweis: Betrachte die Pyramide im Grundwissen.

$h_a = \sqrt{(34\,cm)^2 + (28\,cm)^2} \approx 44{,}05\,cm$

b) Berechne den Oberflächeninhalt der Pyramide.

$O_{Pyramide} = (56\,cm)^2 + 4 \cdot (0{,}5 \cdot 56\,cm \cdot 44{,}05\,cm) \approx 8070\,cm^2 = 80{,}70\,dm^2$

4 Vervollständige die Tabelle für gerade Pyramiden mit quadratischen Grundflächen.
Hinweis: Betrachte die Pyramide im Grundwissen.

a	h	s	h_a	$M_{Pyramide}$	$O_{Pyramide}$
3 cm	5 cm	5,43 cm	5,22 cm	$31{,}32\,cm^2$	$40{,}32\,cm^2$
3,92 cm	2,14 cm	3,5 cm	2,9 cm	$22{,}74\,cm^2$	$38{,}11\,cm^2$
19,37 m	7,9 m	15,81 m	12,5 m	$484{,}25\,m^2$	$859{,}45\,m^2$

Anwenden und Vernetzen

5 Ein Turmdach soll neu gedeckt werden. Die Dachdecker haben ermittelt, dass alle unteren Dachkanten 8 m lang sind und ein Quadrat bilden. Alle schrägen Dachkanten sind 9 m lang.
Jeder der neuen Ziegel deckt eine Fläche von 15 cm mal 12 cm ab.
Berechne die Anzahl der benötigten Ziegel.

Höhe h_a einer Dachfläche: $h_a = \sqrt{(9\,m)^2 - (4\,m)^2} \approx 8{,}06\,m$

Fläche $M_{Pyramide}$ des Daches: $M_{Pyramide} = 4 \cdot (0{,}5 \cdot 8\,m \cdot 8{,}06\,m) = 128{,}96\,m^2$

Anzahl der Ziegel: $128{,}96\,m^2 : (0{,}15\,m \cdot 0{,}12\,m) \approx 7\,164{,}44$

Es werden mindestens 7 165 Ziegel benötigt.

6 Eine 12 cm hohe Schachtel hat die Form einer geraden Pyramide.
Die Grundfläche ist ein regelmäßiges Achteck mit der Seitenlänge $a = 7\,cm$.
Die Höhe h_d jedes Teildreiecks der Grundfläche beträgt rund 8,45 cm.

a) Berechne den Oberflächeninhalt der Pyramide.

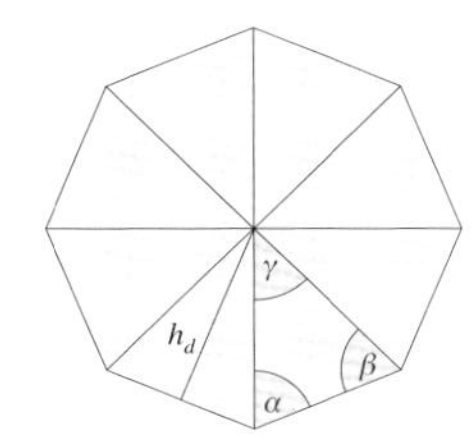

Höhe h_a einer Seitenfläche: $h_a = \sqrt{(12\,cm)^2 + (8{,}45\,cm)^2} \approx 14{,}68\,cm$

Mantelflächeninhalt: $M_{Pyramide} = 8 \cdot (0{,}5 \cdot 7\,cm \cdot 14{,}68\,cm) = 411{,}04\,cm^2$

Grundflächeninhalt: $G_{Pyramide} = 8 \cdot (0{,}5 \cdot 7\,cm \cdot 8{,}45\,cm) = 236{,}60\,cm^2$

Oberflächeninhalt: $O_{Pyramide} = 411{,}04\,cm^2 + 236{,}60\,cm^2 = 647{,}64\,cm^2$

Der Oberflächeninhalt der Pyramide beträgt rund $648\,cm^2$.

b) Karl betrachtet das Achteck und behauptet: „α ist genau 86° groß.“
Hat er Recht? Begründe deine Meinung mithilfe einer Rechnung.

$\gamma = 360° : 8 = 45°$ $\alpha = (180° - 45°) : 2 = 67{,}5° \approx 68°$ Karl hat demzufolge nicht Recht.

Oberfläche von Kegeln

▶ Grundwissen

Für den Oberflächeninhalt eines Kegels gilt:

$O_{Kegel} = G_{Kreis} + M_{Kegel} = \pi \cdot r^2 + \pi \cdot r \cdot s$

$G_{Kreis} = \pi \cdot r^2$

$M_{Kegel} = \pi \cdot r \cdot s$

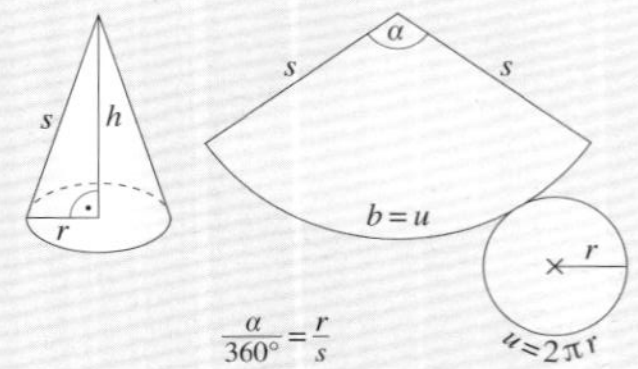

$\frac{\alpha}{360°} = \frac{r}{s}$

▶ Auftrag: Ergänze die Formeln.

Trainieren

1

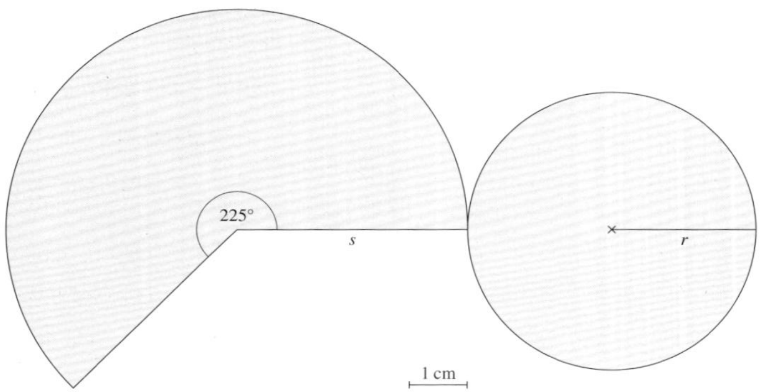

Ermittle die Größen der Flächen des geraden Kegels. Entnimm dazu benötigte Angaben dem Körpernetz.

Größe der Grundfläche: $19{,}63\ cm^2$

Größe der Mantelfläche: $31{,}42\ cm^2$

Größe der Oberfläche: $51{,}05\ cm^2$

2 Berechne den Flächeninhalt der Grundfläche, des Mantels und der Oberfläche der Kegel.

a)

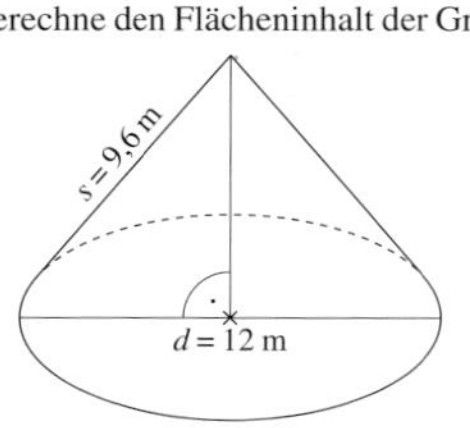

$G_{Kreis} = \pi \cdot (6\,m)^2 \approx 113{,}10\,m^2$

$M_{Kegel} = \pi \cdot 6\,m \cdot 9{,}6\,m \approx 180{,}96\,m^2$

$O_{Kegel} = 113{,}10\,m^2 + 180{,}96\,m^2 = 294{,}06\,m^2$

b)

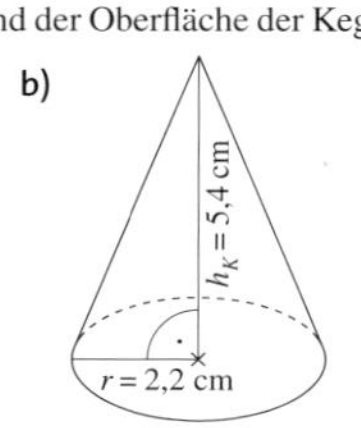

$G_{Kreis} = \pi \cdot (2{,}2\,cm)^2 \approx 15{,}21\,cm^2$

$M_{Kegel} = \pi \cdot 2{,}2\,cm \cdot \sqrt{(2{,}2\,cm)^2 + (5{,}4\,cm)^2} \approx 40{,}30\,cm^2$

$O_{Kegel} = 15{,}21\,cm^2 + 40{,}30\,cm^2 = 55{,}51\,cm^2$

3 Zeichne das Netz eines Kegels mit einem Durchmesser von 2,6 cm und einer Seitenhöhe von 2,1 cm. Berechne den Oberflächeninhalt.

$\frac{\alpha}{360°} = \frac{1{,}3\,cm}{2{,}1\,cm} \quad | \cdot 360°$

$\alpha \approx 223°$

$O_{Kegel} = \pi \cdot (1{,}3\,cm)^2 + \pi \cdot 1{,}3\,cm \cdot 2{,}1\,cm \approx 13{,}89\,cm^2$

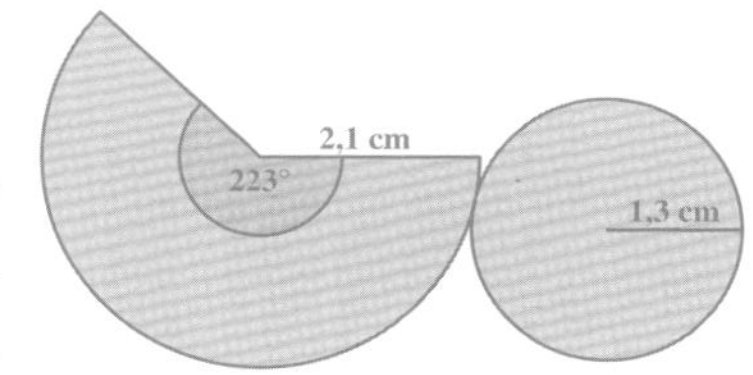

4 Vervollständige die Tabelle für Kegel. Betrachte dazu die Abbildungen im Grundwissen.

r	s	h	α	M_{Kegel}	G_{Kreis}	O_{Kegel}
2,59 dm	8 dm	7,57 dm	116,55°	65 dm²	21,07 dm²	86,07 dm²
8,79 m	15,2 m	12,4 m	208,18°	419,74 m²	242,73 m²	662,47 m²
25,6 m	27,5 m	10,04 m	335,13°	2 211,68 m²	2 058,87 m²	4 270,55 m²
5,5 m	5,65 m	1,29 m	350,44°	97,6 m²	95,03 m²	192,63 m²
8 cm	29,8 cm	28,71 cm	96,64°	748,94 cm²	201,06 cm²	950 cm²

Anwenden und Vernetzen

5 Auf dem Bild ist ein Kletterturm zu sehen, der „Kegel“ genannt wird. Er befindet sich in Berlin.
Der Turm hat eine Gesamthöhe von 18,70 m. Der Zylinder hat einen Umfang von 44 m und eine Höhe von 10,7 m.
Berechne näherungsweise die Größe der Fläche im Außenbereich, die den Kletterern zur Verfügung steht.

Mantelflächeninhalt M_Z des Zylinders:
$M_Z = 44\,m \cdot 10{,}7\,m = 470{,}80\,m^2$

Mantelflächeninhalt M_{Kegel} des Kegels:
$M_{Kegel} = \pi \cdot r \cdot s$
$= \pi \cdot (44\,m : 2\pi) \cdot \sqrt{(18{,}70\,m - 10{,}7\,m)^2 + (44\,m : 2\pi)^2} \approx 233{,}90\,m^2$

Summe: $470{,}80\,m^2 + 233{,}90\,m^2 = 704{,}70\,m^2$

Im Außenbereich steht eine Kletterfläche von rund $700\,m^2$ zur Verfügung.

6 Das Körpernetz eines Kegels besteht aus einem Viertelkreis mit einem Radius von 10 cm und einem Kreis.

a) Welchen Oberflächeninhalt hat der zugehörige Kegel?
Zusatzaufgabe: Bastle einen derartigen Kegel.

$O_{Kegel} = \pi \cdot (10\,cm)^2 : 4 + \pi \cdot (2{,}5\,cm)^2 \approx 98{,}17\,cm^2$

Der Oberflächeninhalt des Kegels beträgt rund $98{,}17\,cm^2$.

b) Schätze, wie groß das Volumen des zugehörigen Kegels ist.
Kreuze alle passenden Angaben an.

- ☐ ca. $6\,cm^2$
- ☒ ca. $6 \cdot 10^{-5}\,m^3$
- ☐ ca. $6 \cdot 10^3\,mm^3$
- ☐ ca. $0{,}006\,dm^3$
- ☒ ca. $60\,cm^3$
- ☐ $6000\,mm^3$

Volumen von Pyramiden und Kegeln

▶ Grundwissen

- Für das Volumen einer Pyramide gilt:

  $V_{Pyramide} = \frac{1}{3} \cdot G_{Pyramide} \cdot h_k$

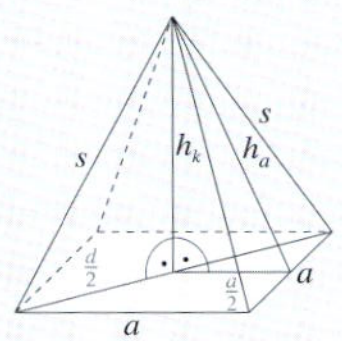

- Für das Volumen eines Kegels gilt:

  $V_{Kegel} = \frac{1}{3} \cdot G_{Kreis} \cdot h_k = \frac{1}{3} \cdot \pi \cdot r^2 \cdot h_k$

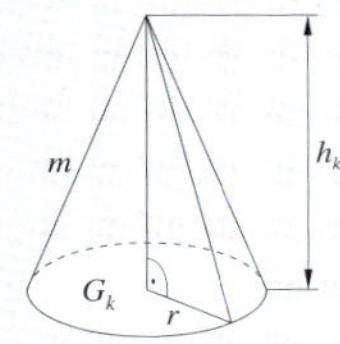

▶ Auftrag: Ergänze die Formeln.

Trainieren

1 Ermittle das Volumen der skizzierten Pyramide.

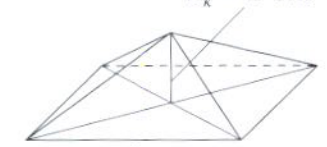

$G_{Pyramide} = (6\,cm)^2 = 36\,cm^2$

$V_{Pyramide} = \frac{1}{3} \cdot (6\,cm)^2 \cdot 2\,cm = 24\,cm^3$

2 Ergänze die Tabelle für Pyramiden.

Flächeninhalt der Grundfläche	6 cm²	10 dm²	21 mm²	0,25 m²
Höhe	4 cm	12 dm	11 mm	0,6 m
Volumen	8 cm³	40 dm³	77 mm³	0,05 m³

3 Ermittle das Volumen des skizzierten Kegels.

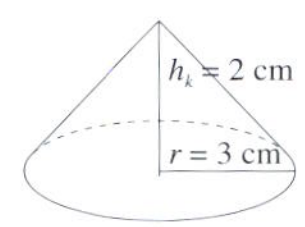

$G_{Kreis} = \pi \cdot (3\,cm)^2 \approx 28{,}27\,cm^2$

$V_{Kegel} = \frac{1}{3} \cdot \pi \cdot (3\,cm)^2 \cdot 2\,cm \approx 18{,}85\,cm^3$

4 Ergänze die Tabelle für Kegel.

Radius	Durchmesser	Flächeninhalt der Grundfläche	Höhe	Volumen
4 dm	8 dm	50,27 dm²	6 dm	100,53 dm³
1 m	2 m	3,14 m²	12 m	12,56 m³
1,5 cm	3 cm	7,07 cm²	2 cm	4,71 cm³
1 mm	2 mm	3,14 mm²	7 mm	7,32 mm³

5 Formuliere eine gemeinsame Regel zur Berechnung des Volumens von Pyramiden und Kegeln.
z. B.
Das Volumen der Körper ist jeweils gleich einem Drittel vom Produkt des Flächeninhalts der Grundfläche und der Körperfläche. ($V = \frac{1}{3} G \cdot h$)

6 Ordne die Körper nach der Größe der Volumen. Beginne mit dem kleinsten Wert.
Körper ① ist eine 5 cm hohe quadratische Pyramide mit 2 cm langen Kanten an der Grundfläche.
Körper ② ist ein 5 cm hoher Kegel, dessen Grundfläche einen Durchmesser von 5 cm hat.
Körper ③ ist eine 4 cm hohe rechteckige Pyramide mit 6 cm und 2,5 cm langen Kanten an der Grundfläche.
Körper ④ ist ein 4 cm hoher Kegel, dessen Grundfläche einen Radius von 3 cm hat.

$V_{Körper ①} \approx 6{,}67\,cm^3$; $V_{Körper ②} \approx 32{,}72\,cm^3$; $V_{Körper ③} = 20\,cm^3$; $V_{Körper ④} \approx 37{,}70\,cm^3$;

$V_{Körper ①} < V_{Körper ③} < V_{Körper ②} < V_{Körper ④}$

Anwenden und Vernetzen

7 Auf einer Drehmaschine wurde das in der Zeichnung dargestellte Werkstück gefertigt. Es entstehen bei der Drehung um die eingezeichnete Achse Rotationskörper. Die Maße sind in Millimetern angegeben. Benenne die entstandenen Körper. Berechne Volumen und Oberflächeninhalt von jedem der beiden Körper.

Kegel
$V_K = \frac{1}{3} \pi \cdot r^2 \cdot h$
$V_K = \frac{1}{3} \pi \cdot (9\,mm)^2 \cdot 42\,mm$
$V_K \approx 3{,}56\,cm^3$

$A_O = 2{,}54\,cm^2 + 12{,}14\,cm^2$
$A_O = 14{,}68\,cm^2$
(Mantellinie $s \approx 4{,}3\,cm$)

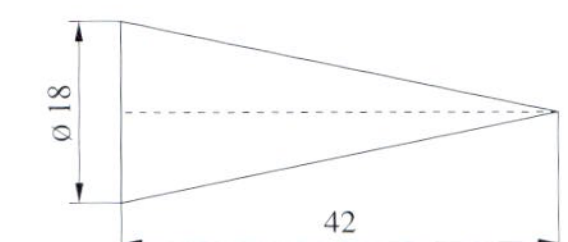

Zylinder
$V_Z = \pi \cdot r^2 \cdot h$
$V_Z = \pi \cdot (12{,}5\,mm)^2 \cdot 38\,mm$
$V_Z \approx 18{,}65\,cm^3$

$A_O = 2 \cdot 4{,}91\,cm^2 + 29{,}85\,cm^2$
$A_O = 39{,}67\,cm^2$

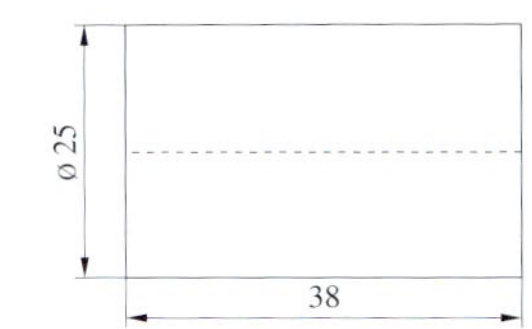

8 Alle Kanten eines regelmäßigen Tetraeders und einer geraden quadratischen Pyramide haben eine Länge von $a = 3\,cm$. Berechne die Volumen beider Körper.

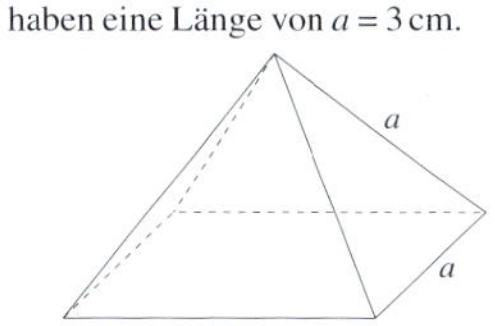

Pyramide
$A_G = a^2 = (3\,cm)^2 = 9\,cm^2$
$h_a = \sqrt{a^2 - (\frac{1}{2} a)^2} = \sqrt{(3\,cm)^2 - (\frac{1}{2} \cdot 3\,cm)^2} \approx 2{,}60\,cm$
$h_K = \sqrt{h_a^2 - (\frac{1}{2} a)^2} = \sqrt{(2{,}6\,cm)^2 - (\frac{1}{2} \cdot 3\,cm)^2} \approx 2{,}12\,cm$
$V_P = \frac{1}{3} A_G \cdot h = \frac{1}{3} \cdot 9\,cm^2 \cdot 2{,}12\,cm = 6{,}36\,cm^3$

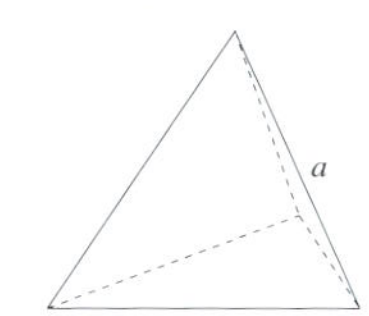

Tetraeder
$h_a = \sqrt{a^2 - (\frac{1}{2} a)^2} = \sqrt{(3\,cm)^2 - (\frac{1}{2} \cdot 3\,cm)^2} \approx 2{,}60\,cm$
$A_G = \frac{1}{2} \cdot a \cdot h_a = \frac{1}{2} \cdot 3\,cm \cdot 2{,}60\,cm = 3{,}9\,cm^2$
$h_K = \sqrt{a^2 - (\frac{2}{3} h_a)^2} = \sqrt{(3\,cm)^2 - (\frac{2}{3} \cdot 2{,}6\,cm)^2} \approx 2{,}45\,cm$
$V_T = \frac{1}{3} A_G \cdot h = \frac{1}{3} \cdot 3{,}9\,cm^2 \cdot 2{,}45\,cm \approx 3{,}19\,cm^3$

Volumen und Oberfläche von Kugeln

Grundwissen

- Für das Volumen einer Kugel gilt:
  $V_{Kugel} = \frac{4}{3}\pi \cdot r^3$.
  $V_{Kugel} = \frac{4}{3}\pi \cdot (2{,}5\text{ cm})^3 \approx 65{,}45\text{ cm}^3$
- Für den Oberflächeninhalt einer Kugel gilt:
  $O_{Kugel} = 4\pi \cdot r^2$.
  $O_{Kugel} = 4\pi \cdot (2{,}5\text{ cm})^2 \approx 78{,}54\text{ cm}^2$

Beispiel:

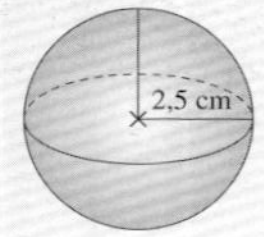

▶ Auftrag: Ergänze das Beispiel.

Trainieren

1 Berechne jeweils das Volumen und den Oberflächeninhalt der Kugel. Runde die Ergebnisse auf Hundertstel.
Hinweis: Nutze zum Rechnen gegebenenfalls ein zusätzliches Blatt.

Radius	7,6 cm	32,1 cm	0,69 cm	99,9 cm
Oberflächeninhalt	725,83 cm^2	12 948,51 cm^2	5,98 cm^2	125 412,50 cm^2
Volumen	1838,78 cm^3	138 549,10 cm^3	1,38 cm^3	4 176 236,40 cm^3

2 Ergänze die Tabelle für Kugeln. Runde die Ergebnisse auf Hundertstel.
Hinweis: Nutze zum Nachrechnen gegebenenfalls ein zusätzliches Blatt.

Radius	3,5 cm	2 dm	3,09 mm	5,51 m
Durchmesser	7,00 cm	4 dm	6,18 mm	11,02 m
Oberflächeninhalt	153,94 cm^2	50,27 dm^2	120 mm^2	381,26 m^2
Volumen	179,59 cm^3	33,51 dm^3	123,61 mm^3	700 m^3

3 Ordne mithilfe von Überschlägen innerhalb einer Minute möglichst viele Werte jeweils einer Kugel zu (Radius bzw. Durchmesser, Oberflächeninhalt, Volumen).
Markiere einander zugeordnete Größenangaben mit der gleichen Farbe.
Hinweis: Nutze gegebenenfalls zum Nachrechnen ein zusätzliches Blatt.

3,5 cm A	79 cm^2 B	154 cm^2 A	4347 cm^2 C
12 cm^2 D	180 cm^3 A	18,6 cm C	1 cm D
26 954 cm^3 C	65 cm^3 B	4 cm^3 D	5 cm B

4 Schätze, welchen Oberflächeninhalt und welches Volumen ein Fußball hat.

Das Volumen beträgt rund 5 600 cm^3 und der Oberflächeninhalt 1 500 cm^2.

5 Untersuche, ob alle Kugeln aus dem gleichen Gusseisen bestehen können.
Berechne dazu mithilfe des Volumens die Dichte des Materials, aus dem jeweils die Kugel besteht.
Hinweis: $\varrho = \frac{m}{V}$

	Kugel ①	Kugel ②	Kugel ③	Kugel ④
Masse m	3 000 g	4 000 g	5 000 g	7 260 g
Durchmesser d	9,4 cm	10,3 cm	11,0 cm	12,5 cm
Volumen V	434,89 cm^3	572,15 cm^3	696,91 cm^3	1 022,65 cm^3
Dichte ϱ	6,9 $\frac{g}{cm^3}$	7,0 $\frac{g}{cm^3}$	7,17 $\frac{g}{cm^3}$	7,10 $\frac{g}{cm^3}$

Die Kugeln bestehen aus unterschiedlichem Gusseisen, da die Dichten unterschiedlich sind.

Anwenden und Vernetzen

6 Je drei Tennisbälle sollen platz- und materialsparend verpackt werden.
Sie haben einen Durchmesser von 6,6 cm.
Es bieten sich zylinderförmige oder quaderförmige Schachteln an.
Gib jeweils die Raumausnutzung in Prozent an.
Wie viel Karton ist mindestens nötig, um eine solche Schachtel zu falten, wenn man 15 % für Klebestellen und Überlappung hinzurechnet?

zylinderförmige Schachtel mit einem Radius von 3,3 cm und einer Höhe von 19,8 cm
$V_{3\,Bälle} : V_{Schachtel} = 452\text{ cm}^3 : 677{,}4\text{ cm}^3 \approx 67\,\%$
$O_{Schachtel} = 2\pi \cdot 3{,}3\text{cm} \cdot (19{,}8\text{ cm} + 3{,}3\text{ cm}) \approx 478{,}97\text{ cm}^2$ $\quad 478{,}97\text{ cm}^2 \cdot 1{,}15 \approx 550{,}82\text{ cm}^2$

quaderförmige Schachtel mit acht 6,6 cm und vier 19,8 cm langen Kanten
$V_{3\,Bälle} : V_{Schachtel} = 452\text{ cm}^3 : 862{,}5\text{ cm}^3 \approx 52\,\%$
$O_{Schachtel} = 2 \cdot (6{,}6\text{ cm})^2 + 4 \cdot 6{,}6\text{ cm} \cdot 19{,}8\text{ cm} = 609{,}84\text{ cm}^2$ $\quad 609{,}84\text{ cm}^2 \cdot 1{,}15 \approx 701{,}32\text{ cm}^2$

Ca. 67 % des Raumes der zylinderförmigen Schachtel und ca. 52 % der quaderförmigen werden genutzt.

Man benötigt für die zylinderförmige Schachtel nur ca. 550 cm^2 Karton und für die quaderförmige ca. 700 cm^2.

7 Einem Würfel mit der Kantenlänge a = 10 cm wird eine Kugel einbeschrieben.
Um wie viel Prozent sind Volumen und Oberflächeninhalt der Kugel kleiner als die entsprechenden Größen des Würfels?

$V_{Kugel} = \frac{4}{3}\pi \cdot (5\text{ cm})^3 \approx 523{,}60\text{ cm}^3$
$V_{Würfel} = (10\text{ cm})^3 = 1000\text{ cm}^3$
$(1000\text{ cm}^3 - 523{,}60\text{ cm}^3) : 1000\text{ cm}^3 = 47{,}64\,\%$

$O_{Kugel} = 4\pi \cdot (5\text{ cm})^2 \approx 314{,}16\text{ cm}^2$
$O_{Würfel} = 6 \cdot (10\text{ cm})^2 = 600\text{ cm}^2$
$(600\text{ cm}^2 - 314{,}16\text{ cm}^2) : 600\text{ cm}^2 = 47{,}64\,\%$

Seitenverhältnisse in rechtwinkligen Dreiecken

▶ Grundwissen

Beispiel:

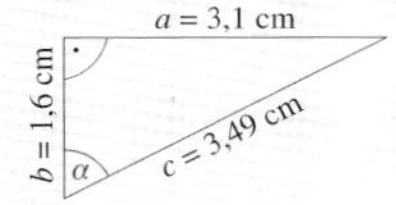

Beziehungen in rechtwinkligen Dreiecken:

Sinus eines Winkels = $\frac{\text{Länge der Gegenkathete des Winkels}}{\text{Länge der Hypotenuse}}$ $\qquad \sin(\alpha) = \frac{a}{c} = \frac{3{,}1\,\text{cm}}{3{,}49\,\text{cm}} \approx 0{,}89$

Kosinus eines Winkels = $\frac{\text{Länge der Ankathete des Winkels}}{\text{Länge der Hypotenuse}}$ $\qquad \cos(\alpha) = \frac{b}{c} = \frac{1{,}6\,\text{cm}}{3{,}49\,\text{cm}} \approx 0{,}46$

Tangens eines Winkels = $\frac{\text{Länge der Gegenkathete des Winkels}}{\text{Länge der Ankathete des Winkels}}$ $\qquad \tan(\alpha) = \frac{a}{b} = \frac{3{,}1\,\text{cm}}{1{,}6\,\text{cm}} \approx 1{,}94$

▶ Auftrag: Berechne den Sinus, den Kosinus und den Tangens von α.

Trainieren

1 Ergänze die Sätze.
Hinweis: „δ" steht für Delta, „ε" steht für Epsilon, „ζ" steht für Zeta.

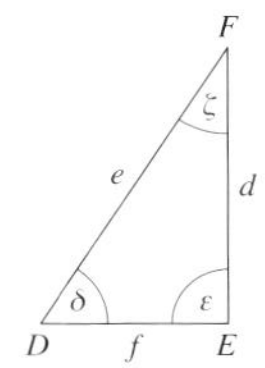

① ε ist der rechte Winkel im Dreieck DEF. Die Hypotenuse ist die Seite e.

② Die Ankathete zum Winkel δ im Dreieck DEF ist die Seite f. Die Gegenkathete ist die Seite d.

③ Die Ankathete zum Winkel ζ im Dreieck DEF ist die Seite d. Die Gegenkathete ist die Seite f.

2 Vervollständige die Gleichungen so, dass sie zum jeweiligen Dreieck passen.

a) $\sin(\alpha) = \frac{a}{c}$ $\quad \cos(\alpha) = \frac{b}{c}$ $\quad \tan(\alpha) = \frac{a}{b}$

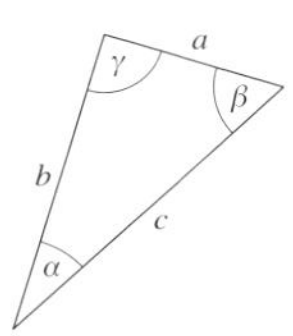

b) $\sin(\alpha) = \frac{a}{b}$ $\quad \cos(\alpha) = \frac{c}{b}$ $\quad \tan(\alpha) = \frac{a}{c}$

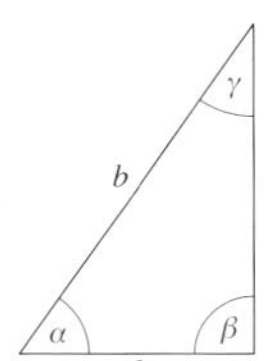

c) $\sin(\beta) = \frac{b}{a}$ $\quad \cos(\gamma) = \frac{b}{a}$ $\quad \tan(\gamma) = \frac{c}{b}$

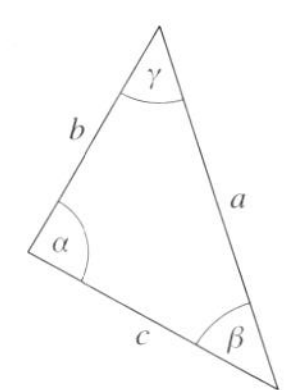

3 Kreuze alle zum Dreieck ABC passenden Formeln an.
Zusatzaufgabe: Gib weitere passende Formeln an. individuelle Lösung

☐ $\sin(\alpha) = \frac{a}{b}$	☒ $\sin(\alpha) = \frac{h}{b}$	☒ $\sin(\beta) = \frac{h}{a}$	☐ $\sin(\beta) = \frac{h}{p}$
☐ $\cos(\alpha) = \frac{b}{a}$	☐ $\cos(\alpha) = \frac{b}{h}$	☐ $\cos(\beta) = \frac{h}{a}$	☒ $\cos(\beta) = \frac{p}{a}$
☒ $\tan(\alpha) = \frac{q}{b}$	☐ $\tan(\alpha) = \frac{q}{h}$	☐ $\tan(\beta) = \frac{p}{h}$	☐ $\tan(\beta) = \frac{p}{a}$
☒ $\frac{q}{b} = \sin(\delta)$	☒ $\frac{h}{b} = \cos(\delta)$	☒ $\frac{p}{a} = \sin(\varepsilon)$	☒ $\frac{p}{h} = \tan(\varepsilon)$

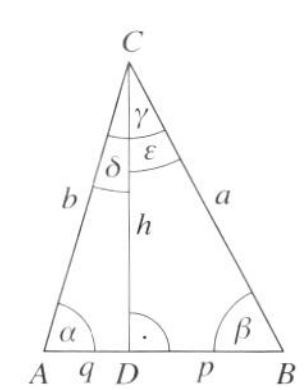

4 Berechne mit einem Taschenrechner.
Hinweis: Nutze beim Taschenrechner z. B. „sin" und „$\sin^{-1}$".

a) $\sin(20°) \approx$ 0,34 $\qquad$ b) $\sin($ 17° $) \approx 0{,}3$

c) $\cos(20°) \approx$ 0,94 $\qquad$ d) $\cos($ 73° $) \approx 0{,}3$

e) $\tan(20°) \approx$ 0,36 $\qquad$ f) $\tan($ 17° $) \approx 0{,}3$

5 Ergänze die Tabelle zu verschiedenen rechtwinkligen Dreiecken ABC.

α	10°	30°	45°	50°	60°	64°
$\sin(\alpha)$	0,17	0,50	0,71	0,77	0,87	0,90
$\cos(\alpha)$	0,98	0,87	0,71	0,64	0,50	0,43
$\tan(\alpha)$	0,18	0,58	1	1,19	1,73	2,05

6 Entscheide, welcher der beiden spitzen Winkel der größere ist.
Trage das entsprechende Zeichen ein.

a) $\cos(\alpha) = \frac{3}{5}$ und $\cos(\beta) = \frac{2}{5}$ $\qquad \alpha < \beta$

b) $\sin(\alpha) = \frac{3}{5}$ und $\sin(\beta) = \frac{3}{7}$ $\qquad \alpha > \beta$

c) $\cos(\alpha) = \frac{3}{5}$ und $\cos(\beta) = \frac{2}{3}$ $\qquad \alpha > \beta$

d) $\sin(\alpha) = \frac{2}{5}$ und $\sin(\beta) = \frac{3}{7}$ $\qquad \alpha < \beta$

e) $\tan(\alpha) = 2$ und $\tan(\beta) = 3$ $\qquad \alpha < \beta$

f) $\tan(\alpha) = \frac{3}{5}$ und $\tan(\beta) = \frac{4}{7}$ $\qquad \alpha > \beta$

Anwenden und Vernetzen

7 Dächer mit einem Neigungswinkel von 30° bis 45° bieten in Deutschland die besten Voraussetzungen für eine Installation von Sonnenkollektoren.

a) Ein symmetrisches Satteldach ist 9,8 m breit.
Welche Höhe sollte es mindestens bzw. höchstens haben, damit die Voraussetzungen für Sonnenkollektoren optimal sind? Wie groß ist die insgesamt zu deckende Dachfläche, wenn das Haus 12 m lang ist?
Hinweis: Fertige eine Skizze an.

$\tan(30°) = \frac{h_1}{4{,}9\,\text{m}}$ $\qquad h_1 = \tan(30°) \cdot 4{,}9\,\text{m} \approx 2{,}83\,\text{m}$

$s_1^{\,2} = (4{,}9\,\text{m})^2 + (2{,}83\,\text{m})^2$ $\qquad s_1 \approx 5{,}66\,\text{m}$

$2 \cdot 5{,}66\,\text{m} \cdot 12\,\text{m} \approx 136\,\text{m}^2$

$\tan(45°) = \frac{h_2}{4{,}9\,\text{m}}$ $\qquad h_2 = \tan(45°) \cdot 4{,}9\,\text{m} = 4{,}9\,\text{m}$

$s_2^{\,2} = (4{,}9\,\text{m})^2 + (4{,}9\,\text{m})^2$ $\qquad s_2 \approx 6{,}93\,\text{m}$

$2 \cdot 6{,}93\,\text{m} \cdot 12\,\text{m} \approx 166\,\text{m}^2$

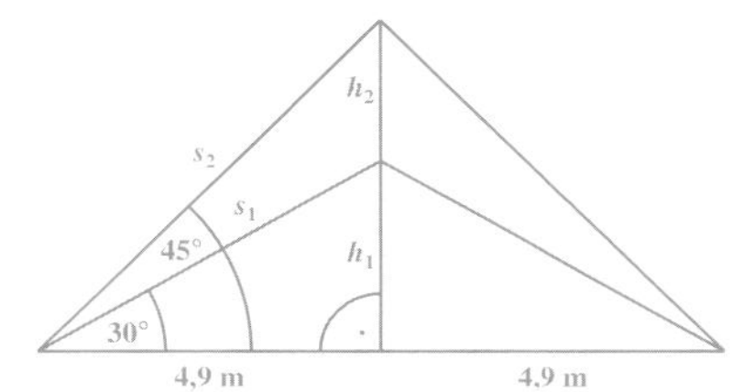

Das Dach muss zwischen 2,83 m und 4,9 m hoch sein.

Die zu deckende Dachfläche beträgt ca. 130 m² bis 170 m².

b) Ein symmetrisches Satteldach ist 10,5 m breit. Die Länge der Dachkanten am Giebel beträgt 8,3 m.
Ist es für die Installation von Sonnenkollektoren geeignet?

$\cos(\alpha) = \frac{5{,}25\,\text{m}}{8{,}3\,\text{m}}$ $\qquad \alpha \approx 50{,}76°$

Das Dach ist für die Installation von Sonnenkollektoren nicht geeignet.

Strecken- und Winkelberechnungen

▶ Grundwissen

- Seitenlängen oder Winkelgrößen in rechtwinkligen Dreiecken können mithilfe von Sinus, Kosinus und Tangens oder dem Satz des Pythagoras berechnet werden. Die Größe eines zweiten Winkels und einer Seite bzw. zweier Seiten eines rechtwinkligen Dreiecks müssen dazu bekannt sein.
- Ist es möglich, Figuren in rechtwinklige Dreiecke zu zerlegen, so können unbekannte Streckenlängen oder Winkelgrößen ermittelt werden.

Beispiel: Berechne den Flächeninhalt A des Rechtecks $ABCD$.

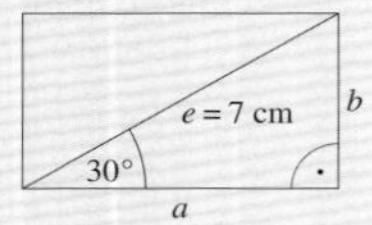

$\sin(30°) = \frac{b}{7\,cm}$ und $\sin(30°) =$ 0,5, man erhält $b =$ 3,5 cm.

$a^2 + b^2 = e^2$, man erhält $a \approx$ 6 cm. $A = a \cdot b \approx 21{,}22\,cm^2$

$\sin(30°) = \frac{b}{7\,cm}$ und $\sin(30°) = 0{,}5$, man erhält $b = 3{,}5$ cm.

$\cos(30°) = \frac{a}{7\,cm}$ und $\cos(30°) \approx 0{,}87$, man erhält $a \approx 6$ cm. $A = a \cdot b = 21{,}22\,cm^2$

▶ **Auftrag:** Ergänze das Beispiel und notiere einen anderen Lösungsweg, ohne den Satz des Pythagoras anzuwenden.

Trainieren

1 Berechne jeweils die Größe des blau markierten Winkels bzw. die Länge der Strecke.

a)
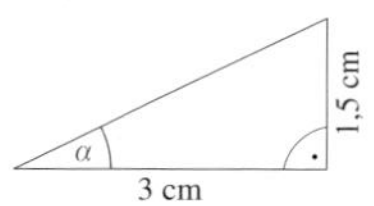

$\tan(\alpha) = \frac{1{,}5\,cm}{3\,cm}$

$\alpha \approx 26{,}57°$

b)
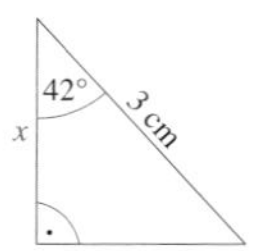

$\cos(42°) = \frac{x}{3\,cm}$

$x = \cos(42°) \cdot 3\,cm \approx 2{,}23\,cm$

c)
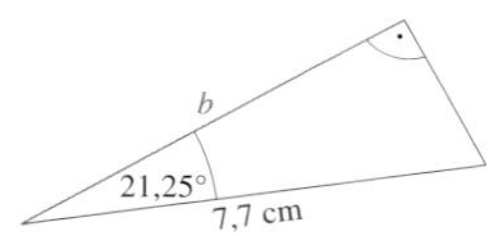

$\cos(21{,}25°) = \frac{b}{7{,}7\,cm}$

$b = \cos(21{,}25°) \cdot 7{,}7\,cm \approx 7{,}18\,cm$

d)
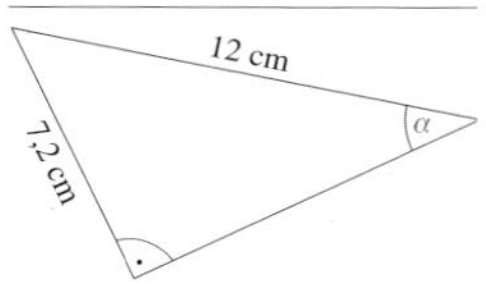

$\sin(\alpha) = \frac{7{,}2\,cm}{12\,cm}$

$\alpha \approx 36{,}87°$

e)
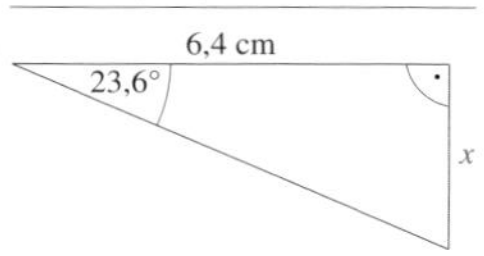

$\tan(23{,}6°) = \frac{x}{6{,}4\,cm}$

$x = \tan(23{,}6°) \cdot 6{,}4\,cm \approx 2{,}8\,cm$

f)
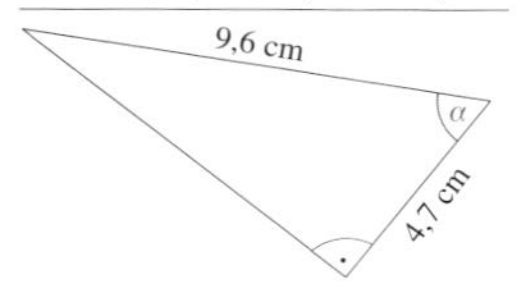

$\cos(\alpha) = \frac{4{,}7\,cm}{9{,}6\,cm}$

$\alpha \approx 60{,}69°$

2 Berechne die fehlenden Stücke in den rechtwinkligen Dreiecken ABC mit $\gamma = 90°$.
Hinweis: Nutze zum Rechnen, wenn nötig, ein zusätzliches Blatt.

a	b	c	α	β	A	h
4,0 m	3,0 m	5,0 m	53°	37°	6,0 m²	2,4 m
5,0 cm	5,0 cm	7,1 cm	45°	45°	12,5 cm²	3,5 cm
5,0 dm	2,2 dm	5,5 dm	66°	24°	5,5 dm²	2 dm
32 cm	26 cm	41 cm	51°	39°	4,16 dm²	20 cm

3 In den gleichschenkligen Dreiecken ABC sind die Winkel α und β gleich groß.
Ergänze die Tabelle.

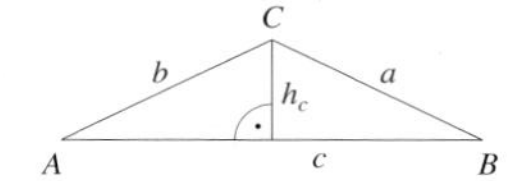

a	c	α	β	γ	h_c	A
4,5 cm	7,0 cm	39°	39°	102°	2,8 cm	9,9 cm²
2,3 m	1,9 cm	65°	65°	50°	2,1 cm	2,0 cm²
3,5 m	4,0 m	55°	55°	70°	2,9 m	5,7 m²

4 Berechne den Flächeninhalt des Parallelogramms $ABCD$.
Hinweis: $A_{Parallelogramm} = a \cdot h_a$

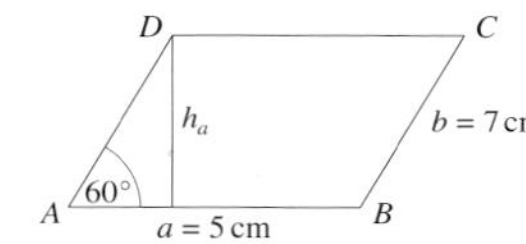

$\sin(60°) = \frac{h_a}{7\,cm}$ man erhält $h_a \approx 6{,}1$ cm

$A = a \cdot h_a = 30{,}3\,m^2$

Anwenden und Vernetzen

5 Eine bewegliche Kamera ist am Hausdach in einer Höhe von 27 m angebracht.
Berechne mithilfe der angegebenen Maße den Abstand e der Dächer und die Höhe h des gegenüberliegenden Hauses.
Zusatzaufgabe: Prüfe mit einer Zeichnung auf einem zusätzlichen Blatt, ob deine Ergebnisse stimmen können. individuelle Lösung

z. B.
Abstand d der Häuser: $\tan(90° - 24{,}4°) = \frac{d}{27\,m}$,
demzufolge gilt $d = \tan(65{,}6°) \cdot 27\,m \approx 59{,}5\,m$.

Abstand e der Dächer: $\sin(90° - 14°) = \frac{d}{e} \approx \frac{59{,}5\,m}{e}$,
demzufolge gilt $e = \frac{59{,}5\,m}{\sin(76°)} \approx 61{,}3\,m$.

Höhe h des kleinen Hauses: $e^2 = d^2 + x^2$,
demzufolge gilt $x = \sqrt{e^2 - d^2} \approx 14{,}8\,m$.

$h = 27\,m - x = 12{,}2\,m$

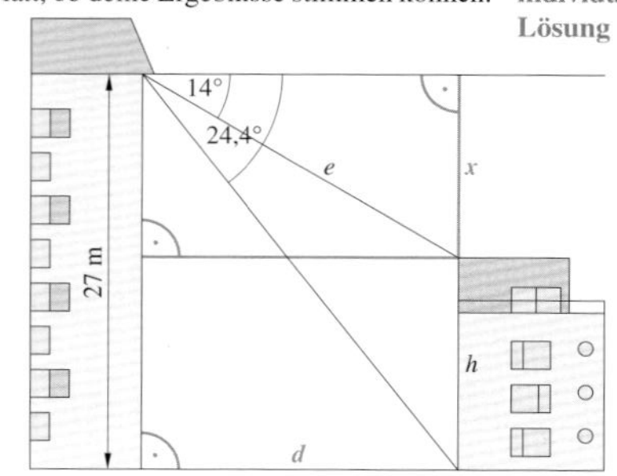

Die Dächer sind rund 61,3 m voneinander entfernt. Das Haus ist rund 12,2 m hoch.

6 Eine gerade Pyramide hat eine quadratische Grundfläche mit 5,0 m langen Seiten.
Der Neigungswinkel zwischen Seitenfläche und der Grundfläche beträgt 45°.

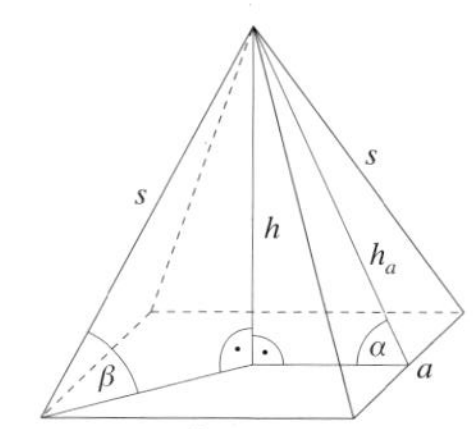

a) Berechne die Höhe der Pyramide.

Stützdreieck mit Pyramidenhöhe h: $\tan(\alpha) = \frac{h}{0{,}5a}$,

$h = 0{,}5 \cdot 5{,}0\,m \cdot \tan(45°) = 2{,}5\,m$.

Die Pyramide ist 2,5 m hoch.

b) Berechne den Neigungswinkel einer Seitenkante gegenüber der Grundfläche.

$\tan(\beta) = \frac{h}{0{,}5 \cdot d} = \frac{2{,}5\,m}{0{,}5 \cdot \sqrt{2} \cdot 5{,}0\,m} \approx 0{,}71$ Mit dem Taschenrechner erhält man $\beta \approx 35{,}3°$.

Der Neigungswinkel einer Seitenkante gegenüber der Grundfläche beträgt rund 35,3°.

Sinus- und Kosinussatz

▶ Grundwissen

- Sinussatz: In jedem Dreieck ABC gilt:
  $\frac{a}{\sin(\alpha)} = \frac{b}{\sin(\beta)} = \frac{c}{\sin(\gamma)}$
- Kosinussatz: In jedem Dreieck ABC gilt:
  $a^2 = b^2 + c^2 - 2bc \cdot \cos(\alpha)$
  $b^2 = a^2 + c^2 - 2ac \cdot \cos(\beta)$
  $c^2 = a^2 + b^2 - 2ab \cdot \cos(\gamma)$

Beispiel:

$\frac{6{,}1\,\text{cm}}{\sin(47°)} = \frac{6{,}6\,\text{cm}}{\sin(52°)}$

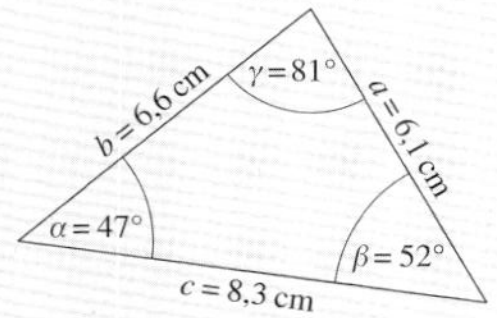

$a^2 = (6{,}6\,\text{cm})^2 + (8{,}3\,\text{cm})^2 - 2 \cdot 6{,}6\,\text{cm} \cdot 8{,}3\,\text{cm} \cdot \cos(47°)$

▶ Auftrag: Ergänze die Beispiele.

Trainieren

1 Berechne die fehlenden Seitenlängen mithilfe des Sinussatzes.

a)

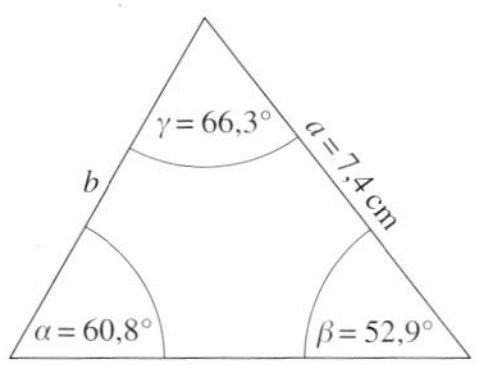

$\frac{b}{\sin(52{,}9°)} = \frac{7{,}4\,\text{cm}}{\sin(60{,}8°)}$ $\quad | \cdot \sin(52{,}9°)$

$b = \frac{7{,}4\,\text{cm}}{\sin(60{,}8°)} \cdot \sin(52{,}9°) \approx 6{,}76\,\text{cm}$

$\frac{c}{\sin(66{,}3°)} = \frac{7{,}4\,\text{cm}}{\sin(60{,}8°)}$ $\quad | \cdot \sin(66{,}3°)$

$c = \frac{7{,}4\,\text{cm}}{\sin(60{,}8°)} \cdot \sin(66{,}3°) \approx 7{,}76\,\text{cm}$

b)

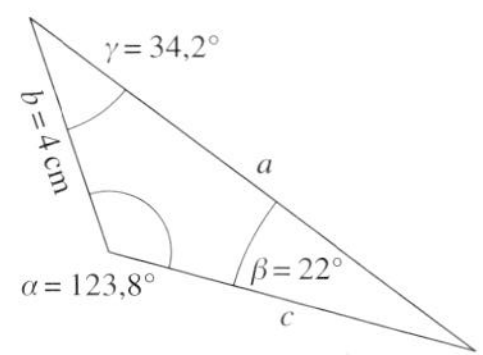

$\frac{a}{\sin(123{,}8°)} = \frac{4\,\text{cm}}{\sin(22°)}$ $\quad | \cdot \sin(123{,}8°)$

$a = \frac{4\,\text{cm}}{\sin(22°)} \cdot \sin(123{,}8°) \approx 8{,}9\,\text{cm}$

$\frac{c}{\sin(34{,}2°)} = \frac{4\,\text{cm}}{\sin(22°)}$ $\quad | \cdot \sin(34{,}2°)$

$c = \frac{4\,\text{cm}}{\sin(22°)} \cdot \sin(34{,}2°) \approx 6\,\text{cm}$

2 Berechne die fehlenden Winkelgrößen mithilfe des Sinussatzes.
Zusatzaufgabe: Prüfe mithilfe der Innenwinkelsumme von Dreiecken, ob deine Ergebnisse stimmen können.

a)

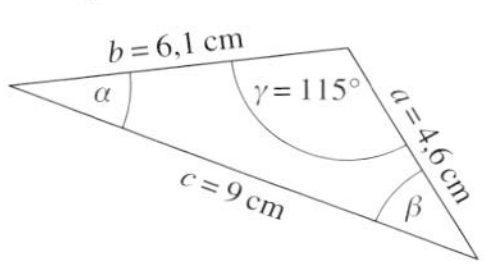

$\frac{\sin(\alpha)}{4{,}6\,\text{cm}} = \frac{\sin(115°)}{9\,\text{cm}}$ $\quad | \cdot 4{,}6\,\text{cm}$

$\sin(\alpha) = \frac{\sin(115°)}{9\,\text{cm}} \cdot 4{,}6\,\text{cm} \approx 0{,}46 \qquad \alpha \approx 27{,}6°$

$\frac{\sin(\beta)}{6{,}1\,\text{cm}} = \frac{\sin(115°)}{9\,\text{cm}}$ $\quad | \cdot 6{,}1\,\text{cm}$

$\sin(\beta) = \frac{\sin(115°)}{9\,\text{cm}} \cdot 6{,}1\,\text{cm} \approx 0{,}61 \qquad \beta \approx 37{,}9°$

b)

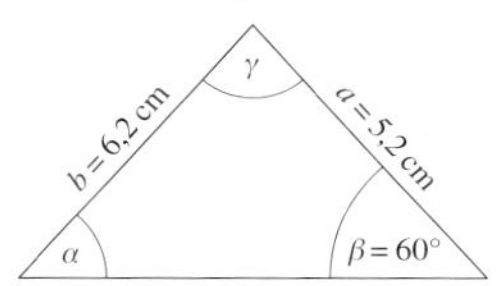

$\frac{\sin(\alpha)}{5{,}2\,\text{cm}} = \frac{\sin(60°)}{6{,}2\,\text{cm}}$ $\quad | \cdot 5{,}2\,\text{cm}$

$\sin(\alpha) = \frac{\sin(60°)}{6{,}2\,\text{cm}} \cdot 5{,}2\,\text{cm} \approx 0{,}73 \qquad \alpha \approx 46{,}6°$

$\frac{\sin(\gamma)}{6{,}9\,\text{cm}} = \frac{\sin(60°)}{6{,}2\,\text{cm}}$ $\quad | \cdot 6{,}9\,\text{cm}$

$\sin(\gamma) = \frac{\sin(60°)}{6{,}2\,\text{cm}} \cdot 5{,}2\,\text{cm} \approx 0{,}96 \qquad \gamma \approx 74{,}5°$

3 Berechne die fehlende Seitenlänge mithilfe des Kosinussatzes.

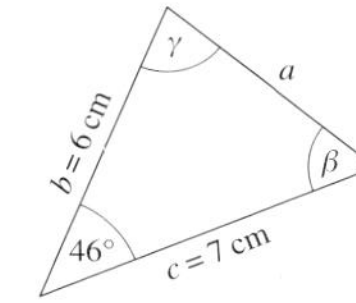

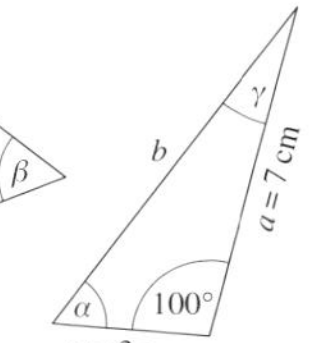

$a^2 = (6\,\text{cm})^2 + (7\,\text{cm})^2 - 2 \cdot 6\,\text{cm} \cdot 7\,\text{cm} \cdot \cos(46°) \approx 26{,}65\,\text{cm}^2$

$a \approx 5{,}16\,\text{cm}$

$b^2 = (7\,\text{cm})^2 + (3\,\text{cm})^2 - 7\,\text{cm} \cdot 3\,\text{cm} \cdot \cos(100°) \approx 65{,}29\,\text{cm}^2$

$a \approx 8{,}08\,\text{cm}$

4 Berechne die drei Winkelgrößen mithilfe des Kosinussatzes.
Zusatzaufgabe: Prüfe mithilfe der Innenwinkelsumme von Dreiecken, ob deine Ergebnisse stimmen können. individuelle Lösung

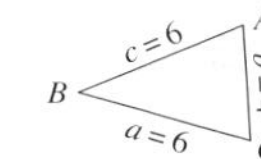

$(6\,\text{cm})^2 = (4\,\text{cm})^2 + (6\,\text{cm})^2 - 2 \cdot 4\,\text{cm} \cdot 6\,\text{cm} \cdot \cos(\alpha)$

$36\,\text{cm}^2 = 52\,\text{cm}^2 - 48\,\text{cm}^2 \cdot \cos(\alpha) \quad | -52\,\text{cm}^2$

$-16\,\text{cm}^2 = -48\,\text{cm}^2 \cdot \cos(\alpha) \quad | : (-48\,\text{cm}^2)$

$0{,}33 \approx \cos(\alpha) \qquad \alpha \approx 70{,}53°$ und $\gamma \approx 70{,}53°$

$(4\,\text{cm})^2 = (6\,\text{cm})^2 + (6\,\text{cm})^2 - 2 \cdot 6\,\text{cm} \cdot 6\,\text{cm} \cdot \cos(\beta)$

$16\,\text{cm}^2 = 72\,\text{cm}^2 - 72\,\text{cm}^2 \cdot \cos(\beta) \quad | -72\,\text{cm}^2$

$-56\,\text{cm}^2 = -72\,\text{cm}^2 \cdot \cos(\beta) \quad | : (-72\,\text{cm}^2)$

$0{,}78 \approx \cos(\beta) \qquad \beta \approx 38{,}94°$

Anwenden und Vernetzen

5 Berechne alle fehlenden Seitenlängen und Winkelgrößen.
Schreibe die Ergebnisse an die Skizze.
Hinweis: Die Skizze ist nicht maßstabsgetreu.

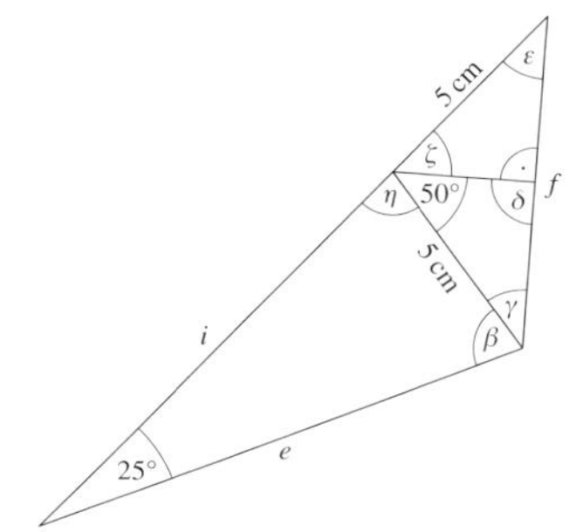

z. B.

$\delta = 180° - 90° = 90°$	(Nebenwinkelsumme)
$\gamma = 180° - (90° + 50°) = 40°$	(Innenwinkelsumme)
$\varepsilon = \gamma = 40°$	(Basiswinkel)
$\varphi = 180° - (90° + 40°) = 50°$	(Innenwinkelsumme)
$\eta = 180° - 2 \cdot 50° = 80°$	(Nebenwinkelsumme)
$\beta = 180° - (80° + 25°) = 75°$	(Innenwinkelsumme)
$e \approx 11{,}65\,\text{cm}$	(Sinussatz)
$i \approx 11{,}4\,\text{cm}$	
$f \approx 7{,}66\,\text{cm}$	

6 Flora ist auf dem Leuchtturm Westerheversand. Deniz und Yasmin stehen auf der Eingangshöhe des Turms.
Sie sind etwa 100 m voneinander entfernt.
Flora sieht beide in einem Sichtwinkel von ca. 10°.
Deniz sieht Flora in einem Sichtwinkel von ca. 10°.
Er schätzt, dass der Leuchtturm Westerheversand 25 m hoch ist.
Yasmin sieht Flora in einem Sichtwinkel von 20°.
Sie schätzt, dass der Leuchtturm Westerheversand 40 m hoch ist. Wer schätzt besser?
Hinweis: Die Skizze ist nicht maßstabsgetreu.

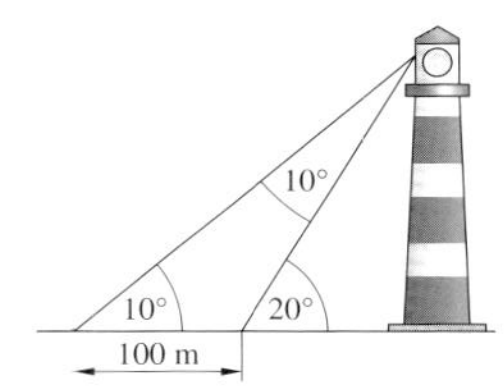

z. B.

$\frac{x}{\sin(10°)} = \frac{100\,\text{m}}{\sin(10°)} \qquad x = 100\,\text{m}$

$\sin(20°) = \frac{h}{100\,\text{m}} \qquad x \approx 34\,\text{m} \qquad$ (über Augenhöhe)

Yasmin schätzt besser.

Streuung von Daten

▶ Grundwissen

- Wenn es zwischen zwei Merkmalen einen Zusammenhang gibt, dann zeigt sich das im Streudiagramm.
- Mithilfe einer Ausgleichsgeraden kann man lineare Zusammenhänge verdeutlichen.

Beispiel: Rehe im Untersuchungsgebiet
Die Ausgleichsgerade zeigt, dass mit ca. 2 Rehen je 10 ha gerechnet werden kann.
Die Verteilung der Rehe ist sehr unterschiedlich.

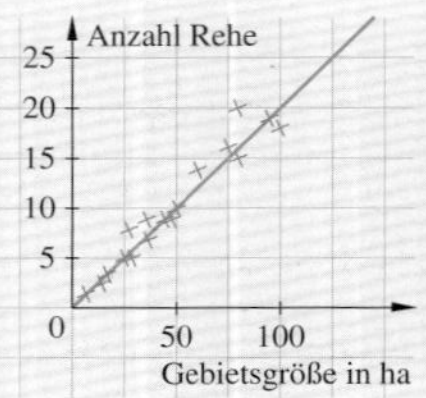

▶ Auftrag: Zeichne eine Ausgleichsgerade ein und ergänze den Satz.

Trainieren

1 Diagramm ①

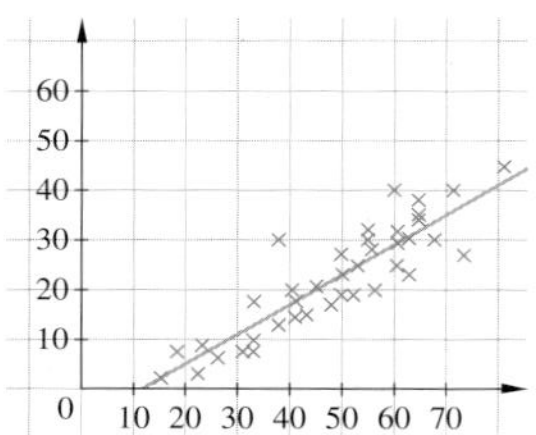

Diagramm ②

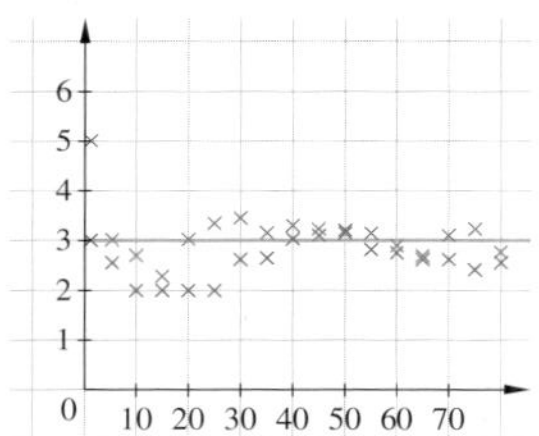

Diagramm ③

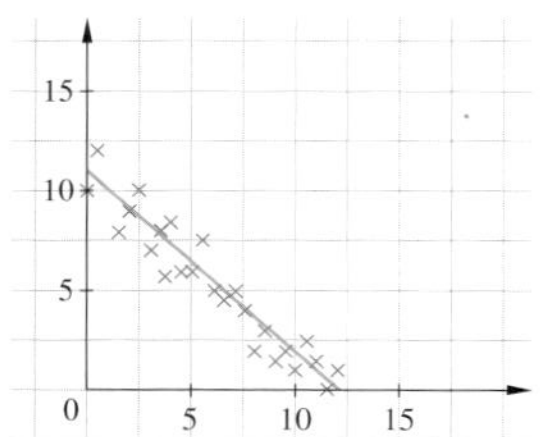

a) Ordne zuerst jedem Diagramm eine der Zuordnungen zu.
Kreuze danach alle dazu passenden Aussagen an.

Diagramm ③ : Regenstunden pro Tag in den Sommerferien → Zeit im Freien pro Tag

☒ Je mehr Regenstunden, desto weniger Zeit hat Celina pro Tag im Freien verbracht.
☐ Bei viermal so vielen Regenstunden hat Celina nur noch halb so viel Zeit im Freien verbracht.
☒ An einem Tag war Celina gar nicht draußen.

Diagramm ① : Schulterhöhe von Hunden in cm → Masse in kg

☒ Die hier untersuchten Hunde haben eine Schulterhöhe zwischen 10 cm und 90 cm.
☒ Je größer ein Hund ist, desto schwerer ist er in der Regel.
☒ Je 10 cm kommen etwa 5 kg hinzu.

Diagramm ② : Anzahl der Würfe mit einem Würfel → durchschnittliche Augenzahl nach je fünf Würfen

☒ Beim ersten Würfeln hatte Paula eine „5“ und Paul eine „3“.
☒ Die durchschnittliche Augenzahl nach fünfzig Würfen ist sowohl bei Paul als auch bei Paula etwa 3.
☐ Nach 100 Würfen ist die durchschnittliche Augenzahl größer als nach fünfzig Würfen.

b) Zeichne in jedes Diagramm eine Ausgleichsgerade ein.

c) Gib den Zusammenhang, den die Ausgleichsgerade verdeutlicht, mit einem Satz an.
Zusatzaufgabe: Gib eine passende Gleichung an.

Diagramm ①: **Je größer ein Hund ist, desto schwerer ist er in der Regel. Es sind je 1 cm etwa 0,4 kg.** $y = \frac{3}{5}x - 7$

Diagramm ②: **Je öfter man würfelt, desto mehr nähert sich die durchschnittliche Augenzahl 3 an.** $y = 3$

Diagramm ③: **Bei Regen war Celina fast nie im Freien.** $y = -\frac{11}{10}x + 11$

2 800-m-Zeiten der Klassenstufen

Klassenstufe	5	6	7	8	9	10
Zeit des Ersten (in min)	2:44	2:47	2:27	2:32	2:17	2:18
Zeit des Zweiten (in min)	2:45	2:50	2:34	2:33	2:32	2:25
Zeit des Dritten (in min)	3:01	3:12	2:39	3:05	2:35	2:59

a) Veranschauliche die Daten im Diagramm.

b) Zeichne eine Ausgleichsgerade ein.

c) Gib den Zusammenhang, den die Ausgleichsgerade verdeutlicht, mit einem Satz an.
Zusatzaufgabe: Gib eine passende Gleichung an.
Rechne dafür in Sekunden um.

Die Schüler und Schülerinnen der höheren Jahrgänge sind durchschnittlich schneller als die der unteren Klassenstufen. Es sind pro Klassenstufe etwa 4 s. $y = -4x + 191$

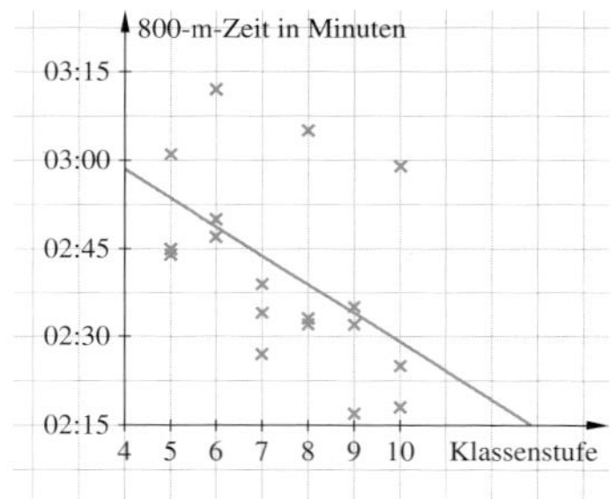

Anwenden und Vernetzen

3 Die Anzahl der im Haushalt lebenden Personen und die dazugehörige Anzahl der Zimmer wurden in einer Umfrage erfasst.
Hinweis: Zimmer mit weniger als 10 m² wurden als halbe Zimmer gezählt.

Personen	1	1	1	2	2	2	3	3	4	4	4	4	5	5	5	6
Zimmer	1	1,5	2,5	1,5	2	3	2	3,5	2,5	3	4	6	6	4,5	5	5

a) Ergänze die fehlenden Daten in der Tabelle und im Diagramm.

b) Zeichne zuerst im Diagramm eine Ausgleichsgerade ein.
Gib danach den Zusammenhang, den die Ausgleichsgerade verdeutlicht, mit einem Satz an.
Zusatzaufgabe: Gib eine passende Gleichung an.

Je mehr Personen in einem Haushalt leben, desto mehr Zimmer hat in der Regel die Wohnung. Es gibt etwa ein Zimmer pro Person. $y = \frac{5}{6}x + 0,5$

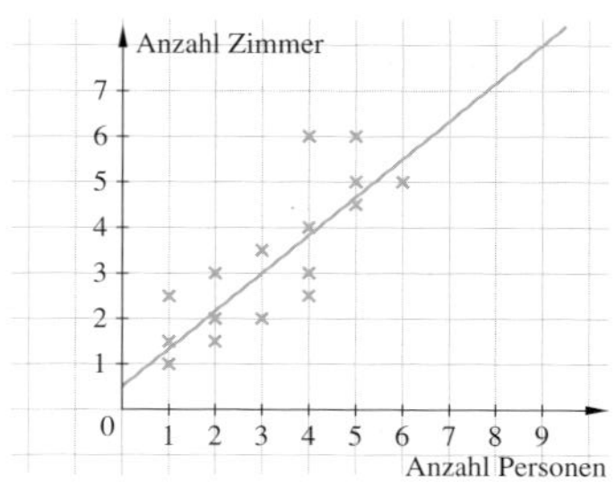

c) Kreuze den zur Anzahl der Personen passenden Boxplot an.

☐ 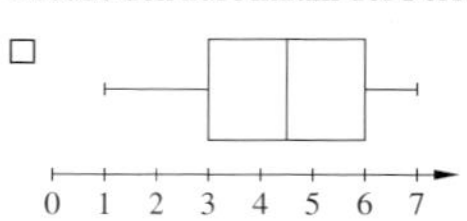

☒ 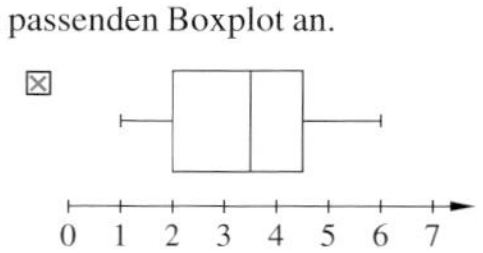

☐ 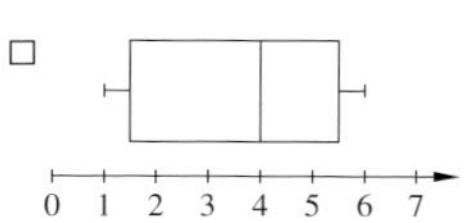

d) Erstelle zuerst eine geordnete Liste zur Anzahl der Zimmer.
Gib danach die Kennwerte an und vervollständige den Boxplot.

geordnete Liste: 1; 1,5; 1,5; 2; 2; 2,5; 2,5; 3; 3; 3,5; 4; 4,5; 5; 5; 6; 6

Minimum: 1 Maximum: 6 arithmetisches Mittel: 3,3125

Median: 3 unteres Quartil: 2 oberes Quartil: 4,75

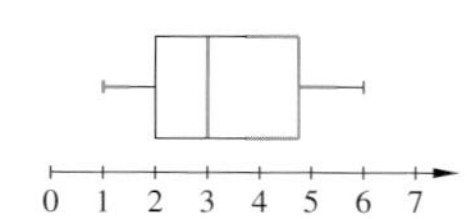

Manipulationen

▶ Grundwissen

Befragungen und ihre Ergebnisse können manipuliert (beeinflusst) werden.

Beispiele: **durch einleitende Texte; nicht neutrale Wortwahl;**

Formulierung der Antwortmöglichkeiten; Anzahl der Antwortmöglichkeiten;

Art des Diagramms; Achseneinteilung beim Diagramm

▶ Auftrag: Nenne drei Ansätze zur Manipulation von Befragungen und Darstellungen.

Trainieren

1

① **Umfrage zu gemeinsamer Schulkleidung an unserer Schule**

Frage 1: Kreuze alle Vorteile an, die mit gemeinsamer Schulkleidung verbunden sind.
- ☐ kein Ausgrenzen aufgrund der Kleidung
- ☐ mehr Gleichbehandlung
- ☐ weniger Druck, neue Sachen zu kaufen
- ☐ mehr Zusammengehörigkeitsgefühl

Frage 2: Bist auch du für gemeinsame Schulkleidung nur für den Unterricht?
☐ ja ☐ nein

② **Umfrage zu gemeinsamer Schulkleidung an unserer Schule**

Frage 1: Welche Schulkleidung wünschst du dir? Wähle ein Shirt und eine Hose.
- ☐ blaues Shirt ☐ weißes Shirt
- ☐ beiges Shirt ☐ schwarzes Shirt
- ☐ blaue Hose ☐ beige Hose
- ☐ schwarze Hose

Frage 2: Sollte jeder stets die Wahl haben zwischen zwei Oberteilen, z. B. blaues oder weißes Shirt, und zwei Unterteilen, z. B. Hose oder Rock?
☐ ja ☐ nein ☐ weiß nicht

③ **Umfrage zur Einführung von Schuluniformen an unserer Schule**

Frage 1: Kreuze alle Nachteile an, die mit gemeinsamer Schulkleidung verbunden sind.
- ☐ Man muss auch hässliche Kleidung anziehen.
- ☐ Man wird schnell verwechselt.
- ☐ Man kann neue Sachen nicht mehr zeigen.
- ☐ Jeder sieht, auf welche Schule man geht.

Frage 2: Möchtest du, dass Schuluniformen an unserer Schule eingeführt werden?
☐ ja ☐ nein
☐ hängt vom Aussehen ab

a) Stell dir vor, du kennst jeweils nur den einen Fragebogen. Kreuze auf jedem Fragebogen an. **individuelle Lösung**

b) Nach welcher Umfrage werden am ehesten Schuluniformen an der Schule eingeführt?
z. B.
Schuluniformen werden am ehesten eingeführt nach Umfrage ① oder ②, aber nicht nach Umfrage ③.

c) Welchen Einfluss hat das Foto auf das Umfrageergebnis?
z. B.
Es spricht eher für Schuluniformen.

d) Jede der Umfragen enthält Manipulationen. Nenne jeweils zwei Beispiele. **individuelle Lösung**

2 Auswertungen der Ergebnisse einer Umfrage zu gemeinsamer Schulkleidung

①

	Mädchen	Jungen
ja	188	203
nein	173	152
weiß nicht	142	142

②
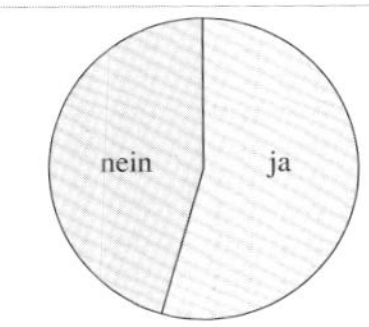

③

④

⑤
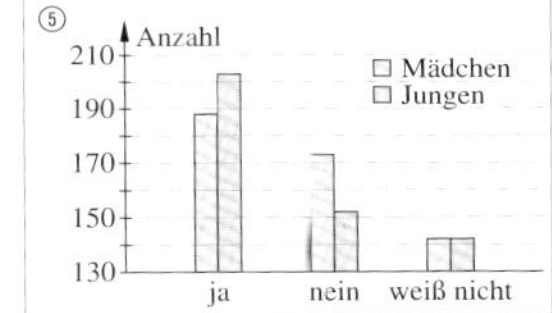

⑥
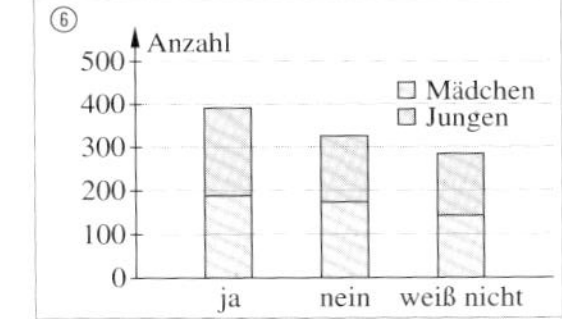

a) Welche drei Darstellungen sind aus deiner Sicht am stärksten manipulierend? Kreuze an.
☐ ① ☒ ② ☒ ③ ☐ ④ ☒ ⑤ ☐ ⑥

b) Wofür könnte jemand Darstellung ② bzw. ④ nutzen?
z. B.
Mit Darstellung ② kann belegt werden, dass mehr „ja“ als „nein“ zu gemeinsamer Schulkleidung sagen.

Mit Darstellung ③ kann belegt werden, dass es zu früh für eine Entscheidung ist.

Anwenden und Vernetzen

3

a) Bewerte folgende Aussagen zu den Abbildungen zum Kaufpreis von Einfamilienhäusern und zum Energieverbrauch. Entscheide, ob sie zu den Inhalten des Diagramms auf den ersten Blick passen (p) oder nicht passen (np).

- Aussage ①: „Die Preise von Einfamilienhäusern haben sich mehr als verdoppelt.“ ☒ p ☐ np
- Aussage ②: „Die Preise von Einfamilienhäusern werden immer weiter steigen.“ ☒ p ☐ np
- Aussage ③: „Die Preise von Einfamilienhäusern sind gestiegen.“ ☒ p ☐ np
- Aussage ④: „Die Preise von Einfamilienhäusern sind höher, als die Häuser wert sind.“ ☒ p ☐ np
- Aussage ⑤: „Das teuerste Haus hat die Energieeffizienzklasse A.“ ☐ p ☒ np
- Aussage ⑥: „Bei Energieeffizienzklasse F ist der Energieverbrauch etwa doppelt so hoch wie bei A.“ ☒ p ☐ np
- Aussage ⑦: „Die beste Energieeffizienzklasse ist A.“ ☒ p ☐ np

b) Können Aussagen aus Teilaufgabe **a** durch die Darstellungen belegt werden?
Keine der Aussagen kann durch Angaben in den Darstellungen belegt werden, da Zahlen und eine Beschriftung fehlen. Es ist nicht angegeben, was auf welcher Datengrundlage (Quelle) dargestellt wurde.

c) Zusatzaufgabe: Suche drei Beispiele für Manipulationen im Alltag.

Mehrstufige Zufallsexperimente

▶ Grundwissen

- Produktregel: Die Wahrscheinlichkeit eines Ergebnisses ist gleich dem Produkt der Wahrscheinlichkeiten der einzelnen Teilergebnisse.
- Summenregel: Die Wahrscheinlichkeit eines Ereignisses ist gleich der Summe der Wahrscheinlichkeiten von allen Ergebnissen, die zu diesem Ereignis gehören.

Beispiel: Je einer Tür wird ein Schlüssel zufällig zugeordnet. Zu jeder der drei Türen passt genau ein Schlüssel.

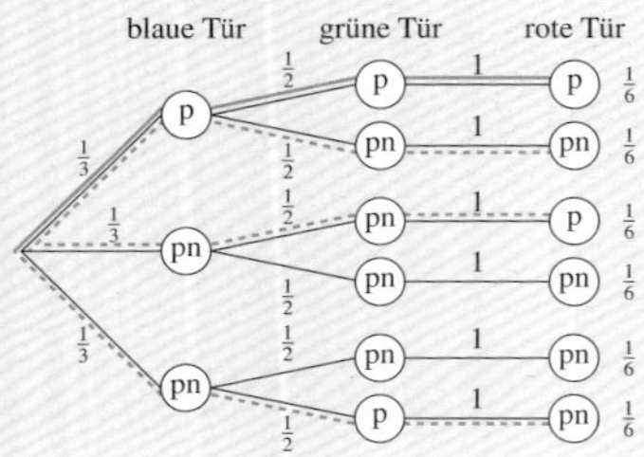

Die Wahrscheinlichkeit, dass zufällig alle drei Schlüssel richtig zugeordnet werden, ist $\frac{1}{6}$, denn

$\frac{1}{3} \cdot \frac{1}{2} \cdot 1 = \frac{1}{6}$.

Die Wahrscheinlichkeit, dass zufällig genau ein Schlüssel richtig zugeordnet wird, ist $\frac{1}{2}$, denn

$\frac{1}{6} + \frac{1}{6} + \frac{1}{6} = \frac{3}{6} = \frac{1}{2}$.

▶ Auftrag: Markiere die jeweils passenden Pfade und ergänze die Rechnungen.

Trainieren

1 Auf dem Wäscheständer sind von Paul:
drei T-Shirts (je ein grünes, blaues und rotes),
zwei Hosen (je eine grüne und blaue) und
zehn Paar Sportsocken (neun blaue und ein grünes).
Paul interessiert sein Outfit wenig.
Er zieht an, was zufällig zuerst gegriffen wurde.
Nur gleichfarbige Socken sind ihm wichtig.

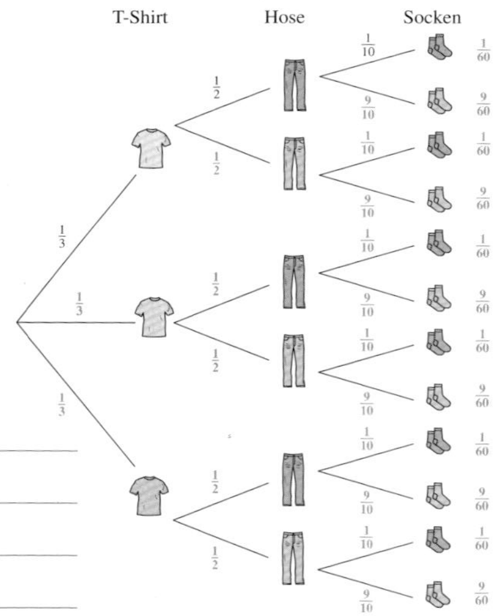

a) Stelle alle möglichen Outfits im Baumdiagramm dar.
Hinweis: Färbe die Teile ein.

b) Ergänze die Wahrscheinlichkeiten an den Ästen.

c) Trage die Wahrscheinlichkeit jedes Ergebnisses ein.

d) Ermittle die Wahrscheinlichkeiten folgender Ereignisse.
Hinweis: Markiere die jeweils passenden Pfade.

P(„nur blaue Kleidungsstücke“) = $\frac{9}{60}$

P(„rotes T-Shirt, blaue Hose, grüne Socken“) = $\frac{1}{60}$

P(„genau zwei gleichfarbige Kleidungsstücke“) = $\frac{40}{60} = \frac{2}{3}$

P(„mindestens zwei gleichfarbige Kleidungsstücke“) = $\frac{50}{60} = \frac{5}{6}$

P(„drei verschiedenfarbige Kleidungsstücke“) = $\frac{1}{60} + \frac{9}{60} = \frac{10}{60} = \frac{1}{6}$

P(„gleiche Socken- und Hosenfarbe“) = $\frac{1}{60} + \frac{9}{60} + \frac{1}{60} + \frac{9}{60} + \frac{1}{60} + \frac{9}{60} = \frac{30}{60} = \frac{1}{2}$

e) Zusatzaufgabe: Das grüne T-Shirt ist kaputt und kann nicht mehr angezogen werden.
Ermittle dementsprechend die Wahrscheinlichkeiten folgender Ereignisse.

P(„drei verschiedenfarbige Kleidungsstücke“) = $\frac{10}{40} = \frac{1}{4}$

P(„zwei verschiedenfarbige Kleidungsstücke“) = $\frac{31}{40}$

2 In einer Kiste sind fünf blaue, drei schwarze und zwei grüne Stifte.
Laura und Michael nehmen nacheinander je einen der Stifte.
Die Farbe bleibt dem Zufall überlassen.

a) Keiner der beiden legt seinen Stift zurück in die Kiste.
Ergänze zuerst das Baumdiagramm.
Ermittle danach die Wahrscheinlichkeiten folgender Ereignisse.
Hinweis: Bei „oder“ muss eines oder beides vorliegen.

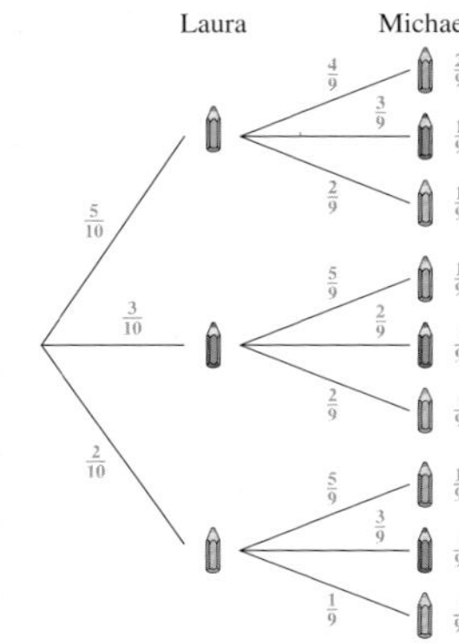

P(„zwei gleichfarbige Stifte“) = $\frac{20}{90} + \frac{6}{90} + \frac{2}{90} = \frac{28}{90} = \frac{14}{45}$

P(„zwei verschiedenfarbige Stifte“) = $1 - \frac{14}{45} = \frac{31}{45}$

P(„blauer und grüner Stift“) = $\frac{10}{90} + \frac{10}{90} = \frac{20}{90} = \frac{2}{9}$

P(„blauer oder schwarzer Stift“) = $1 - \frac{2}{90} = \frac{88}{90} = \frac{44}{45}$

b) Jeder der beiden legt seinen Stift zurück in die Kiste, bevor der Nächste einen Stift nimmt.
Ergänze zuerst das Baumdiagramm.
Ermittle danach die Wahrscheinlichkeiten folgender Ereignisse.

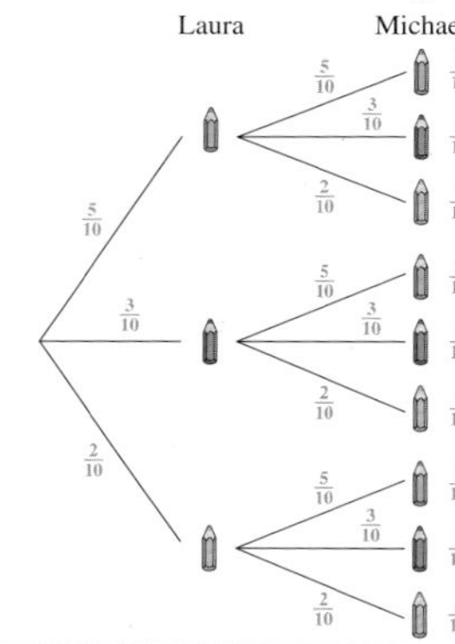

P(„zwei gleichfarbige Stifte“) = $\frac{25}{10} + \frac{9}{100} + \frac{4}{100} = \frac{38}{100} = \frac{19}{50}$

P(„zwei verschiedenfarbige Stifte“) = $1 - \frac{25}{100} - \frac{9}{100} - \frac{4}{100} = \frac{62}{100} = \frac{31}{50}$

P(„blauer und grüner Stift“) = $\frac{1}{10} + \frac{1}{10} = \frac{2}{10} = \frac{1}{5}$

P(„blauer oder schwarzer Stift“) = $1 - \frac{1}{25} = \frac{24}{25}$

Anwenden und Vernetzen

3 Reguläres Oktaeder

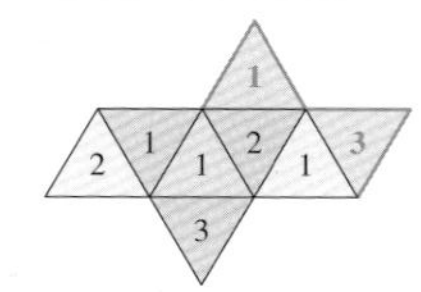

a) Mit dem zum Netz passenden Oktaeder wird dreimal nacheinander gewürfelt.
Das erste Ergebnis ist „Blau“.
Stelle alle somit möglichen Ergebnisse im Baumdiagramm dar.
Gib die Wahrscheinlichkeiten an den Ästen und die Wahrscheinlichkeit jedes Ergebnisses an.

b) Ermittle die Wahrscheinlichkeiten folgender Ereignisse.
Hinweis: Markiere die jeweils passenden Pfade.

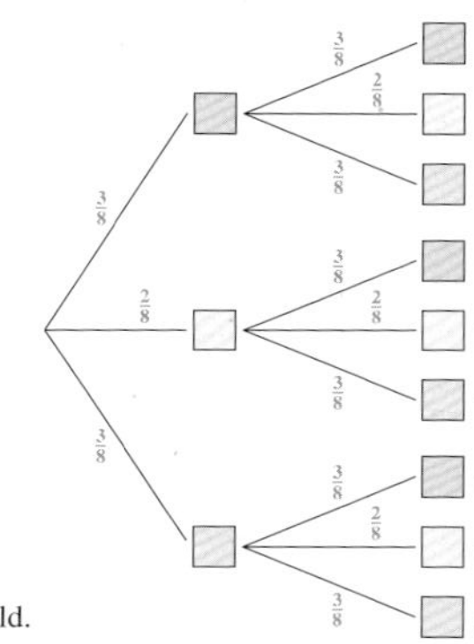

P(„dreimal Blau“) = $\frac{9}{64}$

P(„Blau und Rot“) = $\frac{39}{64}$

P(„drei Farben“) = $\frac{15}{64}$

P(„genau zwei Farben“) = $1\ \frac{43}{64}$

c) Beschrifte das Netz mit „1“, „2“ und „3“ passend zu folgenden Wahrscheinlichkeiten.
P(„2“) = P(„3“); P(„1“) = P(„2“) + P(„3“);
Je jede Kombination von Farbe und Zahl soll höchstens einmal vorkommen.

Zusatzaufgabe: Skizziere neben dem Netz vom Oktaeder ein passendes Schrägbild.

1 Beschrifte die vorgegebenen Graphen und gib die Nullstellen an.

$y_1 = -3x^2$ Nullstellen: $x = 0$

$y_2 = x^2$ Nullstellen: $x = 0$

$y_3 = -x^2 + 4$ Nullstellen: $x_1 = 2; x_2 = -2$

$y_4 = -(x+3)^2 + 4$ Nullstellen: $x_1 = -5; x_2 = -1$

$y_5 = (x-3)^2$ Nullstellen: $x = 3$

$y_6 = -(x+2)^2 - 4$ Nullstellen:

$y_7 = 0{,}8(x-2{,}5)^2 + 1{,}5$ Nullstellen:

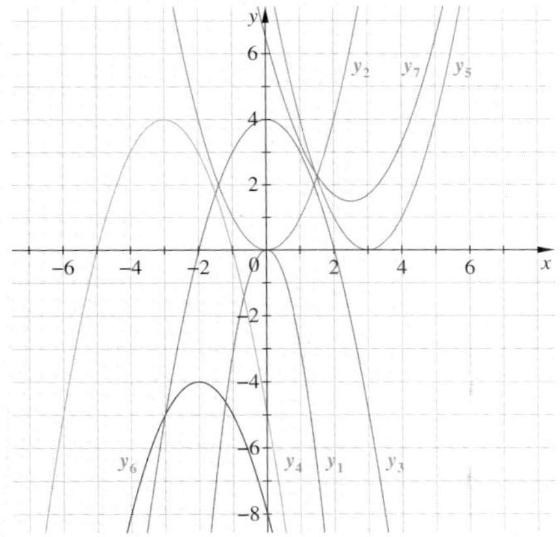

2 Ergänze die Tabelle.

Funktionsgleichung in allgemeiner Form	$y = -x^2 - 16$	$y = x^2 + 18x + 81$	$y = 0{,}5x^2 + 6x$
Funktionsgleichung in Scheitelpunktform	$y = -x^2 - 16$	$y = (x+9)^2$	$y = 0{,}5(x+6)^2 - 18$
Scheitelpunkt S	$S(0 \mid -16)$	$S(-9 \mid 0)$	$S(-6 \mid -18)$
Öffnungsrichtung	nach unten geöffnet	nach oben geöffnet	nach oben geöffnet
Anzahl der Nullstellen	0	1	2
gestaucht oder gestreckt	keine	keine	gestaucht

3 Der Weg eines Wassertropfens durch die Luft lässt sich annähernd mit einer Gleichung beschreiben.

a) Kreuze die passende Gleichung an.
Hinweis: Welche Art von Funktion kommt infrage? Wie ist die Öffnung?

☐ $y = 1{,}8(x-0{,}8)^2 + 1$ ☐ $y = -1{,}8x - 1{,}0$ ☒ $y = -1{,}8(x-1{,}25)^2 + 1$

b) Skizziere mithilfe einer Wertetabelle den Graphen zur passenden Gleichung aus Teilaufgabe **a**.

x						
y						

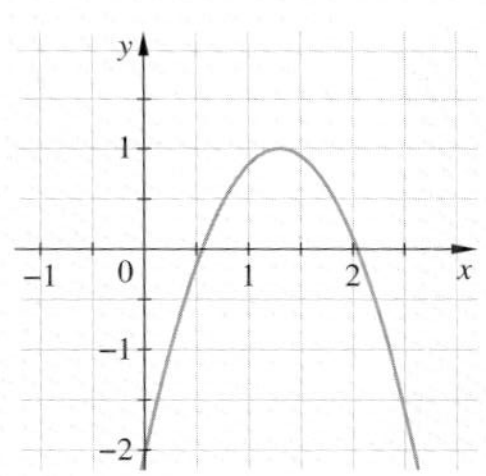

c) Ein Wassertropfen geht bei 1,5 m Höhe in die Luft. In welchem Abstand zu diesem Startpunkt erreicht er die gleiche Höhe?

Im Abstand von ca. 2,5 m erreicht er die Starthöhe.

1 Kreuze jeweils alle Lösungen der quadratischen Gleichung an.

a) $a^2 = 9$ ☒ −3 ☐ −1 ☐ 0 ☐ 1 ☒ 3

b) $b^2 = -9$ ☐ −3 ☐ −1 ☐ 0 ☐ 1 ☐ 3

c) $c^2 - 4 = 0$ ☒ −2 ☐ −1 ☐ 0 ☐ 1 ☒ 2

d) $d \cdot (d+1) = 0$ ☐ −2 ☒ −1 ☒ 0 ☐ 1 ☐ 2

e) $(-2+e) \cdot (e-2) = 0$ ☐ −4 ☐ −2 ☐ 0 ☒ 2 ☐ 4

f) $-f^2 = 16 - 8f$ ☐ −4 ☐ −2 ☐ 0 ☐ 2 ☒ 4

2 Gib die Lösungen an.

a) $x^2 = 100$ Lösungen: 10; −10

b) $x^2 + 19 = 100$ Lösungen: 9; −9

c) $x \cdot (x - 1{,}75) = 0$ Lösungen: 0; 1,75

d) $(x-8{,}7) \cdot (x+1{,}7) = 0$ Lösungen: 8,7; −1,7

3 Wandle zuerst die Gleichungen in die Normalform $x^2 + px + q = 0$ um.
Gib danach p und q an.

a) $2x^2 + 72 - 0{,}8x = 10$ $\mid -10$

$2x^2 - 0{,}8x + 62 = 0$ $\mid :2$

$x^2 - 0{,}4x - 31 = 0$

$p = -0{,}4$ $q = 31$

b) $3{,}6x = 2{,}4 + 4x^2$ $\mid -3{,}6x$

$0 = 4x^2 - 3{,}6x + 2{,}4$ $\mid :4$

$0 = x^2 - 0{,}9x + 0{,}6$

$p = -0{,}9$ $q = 0{,}6$

4 Ermittle die Lösungen.

a) $0 = 2x^2 - 10x - 28$ $\mid :2$

$0 = x^2 - 5x - 14$

$x_1 = \frac{5}{2} + \sqrt{\left(\frac{5}{2}\right)^2 + 14} = 7$

$x_2 = \frac{5}{2} - \sqrt{\left(\frac{5}{2}\right)^2 + 14} = -2$

Lösungen: 7; −2

b) $10x = x^2 + 9$ $\mid -10x$

$0 = x^2 - 10x + 9$

$x_1 = \frac{10}{2} + \sqrt{\left(\frac{10}{2}\right)^2 - 9} = 9$

$x_2 = \frac{10}{2} - \sqrt{\left(\frac{10}{2}\right)^2 - 9} = 1$

Lösungen: 9; 1

5 In einem gleichschenkligen Trapez $ABCD$ mit einem Flächeninhalt von $20\,\text{cm}^2$ ist die eine parallele Seite viermal so lang wie die andere und die Höhe ist doppelt so lang wie die kürzere Parallele.

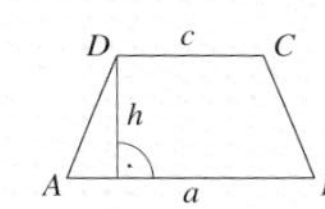

a) Berechne die Längen der zueinander parallelen Seiten a und c sowie die der Höhe h.
Hinweis: $A = \frac{a+c}{2} \cdot h$

$A = \frac{a+c}{2} \cdot h$ $c = 4a$ $h = 2a$

$20\,\text{cm}^2 = \frac{a+4a}{2} \cdot 2a$

$20\,\text{cm}^2 = \frac{a+4a}{2} \cdot 2a$

$20\,\text{cm}^2 = 5a^2$ $\mid :5$

$4\,\text{cm}^2 = a^2$

$x_1 = 2$ $a = 2\,\text{cm}$ $c = 8\,\text{cm}$ $h = 4\,\text{cm}$

($x_2 = -2$ kommt als Maß nicht infrage.)

b) Zeichne das gleichschenklige Trapez $ABCD$.

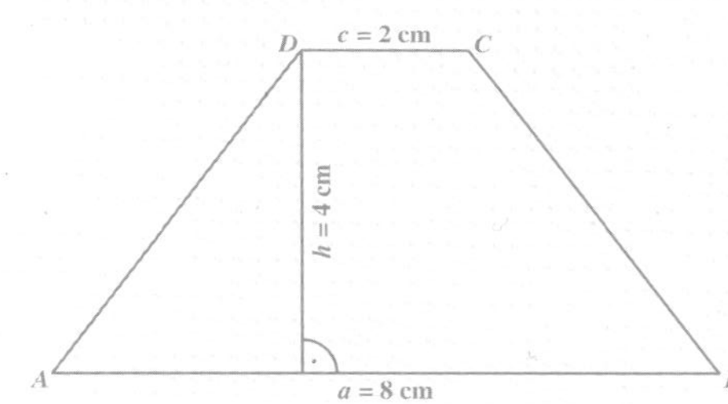

Kapitel **Potenzen und Wurzeln**

1 Schreibe als Dezimalzahl.

a) $6 \cdot 10^4 =$ **60 000** b) $1{,}257 \cdot 10^5 =$ **125 700** c) $2 \cdot 10^{-4} =$ **0,0002** d) $1{,}36 \cdot 10^{-3} =$ **0,00136**

2 Gib die Ergebnisse an.
Hinweis: Arbeite ohne Taschenrechner.

a) $\sqrt[5]{100\,000} =$ **10** b) $\sqrt[4]{81} =$ **3** c) $\sqrt[3]{1\,000} =$ **10** d) $\sqrt[2]{121} =$ **11**

e) $\sqrt[3]{125} =$ **5** f) $\sqrt[7]{128} =$ **2** g) $\sqrt[3]{64} =$ **4** h) $\sqrt[9]{1} =$ **1**

3 Ermittle jeweils, zwischen welchen natürlichen Zahlen das Ergebnis liegt.
Hinweis: Arbeite ohne Taschenrechner.

a) **7** $< \sqrt[2]{60} <$ **8** , denn $7^2 = 49$ und $8^2 = 64$ b) **0** $< \sqrt[2]{0{,}6} <$ **1** , denn **$0^2 = 0$ und $1^2 = 1$**

c) **2** $< \sqrt[4]{30} <$ **3** , denn **$2^4 = 16$ und $3^4 = 81$** d) **4** $< \sqrt[3]{90} <$ **5** , denn **$4^3 = 64$ und $5^3 = 125$**

4 Gib jeweils das Ergebnis an. Überprüfe es durch Potenzieren.
Hinweis: Arbeite ohne Taschenrechner.

a) $\sqrt[3]{0{,}000\,001} =$ **0,01** , denn **$(0{,}01)^3 = 0{,}000\,001$** b) $\sqrt[4]{0{,}0081} =$ **0,3** , denn **$(0{,}3)^4 = 0{,}0081$**

c) $\sqrt[2]{1{,}21} =$ **1,1** , denn **$(1{,}1)^2 = 1{,}21$** d) $\sqrt[5]{0{,}000\,32} =$ **0,2** , denn **$(0{,}2)^5 = 0{,}000\,32$**

5 Gib die Größenangaben in Zehnerpotenzschreibweise in den gegebenen Einheiten an.

a) Masse der Erde

6 000 000 000 000 000 000 000 000 t = **$6 \cdot 10^{24}$** t = **$6 \cdot 10^{25}$** dt = **$6 \cdot 10^{27}$** kg

b) Dicke eines Haares von Tim

0,06 mm = **$6 \cdot 10^{-2}$** mm = **$6 \cdot 10^{-3}$** cm = **$6 \cdot 10^{-4}$** m = **$6 \cdot 10^{-7}$** km

6 Gib den Unterschied von einer Million zu einer Milliarden in Zehnerpotenzschreibweise an. **$9{,}99 \cdot 10^8$**

7 Rote Würfel werden nach den Kantenlängen in Holzkisten einsortiert.
Es wird unterschieden nach Würfel mit 1 cm, 2 cm, 3 cm, 4 cm, 5 cm … lange Kanten.

a) Welche Kisten kommen für einen 75 cm^3 großen Würfel infrage?

$4 < \sqrt[3]{75} < 5$ $4^3 = 64$ $5^3 = 125$

Die Kisten mit den Kantenlängen von 4 cm und 5 cm kommen infrage.

b) Präzisiere die Regel für das Sortieren so, dass jeweils nur eine Kiste infrage kommt.

individuelle Lösung

Kapitel **Wachstum**

1 Lineares und exponentielles Wachstum

① $G_n = 2 + 0{,}25x$

n	0	1	2	3	4
G_n	2	**2,25**	**2,5**	**2,75**	3

② $G_n = 1{,}4^n$

n	0	1	2	3	4
G_n	1	1,4	**1,96**	**2,744**	**3,8416**

③ $G_n = 3 \cdot 0{,}5^n$

n	0	1	2	3	4
G_n	3	**1,5**	0,75	**0,375**	**0,1875**

④ $G_n = 4 - 0{,}75x$

n	0	1	2	3	4
G_n	4	**3,25**	2,5	**1,75**	**1**

a) Ermittle jeweils die fehlenden Werte und trage jeweils alle fünf Punkte im Koordinatensystem ein.

b) Ordne die Gleichungen den Tabellen zu und den Graphen. Gib jeweils die Art des Wachstums an.

$G_n = 1{,}4^n$ ②

positives exponentielles Wachstum

$G_n = 2 + 0{,}25x$ ①

positives lineares Wachstum

$G_n = 3 \cdot 0{,}5^n$ ③

negatives exponentielles Wachstum

$G_n = 4 - 0{,}75x$ ④

negatives lineares Wachstum

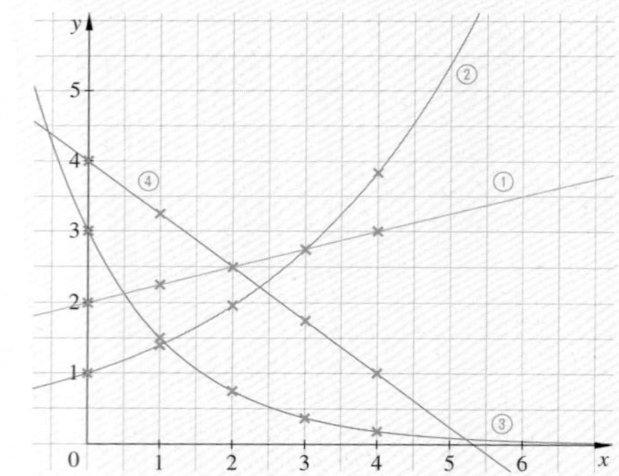

2 5 000 € werden zu einen Zinssatz von 6,5 % p. a. für 10 Jahre als Festgeld mit Zinseszins angelegt.
Stelle eine passende Formel auf. Ermittle damit den Betrag, der am Ende des 10-ten Jahres ausgezahlt wird.

$K_n = 5\,000\,€ \cdot 1{,}065^n$ **$K_{10} = 5\,000\,€ \cdot 1{,}065^{10} \approx 9\,385{,}69\,€$**

Am Ende der Laufzeit werden insgesamt 9 385,69 € ausgezahlt.

3

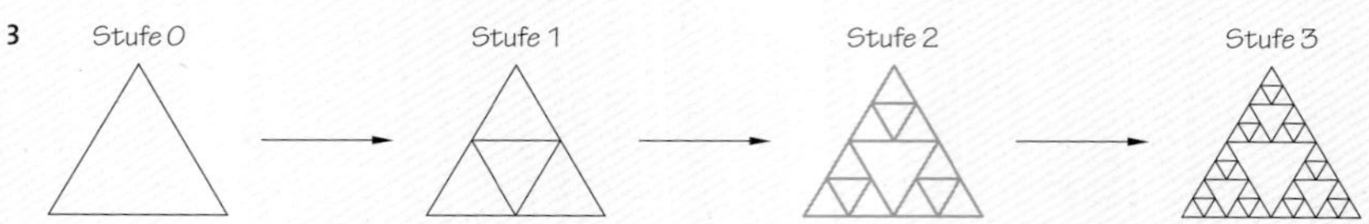

„Schneide" jeweils gleichseitige Dreiecke mit halb so langen Seiten heraus.

a) Zeichne die Figur zur Stufe 2 und ergänze die Tabelle.

	Stufe 0	Stufe 1	Stufe 2	Stufe 3
Flächeninhalt der restlichen Figur	1	**$\frac{3}{4}$**	**$\frac{3}{16}$**	**$\frac{3}{43}$**

b) Gib eine Formel zur Berechnung des Flächeninhalts A in der n-ten Stufe an. **$A_n = \left(\frac{3}{4}\right)^n$**

Kapitel Pyramide, Kegel, Kugel

1 Vervollständige die Schrägbilder.

a) 3 cm hohe, gerade quadratische Pyramide mit 4 cm langer Grundfläche

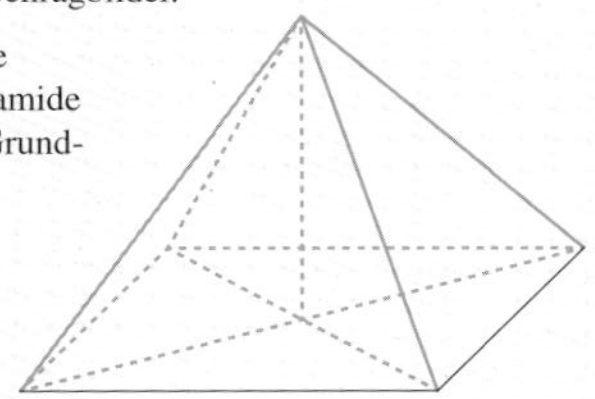

b) 3 cm hoher gerader Kegel mit 2 cm Radius

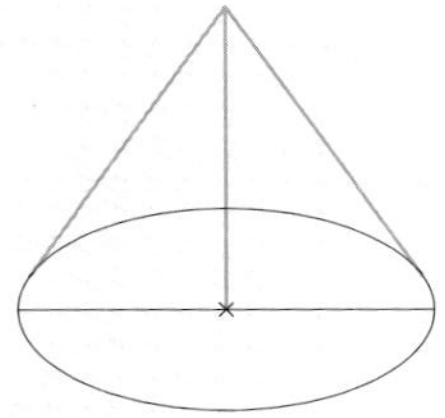

2 Entscheide, ob die Angaben sinnvoll sind. Wenn ja, ergänze die Größenangaben in der Tabelle.
Hinweis: Rechne gegebenenfalls auf einem zusätzlichen Blatt.

	Flächeninhalt der Grundfläche	Oberflächeninhalt	Volumen
6 cm hoher Kegel mit einem Grundflächenradius von 4 cm	50,27 cm²	140,88 cm²	100,54 cm³
6 cm hohe Pyramide mit quadratischer Grundfläche mit 5 cm langen Seiten	25,00 cm²	90,00 cm²	50,00 cm³
Kugel mit 6 cm Durchmesser		113,10 cm²	113,10 cm³

3

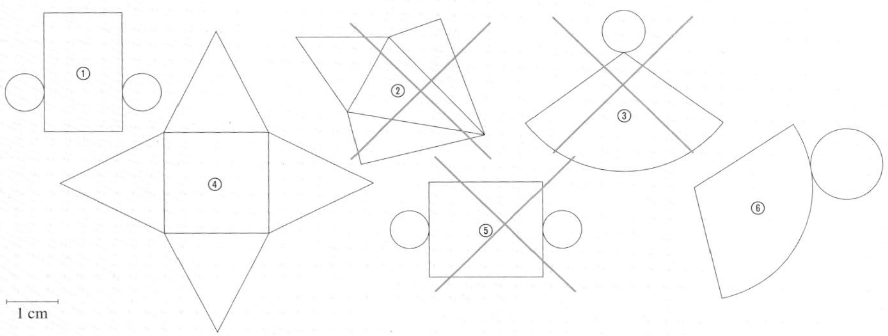

Streiche alle Zeichnungen durch, die keine Netze von Körpern darstellen.
Berechne die Größe der Oberfläche des passenden Kegels und der passenden Pyramide.

⑥ **Kegel:** $\pi \cdot (0{,}7\text{ cm})^2 + \pi \cdot 0{,}7\text{ cm} \cdot 2{,}3\text{ cm} \approx 6{,}60\text{ cm}^2 \approx 7\text{ cm}^2$

④ **Pyramide:** $(2\text{ cm})^2 + 4 \cdot \left(\frac{1}{2} \cdot 2\text{ cm} \cdot 2\text{ cm}\right) = 12\text{ cm}^2$

4 In einigen Geschäften wurden für Kunden Wasserspender aufgestellt. Um zu verhindern, dass volle Becher in den Regalen abgestellt werden, verwendet man kegelförmige Gefäße aus Papier. Ein Becher mit einem Durchmesser von 8 cm fasst maximal ca. 0,15 l Wasser. Berechne seine Höhe.

$\frac{1}{3}\pi \cdot (0{,}4\text{ dm})^2 \cdot h = 0{,}15\text{ dm}^3 \quad h \approx 0{,}9\text{ dm} = 9\text{ cm}$

Der Becher ist rund 9 cm hoch.

Kapitel Trigonometrie

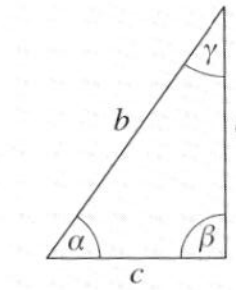

1 Die Skizze zeigt ein rechtwinkliges Dreieck mit $\beta = 90°$.

a) Ergänze die Sätze.

① β ist der rechte Winkel im Dreieck ABC. Die Hypotenuse ist die Seite b.

② Die Ankathete zum Winkel α im Dreieck ABC ist die Seite c. Die Gegenkathete ist die Seite a.

③ Die Ankathete zum Winkel γ im Dreieck ABC ist die Seite a. Die Gegenkathete ist die Seite c.

b) Kreuze alle zum Dreieck ABC passenden Formeln an.

☒ $\sin(\alpha) = \frac{a}{b}$ ☐ $\sin(\alpha) = \frac{b}{a}$ ☐ $\sin(\beta) = \frac{h}{a}$ ☐ $\cos(\beta) = \frac{h}{a}$

☒ $\tan(\alpha) = \frac{a}{c}$ ☒ $\sin(\gamma) = \frac{c}{b}$ ☒ $\cos(\gamma) = \frac{a}{b}$ ☒ $\tan(\gamma) = \frac{c}{a}$

2 Berechne mit einem Taschenrechner.

a) $\sin(25°) \approx 0{,}42$ **b)** $\sin(62°) \approx 0{,}88$ **c)** $\cos(42°) \approx 0{,}74$ **d)** $\cos(56°) \approx 0{,}56$

e) $\tan(56°) \approx 1{,}48$ **f)** $\tan(65°) \approx 2{,}14$ **g)** $\sin(28°) \approx 0{,}47$ **h)** $\tan(82°) \approx 7{,}11$

3 Ein Schiff fährt auf geradem Kurs an einer Insel vorbei.
Vom Bug (Vorderteil des Schiffsrumpfes) ist gegen 12:00 Uhr ein Leuchtturm unter einem Winkel von 50° zu sehen. Der Abstand von Schiff und Leuchtturm beträgt 3 km.
Später wird der Leuchtturm erneut angepeilt, diesmal unter einem Winkel von 150°.
Hinweis: Die passende Skizze ist nicht maßstabsgetreu.

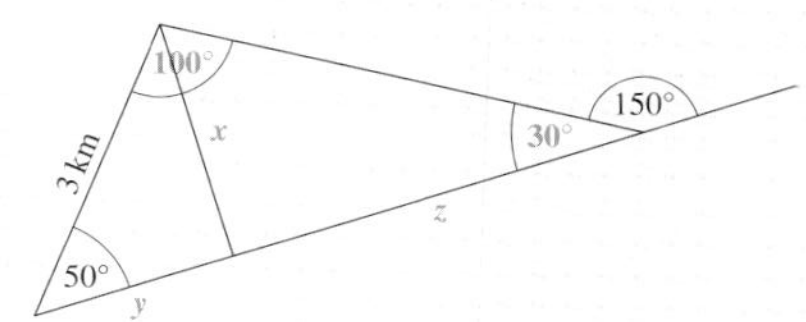

a) Gib die fehlenden Winkelgrößen im Dreieck ABC an.

b) Berechne den geringsten Abstand zwischen Schiff und Leuchtturm.
Wie weit ist das Schiff nach der ersten Peilung bis zum Punkt mit dem geringsten Abstand zwischen Schiff und Leuchtturm gefahren?
Wie lang ist die Strecke, die zwischen beiden Peilungen zurückgelegt wurde?

$\sin(50°) = \frac{x}{3\text{ km}} \quad | \cdot 3\text{ km}$
$2{,}30\text{ km} \approx x$

$\cos(50°) = \frac{y}{3\text{ km}} \quad | \cdot 3\text{ km}$
$1{,}93\text{ km} \approx y$

$\tan(30°) = \frac{2{,}30\text{ km}}{z} \quad | \cdot z : \sin(30°)$
$z \approx 4\text{ km}$
$4\text{ km} + 1{,}95\text{ km} \approx 6\text{ km}$

Der geringste Abstand zwischen Schiff und Leuchtturm beträgt rund 2,3 km.

Er wird rund 1,9 km nach der ersten Peilung erreicht.

Rund 6 km wurden zwischen beiden Peilungen zurückgelegt.

Kapitel **Daten und Zufall**

1 In der Klasse 10 b wurde nach der Vorbereitungszeit für einen Vokabeltest und der im Test erhaltenen Note gefragt.

a) Veranschauliche die Daten im Diagramm.

b) Zeichne eine Ausgleichsgerade ein.

c) Gib den Zusammenhang, den die Ausgleichsgerade verdeutlicht, mit einem Satz an.
Zusatzaufgabe: Gib eine passende Gleichung an.

In der Regel gilt: Je schlechter die Note im Test war, desto kürzer war die Vorbereitungszeit.

Eine 10 min längere Vorbereitung führt jeweils zu einer besseren Note. $y = -10x + 75$

Note	1	2	3	4	5	6
Vorbereitungszeiten (in min)	55 60 30	60 50 45 90 80 45	55 90 40 35 45 40 20 60	45 30 20	15 5	5

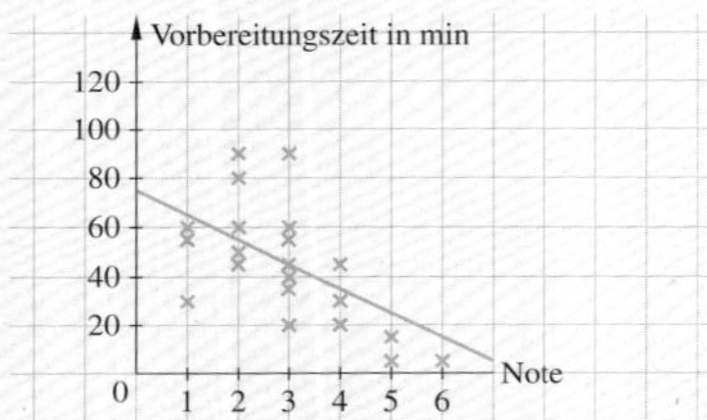

d) Ergänze den Boxplot zu den Noten im Vokabeltest.

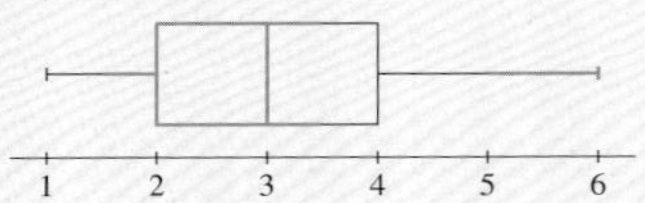

2 Der Spielautomat besteht aus drei Rollen mit je zehn gleich großen Bildern. Auf der ersten Rolle sind vier „7",auf der zweiten Rolle drei und auf der dritten Rolle zwei.

a) Ergänze zuerst das Baumdiagramm. Ermittle danach die Wahrscheinlichkeiten folgender Ereignisse.

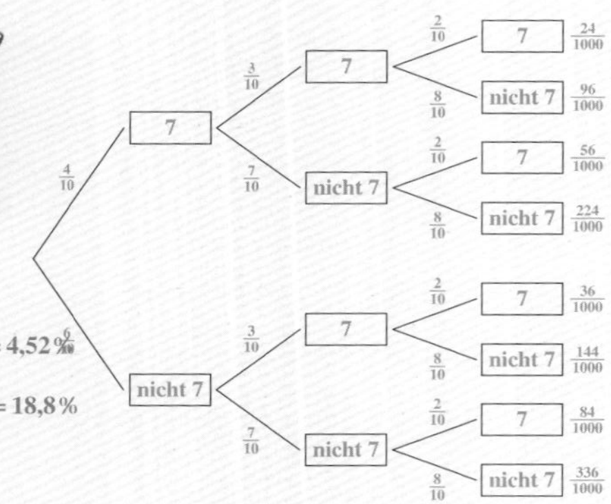

$P(\text{drei „7"}) = \frac{4}{10} \cdot \frac{2}{10} = \frac{2}{10} = \frac{24}{1000} = 2{,}4\,\%$

$P(\text{genau eine „7"}) = \frac{4}{10} \cdot \frac{7}{10} \cdot \frac{8}{10} + \frac{6}{10} \cdot \frac{3}{10} \cdot \frac{8}{10} + \frac{6}{10} \cdot \frac{7}{10} \cdot \frac{2}{10} = \frac{452}{1000} = 4{,}52\,\%$

$P(\text{genau zwei „7"}) = \frac{4}{10} \cdot \frac{3}{10} \cdot \frac{8}{10} + \frac{4}{10} \cdot \frac{7}{10} \cdot \frac{2}{10} + \frac{6}{10} \cdot \frac{3}{10} \cdot \frac{2}{10} = \frac{188}{1000} = 18{,}8\,\%$

b) Ermittle die Wahrscheinlichkeiten von drei „7" nebeneinander, wenn auf jeder Rolle je drei „7" sind.

$P(\text{drei „7"}) = \frac{3}{10} \cdot \frac{3}{10} \cdot \frac{3}{10} = 0{,}027 = 27\,\%$

3 In einem Portmonee sind lediglich acht deutsche 5-Cent-Stücke und drei ausländische 5-Cent-Stücke.

a) Berechne, mit welcher Wahrscheinlichkeit zufällig zuerst die ausländischen 5-Cent-Stücke ausgegeben werden.

$P(\text{drei 5-Cent-Stücke aus anderen Ländern}) = \frac{3}{11} \cdot \frac{2}{10} \cdot \frac{1}{9} = \frac{6}{990} \approx 0{,}006 = 0{,}6\,\%$

b) Berechne, mit welcher Wahrscheinlichkeit zufällig unter den drei zuerst ausgegebenen 5-Cent-Stücken genau zwei ausländische 5-Cent-Stücke sind.

$P(\text{zwei 5-Cent-Stücke aus anderen Ländern}) = 3 \cdot \frac{48}{990} = \frac{144}{990} \approx 0{,}15 = 15\,\%$

Beispielaufgaben **Allgemeiner Teil**
Hinweis: Löse die Aufgaben ohne Taschenrechner und Formelsammlung.

Grundrechenarten

☺ 😐 ☹

1 Kreuze die richtigen Antworten an.

a) 27 937 : 7 = …	☐ 39 991	☒ 3 991	☐ 399,1	☐ 39,91
b) 4,07 · 13 = …	☒ 52,91	☐ 5,291	☐ 52,7	☐ 40,21
c) 19,32 ist das Ergebnis von …	☐ 5,57 + 14,75	☒ 6,9 · 2,8	☒ 48,3 : 2,5	☒ 27,1 − 7,78
d) Das größte Ergebnis hat …	☐ −14,1 : 2,2	☒ 27,1 · 1,05	☐ −1,9 + (−2)	☐ 3 + (−2 · −2)
e) Rund 2,1 ist …	☒ 2,0732	☐ 2,0449	☐ 2,151	☒ 2,1459
f) Den kleinsten Wert hat …	☐ 3,1 · 0,2	☒ 3,1 : (−0,2)	☒ −3,1 · 5	☐ 3,1 · (−0,2)

2 Löse die Aufgaben.
Hinweis: Rechne, wenn nötig, auf einem zusätzlichen Blatt.

a) Berechne.

79,8 : 1,4 = **57** 2,456 − 24,5 = **−22,044** 35 − 6,25 · 2,4 = **20** 29,4 : (−2) − 1,8 = **−16,5**

625,1 · **1,1** = 687,61 512,47 + **2,511** = 514,981 **21,5** · 17 = 365,5 235,4 : **2 354** = 0,1

b) Vergleiche. (1 455 + 8 633) · 4,2 **<** 42 370 2,14 · 5,25 **>** 13,1 + (−1,865)

c) Ergänze Klammern so, dass die Aussage wahr ist. (14,24 − 15,49) · 8 = −10 7 · (3 + 2,4 : (6 − 1)) = 24,36

Größen

☺ 😐 ☹

3 Kreuze die richtigen Antworten an.

a) Länger als 8 h dauern …	☐ 20 000 s	☒ 500 min	☒ 0,4 Tage	☐ 400 min
b) 127 kg = …	☒ 0,127 t	☒ 127 000 g	☐ 172 000 g	☐ 1,27 t
c) Die Grundfläche einer 2-€-Münze hat ca. 0,052 …	☐ mm²	☐ cm²	☐ cm	☒ dm³
d) Zwischen 9:42 Uhr und 14:21 Uhr liegen …	☐ 16 740 s	☐ 439 min	☒ 279 min	☒ 4 h 39 min
e) Meine Mitschüler laufen 100 m in etwa …	☐ 2 h 14 min	☐ 2,3 km	☐ 97 kg	☒ 0,25 min

4 Löse die Aufgaben.

a) Vergleiche.

0,2 g **>** 51 mg 0,12 km **<** 12 000 dm 7 l **>** 700 cm³ 350 l **=** 0,35 m³

b) Wandle um. 1,3 h = **4 680** s 120 dm = **0,012** km

c) Ordne 833 dm, 38,3 m und 0,338 km. **38,3 m** < **833 dm** < **0,338 km**

d) Berechne den Unterschied von −1,6 km und 325 m. **325 − (−1 600) = 1 925 m = 1,925 km**

e) Ein Mensch ist 135 873 Stunden alt. Gib sein Alter in Jahren und Sekunden an.

135 873 : (365,25 · 24) = 15,5 135 873 · 60 = 8 152 380

Er ist $15\frac{1}{2}$ Jahre alt. Das sind 8 152 380 Sekunden.

Brüche und Prozente

5 Kreuze die richtigen Antworten an.

a) Statt 0,22 kann man auch schreiben …	☐ $\frac{1}{22}$	☒ $\frac{22}{100}$	☐ 2,2%	☒ $\frac{11}{50}$
b) $\frac{288}{480}$ ist gekürzt …	☒ $\frac{3}{5}$	☐ $\frac{24}{36}$	☐ $\frac{12}{15}$	☒ $\frac{24}{40}$
c) $\frac{36}{144}$ = …	☒ 25%	☐ $\frac{17}{70}$	☒ $\frac{38}{152}$	☒ $\frac{18}{72}$
d) $\frac{1}{2}+\frac{1}{4}\cdot 2-\frac{14}{5}:4=$ …	☒ $\frac{3}{10}$	☐ $\frac{360}{12}$	☒ 30%	☐ 2
e) Zwischen $\frac{3}{7}$ und $\frac{5}{7}$ liegen …	☐ $\frac{17}{17}$	☒ 49,3%	☒ $\frac{11}{17}$	☐ $\frac{4}{5}$
f) Größer als 0,49 sind …	☐ $\frac{2}{5}$	☒ $\frac{5}{2}$	☐ 49%	☒ $\frac{13}{25}$
g) $\frac{15}{12}\cdot 24\%=$ …	☒ $\frac{3}{10}$	☐ $\frac{360}{12}$	☒ 30%	☐ 2%
h) Der Preis von 27 € wird um 30% reduziert auf …	☒ 18,90 €	☐ 24,00 €	☐ 30%	☒ 70%
i) Aus 1 000 € werden mit Zinseszins bei 5% p. a. in $2\frac{1}{2}$ Jahren rund …	☒ 1 130 €	☐ 2 049 €	☐ 3 457	☐ 4 550 €

6 Beiträge in einem Sportverein

a) Ergänze die Tabelle.

b) Gib das Feld mit dem passenden Wert zu „= B2*5+C2*9" an.

Feld E2

c) Gib jeweils eine Formel zur Berechnung der Werte an.

	A	B	C	D	E
1		Jugendliche (5 €)	Erwachsene (9 €)	Anteil in %	Summe in €
2	Fußball	50	46	37,5	664
3	Volleyball	33	63	37,5	732
4	Sonstige	32	32	25,0	448
5	Insgesamt	115	141	100,0	1844

z. B.
Feld D2: =(B2+C2)/(B5+C5)*100

z. B.
Feld D5: =SUMME(D2:D4)

d) Ordne nach der Größe. Beginne mit dem kleinsten Wert.

0 | $\frac{1}{2}$ | $-\frac{1}{2}$ | −1,5 | $-1\frac{1}{5}$ | 0,75 | 100% | $2\cdot 10^5$ | $8\cdot 10^{-6}$ | $\frac{5}{4}$

$-1{,}5 < -1\frac{1}{5} < -\frac{1}{2} < 0 < 8\cdot 10^{-6} < \frac{1}{2} < 0{,}75 < 100\% < \frac{5}{4} < 2\cdot 10^5$

Terme mit Klammern und Formeln

7 Kreuze die richtigen Antworten an.

a) $x^2-4=$ …	☒ $(x-2)(x+2)$	☐ $(x-2)^2+4x$	☒ $x\left(x-\frac{4}{x}\right)$	☐ $4(x^2-1)$
b) Wenn die Formel $v=\frac{s}{t}$ gilt, gilt auch …	☐ $t=\frac{v}{s}$	☐ $t=s\cdot v$	☒ $t=\frac{s}{v}$	☒ $s=v\cdot t$
c) $(a+3-b)(a+b)-3(a+b)=$ …	☒ a^2-b^2	☒ $(a-b)(a+b)$	☐ $(a+b)$	☐ $(a+3-b)$
d) Zur Zahlenfolge 12; 30; 60 … passt …	☐ $12x^2$	☒ x^3+11x	☒ $6x^2+6$	☐ $6\cdot 2^x$
e) Die nächste Zahl in der Zahlenfolge ist … −0,1; 0,3; -0,6; 0,9; −1,5	☐ 1,8	☒ −1,8	☐ 2	☐ $6\cdot 2^x$

8 Löse die Aufgaben.

b) Stelle die Formel $s=0{,}5\cdot a\cdot t^2$ nach t um. $t=\sqrt{\frac{2s}{a}}$

a) Schreibe ohne Klammern so kurz wie möglich.

$(x-y)(y-z)-y(z+x)=xy-y^2-xz+yz-yz-yx=-y^2-xz$

c) Klammere möglichst viel aus. $18txz^2+6tvxz-9vxz=3xz(6tz+2tv-3v)$

Potenzen

9 Kreuze die richtigen Antworten an.

a) $0{,}5^2=$ …	☐ 1	☒ 0,25	☒ $\frac{1}{2^2}$	☐ 0,52
b) $2^3=$ …	☒ 8	☐ 3^2	☐ 6	☒ $\sqrt{64}$
c) $2^x=64$ $x=$ …	☒ $\sqrt{36}$	☐ 32	☒ 6	☐ 2^5
d) Welche Aussagen sind wahr?	☐ $\sqrt{\frac{4}{9}}=\frac{2}{9}$	☒ $\sqrt{47^2}=47$	☒ $\sqrt{\frac{12}{13}}=\frac{\sqrt{12}}{\sqrt{13}}$	☐ $\sqrt{x^6}=x^4$
e) Den größten Wert hat …	☐ $2\cdot 4^2$	☐ $2\cdot 2^4$	☐ $\sqrt{2048}$	☒ $(2\cdot 4)^2$
f) 48 ist der Wert von …	☒ $1{,}5\cdot 2^5$	☐ $0{,}48\cdot 10^3$	☒ $0{,}048\cdot 10^5$	☐ 2^6
g) $1{,}07\cdot 10^5=$ …	☒ 107 000	☐ 10 700	☒ $107\cdot 10^3$	☒ $0{,}107\cdot 10^6$

10 Löse die Aufgaben.

a) Ermittle die Lösung von $2^x=32$. 5 ist die Lösung.

b) Setze Klammern, sodass die Rechnung stimmt. $((7+3)\cdot 3)^2-(2\cdot 5)^3=-100$

c) Schreibe sieben Millionstel als Bruch, als Dezimalzahl und in Zehnerpotenzschreibweise. $\frac{7}{1\,000\,000}=0{,}000\,000\,7=7\cdot 10^6$

d) Vergleiche die Werte. $7^4 < 4^7$ $0{,}2^3 > 0{,}2^5$

Proportionale und antiproportionale Zuordnungen

11 Kreuze an, ob die Zuordnung im Alltag meist proportional (p), antiproportional (a) oder keines von beidem (k) ist.

Ein 5-Jähriger ist 1,12 m groß. Wie groß wird er mit 10 Jahren sein?	☐ p	☐ a	☒ k
Ein Stück Kuchen kostet 1,20 €. Wie viel kosten 3 Stück Kuchen dieser Sorte?	☒ p	☐ a	☐ k
Ein Sack Futter reicht für 7 Hühner 6 Wochen. Wie lang reicht er für 10 Hühner?	☐ p	☒ a	☐ k

12 Löse die Aufgaben.

a) Eine Firma plant 6 Maler für 24 Tage für ein Projekt ein.
Dem Auftraggeber dauert dies zu lange, deshalb werden vor dem Beginn der Arbeiten zwei weitere Mitarbeiter hinzugezogen.
Wie lange dauert das Projekt?

Das Projekt dauert 18 Tage.

b) In einem 2,5 m hohen quaderförmigen Raum sollen alle Wände zweimal gestrichen werden.
Sie sind 6,5 m und 4,5 m lang. Die Tür ist ca. 2 m hoch und 1 m breit. Das Fenster ist ca. 1,3 m hoch und 3 m breit.
Ein Eimer der gewünschten Farbe reicht für ca. 25 m².
Berechne, wie viele Eimer gekauft werden sollten.

$2{,}5\,m\cdot 2\cdot(6{,}5\,m+4{,}5\,m)=2{,}5\,m\cdot 20\,m=50\,m^2$ $50\,m^2-1\,m^2-3{,}9\,m^2=45{,}1\,m^2$ $45{,}1\,m^2\cdot 2=90{,}2\,m^2$

Vier Eimer sollten gekauft werden.

c) Unter welcher Bedingung ist eine lineare Funktion eine proportionale Zuordnung?

Wenn der Funktionswert von 0 gleich 0 ist, der Graph der Funktion also durch den Ursprung geht.

Funktionen

13 Kreuze die richtigen Antworten an.

a) Auf dem Graphen von $y = x - 2$ liegen … ☐ $P(2|6)$ ☒ $Q(0|-2)$ ☐ $R(15|10)$ ☐ $S(6|2)$

b) Gleichungen von linearen Funktion sind … ☒ $y = \frac{5}{6}$ ☐ $y = x^2 + 1$ ☒ $y = 2x + 1$ ☐ $\frac{2}{3}$

14 Löse die Aufgaben.

a) Beschrifte die Graphen der Funktionen.

$y_1 = 2x$ $y_2 = x + 2$
$y_3 = (x - 1{,}5)^2 + 2$ $y_4 = x^2 - 2$
$y_5 = 2\sin x$ $y_6 = 2^x$

b) Markiere alle Nullstellen.

c) Gib die Funktionstypen beider Funktionen an.

$y_2 = x + 2$ **lineare Funktion**

$y_3 = (x - 1{,}5)^2 + 2$ **quadratische Funktion**

d) Untersuche auf Symmetrie und ergänze.

$y_4 = x^2 - 2$ ist **achsensymmetrisch**

$y_5 = 2\sin(x)$ ist **punktsymmetrisch**

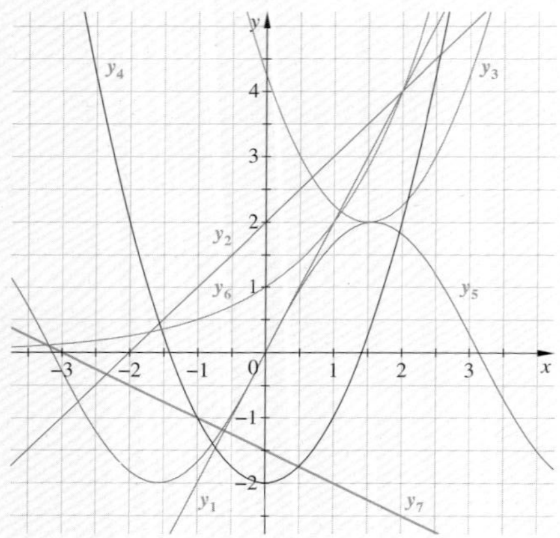

e) Ergänze zuerst die Wertetabelle zu $y = -0{,}5x - 1{,}5$. Zeichne danach den Graphen der Funktion.

x	−4	−2	−1	0	1	3	4
y	0,5	−0,5	−1	−1,5	−2	3	3,5

Daten und Zufall

15 Kreuze die richtigen Antworten an.

a) Wie viele verschiedene vierstellige Zahlen gibt es? ☒ 10^4 ☐ 9999 ☐ 4^{10} ☐ 1000

b) Mit welcher Wahrscheinlichkeit fällt bei einem regulären Spielwürfel eine Zahl, die kleiner als 3 ist? ☐ 0,2 ☒ $0,\overline{3}$ ☐ $\frac{1}{2}$ ☒ $\frac{1}{3}$

16 Löse die Aufgaben.

a) Schreibe alle dreistelligen Zahlen, in denen die „3", „5" und „7" genau einmal vorkommen, geordnet auf.

357 < 375 < 537 < 573 < 735 < 753

b) Wie groß ist die Wahrscheinlichkeit, mit dem Spielwürfel zu Netz ① eine „1" zu würfeln? **0,5**

c) Bei 500 Würfen ist 172-mal eine „3" gefallen. Welches Würfelnetz passt dazu? **①**

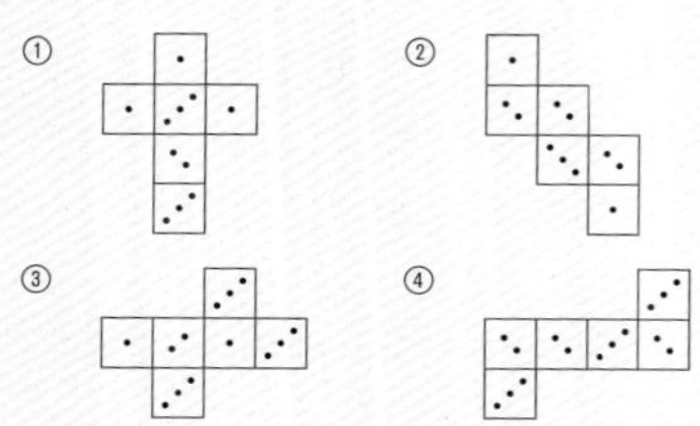

Winkel und Flächen

17 Kreuze die richtigen Antworten an.

a) Spitze Winkel sind … ☒ $\alpha = 40°$ ☐ $\beta = 130°$ ☒ $\gamma = 44°$ ☐ $\delta = 85°$

b) Überstumpfe Winkel sind … ☐ $\alpha = 91°$ ☒ $\beta = 181°$ ☒ $\gamma = 355°$ ☐ $\delta = 180°$

c) Jedes Quadrat ist auch eine Raute. ☒ wahr ☐ falsch

d) Jedes Quadrat ist auch ein Rechteck. ☒ wahr ☐ falsch

e) Jede Raute ist auch ein Rechteck. ☐ wahr ☒ falsch

f) Es gibt Dreiecke mit zwei rechten Winkeln. ☐ wahr ☒ falsch

g) Es gibt Vierecke mit drei stumpfen Winkeln. ☒ wahr ☐ falsch

h) Es gibt Vierecke mit zwei überstumpfen Winkeln. ☐ wahr ☒ falsch

18 Löse die Aufgaben.

a) Das Dreieck ABC ist gleichschenklig. Ermittle die Größe von α.
Hinweis: Die Skizze ist nicht maßstabsgetreu. **$\alpha = 67°$**

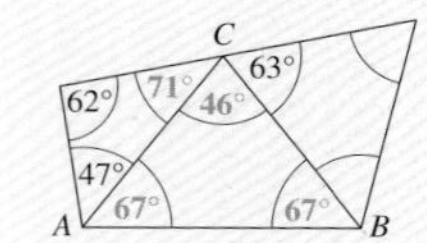

b) Gib den Flächeninhalt der unteren Figur an. **$A = 15{,}875\ cm^2$**

c) Gib den Umfang der unteren Figur an. Runde auf volle Zentimeter. **$u = 22\ cm$**

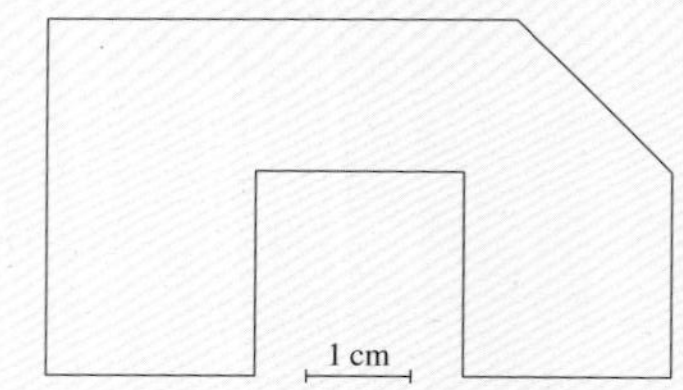

d) Zeichne ein Quadrat und ein Dreieck mit gleich großem Flächeninhalt wie bei der unteren Figur.

individuelle Lösung

e) Ein Quadrat ist im Maßstab 1 : 1 genau $4\ cm^2$ groß. Wie groß erscheint die Fläche im Maßstab 3 : 1? Begründe deine Antwort.

Ein Quadrat mit 2 cm langen Seiten ist $4\ cm^2$ groß. Im Maßstab 3 : 1 erscheinen die Seiten 6 cm lang.

Ein Quadrat mit 6 cm langen Seiten ist $36\ cm^2$ groß.

f) 160 Personen durften sich für eine von vier Farben entscheiden. Veranschauliche die Angaben in einem Kreisdiagramm.

Blau	Rot	Grün	Gelb
26	40	46	48

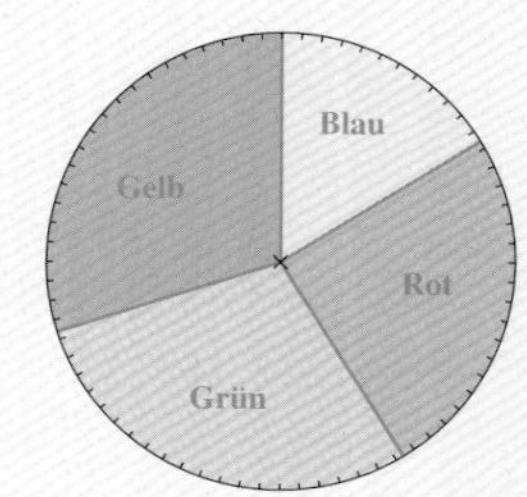

Körper

☺😐☹

19 Kreuze die richtigen Antworten an.

a) Volumeneinheiten sind …   ☒ l   ☐ m^2 ☒ cm^3 ☐ kg

b) Ein Würfel mit 8 cm Kantenlänge ist … groß.   ☒ 512 cm^3 ☒ 0,512 dm^3 ☒ 512 ml   ☒ 0,512 l

c) Ein rechtwinkliges Dreieck rotiert um eine Kathete. Welche Form hat der dadurch entstehende Körper?   ☐ Quader   ☐ Zylinder   ☒ Kegel   ☐ Prisma

20 Löse die Aufgaben.

a) Gib die gesuchten Größen an.

Kantenlängen: $a = 4$ cm

$b = 3$ cm

$c = 2$ cm

Grundfläche: $G = 12\ cm^2$

Volumen: $V = 24\ cm^2$

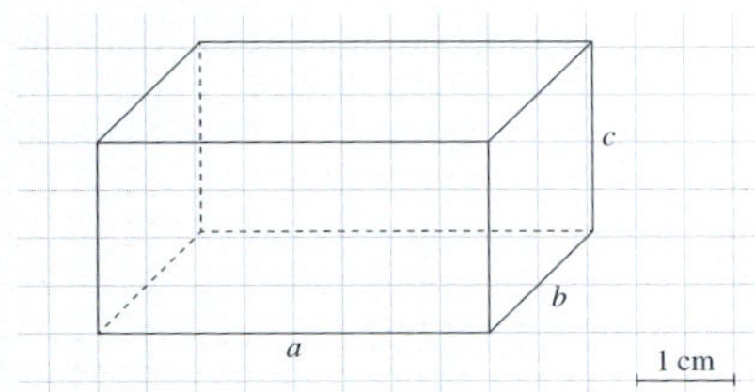

b) Vervollständige zum Schrägbild eines Quaders mit dem Volumen 20 cm^3.

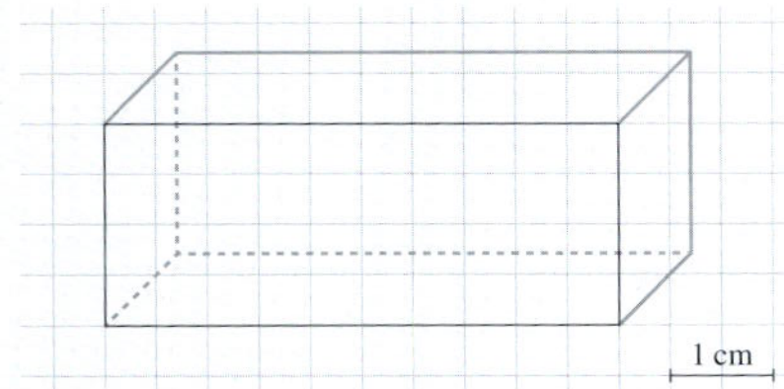

c) Wie viele Würfel mit 5 mm Kantenlänge passen in den 20 cm^3 großen Quader?

$8 \cdot 20 = 160$ **160 Würfel passen in den Quader.**

d) Stell dir vor, dass unter einem gleichmäßig tropfenden Wasserhahn jeweils eins der Gläser steht. Jedes der sehr dünnwandigen Gläser ist insgesamt 20 cm hoch. Beide Glasstiele sind 9 cm lang. Die Öffnungen oben haben 8 cm Durchmesser bzw. 8 cm lange Diagonalen.
Ordne zuerst mit Linien jedem Glas eine Bezeichnung für seine Form und eine Füllkurve zu.
Schätze danach, wie viel Milliliter drei der vier Gläser fassen können.

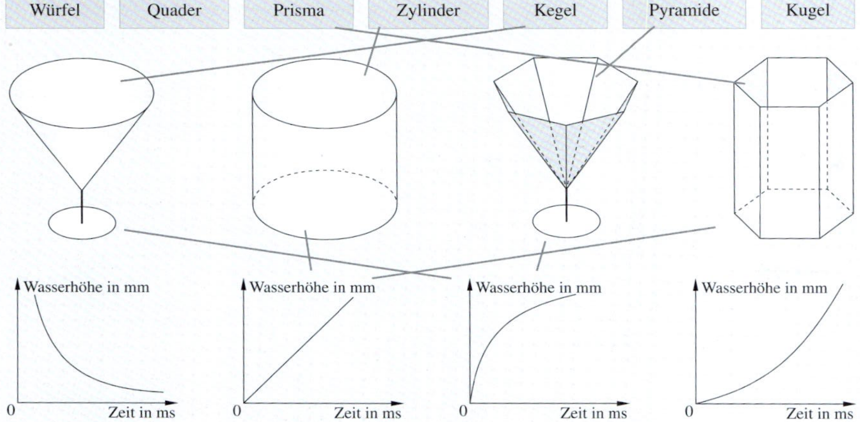

$V_{Kegel} \approx 200$ ml $V_{Zylinder} \approx 1000$ ml = 1 l $V_{Pyramide} \approx 1200$ ml = 1,2 l $V_{Prisma} \approx 180$ ml

Beispielaufgaben Hauptteil und Wahlaufgaben

Hinweis: Formelsammlung und Taschenrechner sind erlaubt. Rechne, wenn nötig, auf einem zusätzlichen Blatt.

1 Das fast rechteckige Badezimmer soll gefliest werden. Die Bereiche für Dusche und Badewanne werden dabei ausgespart.
Hinweis: Entnimm benötigte Maße der nicht maßstabsgetreuen Skizze.

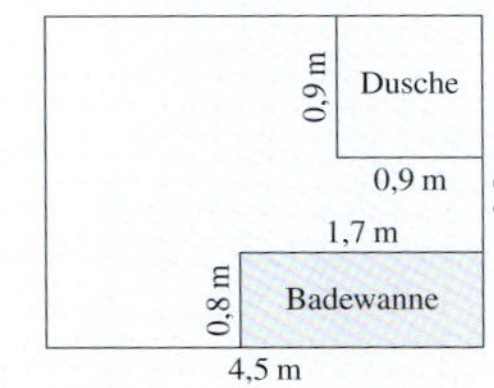

a) Gib die zu fliesende Fläche in Quadratmetern an.

$3{,}5\ m \cdot 4{,}5\ m - 0{,}9\ m \cdot 0{,}9\ m - 0{,}8\ m \cdot 1{,}7\ m = 13{,}58\ m^2$

Die zu fliesende Fläche ist ca. 13,6 m^2 groß.

b) Beim Verlegen von Fliesen ist mit ca. 15 % Verschnitt zu rechnen.
Wie viele Quadratmeter Fliesen sollte man kaufen?

$13{,}6\ m^2 \cdot 1{,}15 = 15{,}64\ m^2$ **Mindestens 15,64 m^2 Fliesen sind zu kaufen.**

2 Die Brüder Kolöhr sollen ein Haus streichen. Dafür haben sie zwei Leitern.
Die kürzere Leiter steht 2 m vom Haus entfernt auf dem Boden und trifft die Fassade auf halber Höhe in einem Winkel von 30°.
Die längere Leiter reicht bis zum Rand des Daches, wenn man sie 1 m von der Wand entfernt aufstellt.

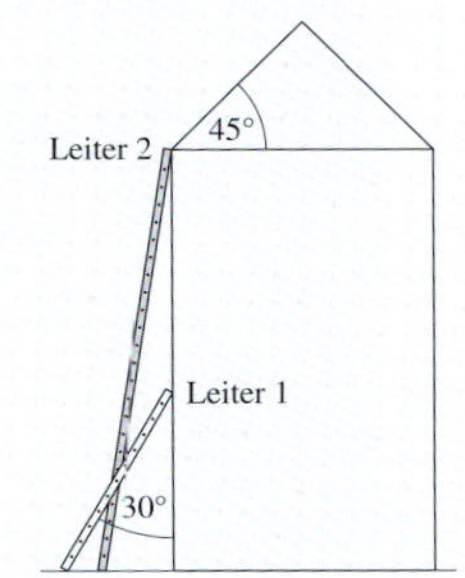

a) Berechne die Länge der kürzeren Leiter und die Höhe der Hausfassade.

$\sin(30°) = \frac{2\,m}{x}$ $x = 4$ m   **Die kürzere Leiter ist 4 m lang.**

$\tan(30°) \approx \frac{2\,m}{y}$ $y \approx 3{,}46$ m   **Die Fassade ist etwa 6,93 m hoch.**

b) Wie lang ist die längere Leiter? In welchem Winkel trifft sie auf die Hausfassade?
Ist die Leiter zum Streichen der Fassade am Dach geeignet?

$x^2 = (1\ m)^2 + (6{,}93\ m)^2$ $x \approx 7$ m   **Die längere Leiter ist 7 m lang.**

$\sin(\alpha) = \frac{1\,m}{7\,m}$ $\alpha \approx 8{,}21°$ **Der Winkel beträgt etwa 8,21°.**

Die Leiter ist nicht geeignet, da sie bei diesem Winkel schnell umkippen kann.

c) Das Dach hat eine Neigung von 45° und das Haus ist an der Giebelseite 7 m lang.
Berechne, wie hoch das Haus samt Dach ist.

$\tan(45°) = \frac{x}{\frac{7}{2}}$ $x = 3{,}5$ m $3{,}5\ m + 6{,}93\ m = 10{,}43\ m$

Das Haus ist samt Dach etwa 10,43 m hoch.

3 Die Skizze zeigt den Querschnitt einer Glaskaraffe mit runder Grundfläche.

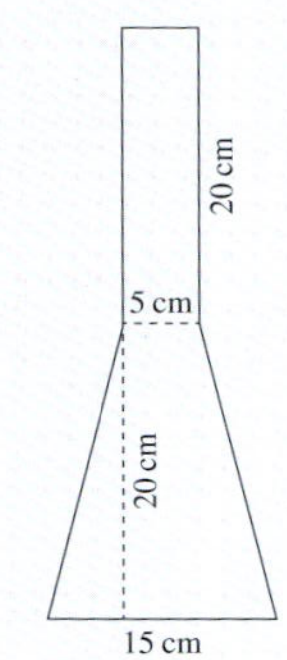

a) Passen 2 l Wasser in die Karaffe? Begründe deine Antwort mit einer Rechnung.

$V = \left(\frac{0{,}5\,dm}{2}\right)^2 \cdot \pi \cdot 2\,dm + \left(\left(\frac{1{,}5\,dm}{2}\right)^2 \cdot \pi \cdot 3\,dm - \left(\frac{0{,}5\,dm}{2}\right)^2 \cdot \pi \cdot 1\,dm\right) : 3 \approx 2{,}09\,dm^3 = 2{,}09\,l$

In die Karaffe passen gerade so 2 l Wasser.

b) Die Karaffe steht unter einem Wasserhahn, aus dem 0,4 ml Wasser in je 12 Sekunden tropfen.
Nach wie vielen Stunden ist 1 l Wasser darin, wenn sie am Anfang leer war?

1 l = 1000 ml   0,4 ml → 12 s;   1 ml → 30 s (= 0,5 min);   1000 ml → 500 min ($= 8\frac{1}{3}$ h)

Nach 8 Stunden und 20 Minuten ($8\frac{1}{3}$ h) ist 1 l Wasser darin.

4 Gegeben sind Graphen quadratischer Funktionen.

a) Kreuze Zutreffendes an.

	y_1	y_2	y_3	y_4	y_5
Die Parabel ist weder gestaucht noch gestreckt.	×	×	×		
Der Faktor vor x^2 ist negativ.			×		×

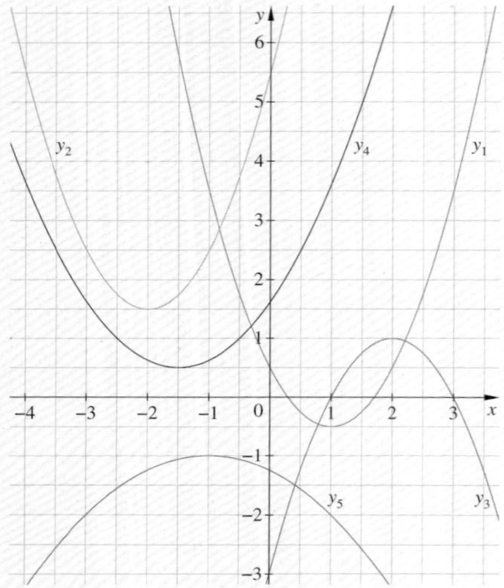

b) Gib zu allen fünf Graphen die Funktionsgleichung zuerst in Scheitelpunktform und danach in Normalform an.

$y_1 = (x-1)^2 - 0{,}5 =$ $x^2 - 2x + 0{,}5$

$y_2 = (x+2)^2 + 1{,}5 =$ $x^2 + 4x + 5{,}5$

$y_3 = -(x-2)^2 + 1 =$ $-x^2 + 4x - 3$

$y_4 = 0{,}5 \cdot (x+1{,}5)^2 + 0{,}5 = 0{,}5x^2 + 1{,}5x + 1{,}625$

$y_5 = -0{,}25 \cdot (x+1)^2 - 1 =$ $-0{,}25x^2 - 0{,}5x - 1{,}25$

5 Die Mitglieder eines Sportvereins verteilen sich auf PKWs und Kleinbusse.
In einem PKW sind je 4 Personen, im Kleinbus je 7. Am Ende fahren die 59 Personen mit 11 Fahrzeugen.

a) Gib ein Gleichungssystem zur Berechnung der Anzahl der PKWs (p) und der Kleinbusse (b) an.

b) Löse das Gleichungssystem und gib an, wie viele PKWs und Kleinbusse fahren.

I	$4 \cdot p + 7 \cdot b = 59$			
II	$p + b = 11$	$(p = 11 - b)$		
	$4 \cdot (11 - b) + 7 \cdot b = 59$			
	$44 - 4b + 7 \cdot b = 59$	$\mid -44$		
	$3b = 15$	$\mid :3$	$p + 5 = 11$	$\mid -44$
	$b = 5$		$p = 6$	

Es fahren 6 PKWs und 5 Kleinbusse.

6 Berechne die Lösungen der quadratischen Gleichungen.

a) $x^2 + 6x + 9 = 0$
z. B.
$x_1 = -\frac{6}{2} + \sqrt{\left(\frac{6}{2}\right)^2 - 9} = -3 + 0 = -3$ $x_2 = -\frac{6}{2} - \sqrt{\left(\frac{6}{2}\right)^2 - 9} = -3 - 0 = -3$ Lösung: -3

b) $x^2 + x - 2 = 0$
z. B.
$x_1 = -\frac{1}{2} + \sqrt{\left(\frac{1}{2}\right)^2 + 2} = -0{,}5 + 1{,}5 = 1$ $x_2 = -\frac{1}{2} - \sqrt{\left(\frac{1}{2}\right)^2 + 2} = -0{,}5 - 1{,}5 = -2$ Lösungen: 1; -2

7 Aus einer kreisförmigen Baumscheibe mit einem Umfang von 3,2 m soll eine möglichst große quadratische Tischplatte ausgeschnitten werden.

a) Wie lang ist die Diagonale der Tischplatte? Wie lang und breit ist die Tischplatte?

$3{,}2\,\text{m} = \pi \cdot d$ $d \approx 1{,}02\,\text{m}$ Die Diagonale der Tischplatte ist etwa 1 m lang.

$1{,}02\,\text{m}^2 = x^2 + x^2$ $x \approx 0{,}71\,\text{m}$ Die Tischplatte ist 0,71 m lang und breit.

b) Die Tischplatte ist 3,5 cm dick. Das Eichenholz, aus dem sie gefertigt wird, hat eine Dichte von $680\frac{\text{g}}{\text{l}}$.
Berechne, wie viel Kilogramm die fertige Tischplatte schwer sein wird.

$0{,}35\,\text{dm} \cdot 7{,}1\,\text{dm} \cdot 7{,}1\,\text{dm} = 17{,}6435\,\text{dm}^3$ Die Tischplatte hat ein Volumen von $17{,}6435\,\text{dm}^3 = 17{,}6435\,\text{l}$.

$17{,}6435 \cdot 0{,}680\,\text{kg} \approx 12{,}00\,\text{kg}$ Die Tischplatte wird etwa 12 kg schwer sein.

8 Graphen im Koordinatensystem

a) Zeichne in das Koordinatensystem die Gerade g mit der Funktionsgleichung $y = -2x + 5$ ein.

b) Zeichne eine Gerade h durch den Punkt $P(2\,|\,3)$, die zu g senkrecht verläuft. Gib die Funktionsgleichung der Geraden h an. $y = 0{,}5x + 2$

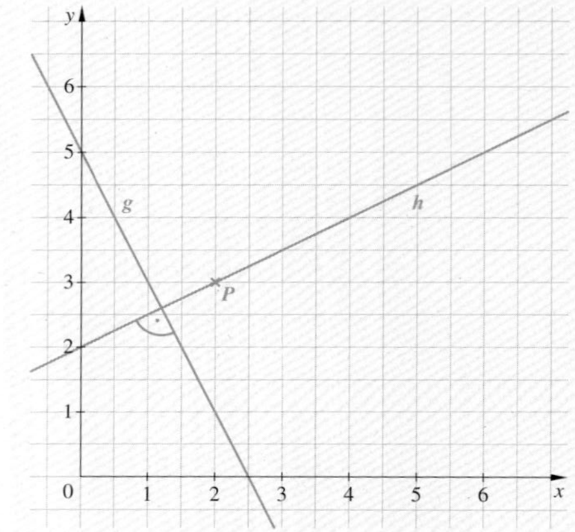

c) Ermittle die Nullstellen von g und h.

$0 = -2x + 5$	$\mid -5$	$0 = 0{,}5x + 2$	$\mid -2$
$-5 = -2x$	$\mid :(-2)$	$-2 = 0{,}5x$	$\mid :0{,}5$
$2{,}5 = x$		$-4 = x$	

d) Prüfe mithilfe einer Rechnung, ob der Punkt $Q(1\,|\,2{,}5)$ auf den Geraden g und h liegt.

g: $-2 \cdot 1 + 5 = 3 \neq 3$ h: $0{,}5 \cdot 1 + 2 = 2{,}5$

Der Punkt $Q(1\,|\,2{,}5)$ liegt auf der Geraden h, aber nicht auf g.

9 Olivia fand im Internet folgende Abbildung zum Ausländeranteil in Deutschland.

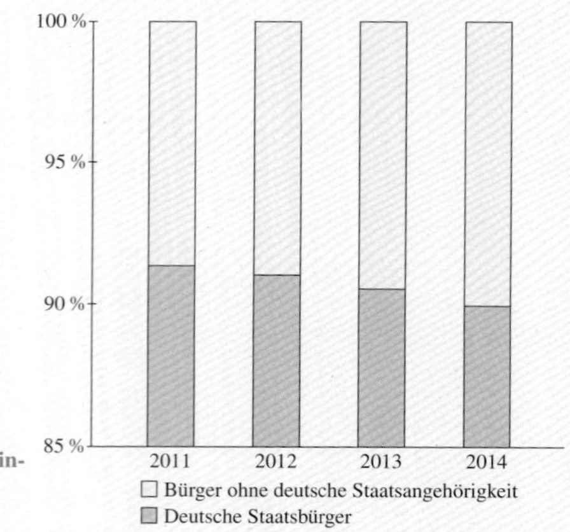

a) In Deutschland lebten in dem Zeitraum ca. 80 Millionen Menschen. Gib die Anzahl der Personen mit deutscher Staatsangehörigkeit im Jahr 2012 an.

$0{,}91 \cdot 8\,000\,000 = 72\,800\,000$

Ca. 72 800 000 deutsche Staatsbürger gab es 2012.

b) Gib an, wodurch das Diagramm einen falschen Eindruck in Bezug auf den Anteil der Bürger ohne deutsche Staatsangehörigkeit erzeugt.

Die Achsen des Diagramms beginnen nicht bei „0".

Dadurch entsteht der Eindruck, die Mehrheit der Einwohner haben keine deutsche Staatsangehörigkeit.

c) Zeichne Kreisdiagramme, die den Anteil der Bürger mit und ohne deutsche Staatsangehörigkeit im Jahr 2011 und 2014 darstellen.

☐ Anteil der Bürger mit deutscher Staatsangehörigkeit

☐ Anteil der Bürger ohne deutsche Staatsangehörigkeit

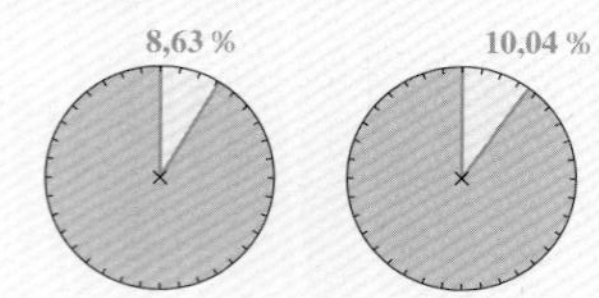

10 Linus und Hedda haben jeweils 1500 €.
Linus legt sie für 5 Jahre mit 2,1 % Jahreszinsen an. Hedda legt ihr Geld mit 1,5 % Jahreszinsen für 7 Jahre an.
Berechne den Unterschied beider Guthaben am Ende der jeweiligen Laufzeit bei Verzinsung mit Zinseszins.
Was meinst du dazu?

Linus: $1\,500\,€ \cdot 1{,}0215 \approx 1\,664{,}25\,€$ Hedda: $1\,500\,€ \cdot 1{,}0157 \approx 1\,664{,}70\,€$

Hedda hat am Ende der Laufzeit 55 Cent mehr.

Jedoch erst zwei Jahre später. Das Angebot von Linus ist besser.

11 Die abgebildete Kelle fasst laut Verpackung 0,4 l.
Kann die Angabe stimmen?
Begründe deine Entscheidung.

Die Kelle hat etwa die Form einer Halbkugel.

$V = \left(\frac{4}{3} \cdot \pi \cdot r^3\right) : 2$

$0{,}4\ dm^3 = \left(\frac{4}{3} \cdot \pi \cdot r^3\right) : 2$	$\mid \cdot 2$	
$0{,}8\ dm^3 = \frac{4}{3} \cdot \pi \cdot r^3$	$\mid : \left(\frac{4}{3} \cdot \pi\right)$	
$0{,}19\ dm^3 = r^3$	$r \approx 0{,}57\ dm = 5{,}7\ cm$	

Die Angabe kann stimmen.

12 Eine Firma stellt Stahlkugeln für große Kugellager her. Eine der Kugeln wiegt ca. 1,41 kg.
Der verwendete Stahl hat eine Dichte von 7,86 kg/dm³.

a) Berechne den Durchmesser der Kugeln.

$1{,}41\ kg : 7{,}86\ kg \approx 0{,}18$	$0{,}18\ dm^3 = \frac{4}{3} \cdot \pi \cdot r^3$	$\mid : \left(\frac{4}{3} \cdot \pi\right)$	
	$0{,}043\ dm^3 = r^3$	$r \approx 0{,}35\ dm = 3{,}5\ cm$	$d = 2 \cdot 3{,}5\ cm = 7\ cm$

Der Durchmesser der Stahlkugeln beträgt 7 cm.

b) Jede der Stahlkugeln wird in einem möglichst kleinen würfelförmigen Karton versandt.
Gib in Prozent den Anteil der Verpackung, der mit Kugeln ausgefüllt werden kann, an.

$V_{Würfel} = (0{,}7\ dm)^3 = 0{,}343\ dm^3$ $\frac{180}{343} \approx 53\,\%$ Ca. 53 % der Verpackung kann ausgefüllt werden.

c) Wie verändert sich das Verhältnis von Kugel und Füllmaterial, wenn sich der Durchmesser der Kugel verdoppelt?

Das Verhältnis ändert sich nicht, da sich sowohl das Volumen der Kugel als auch das Volumen der Verpackung verachtfachen.

13 Bei einem Würfelspiel wird ein regulärer 12-seitiger Würfel zweimal geworfen.
Auf acht der Seiten steht eine „0", auf einer eine „2" und auf dem Rest eine „1".
Einmal spielen kostet 1 €, am Ende bekommt man die Summe der beiden Würfe ausbezahlt.

a) Vervollständige das Baumdiagramm.

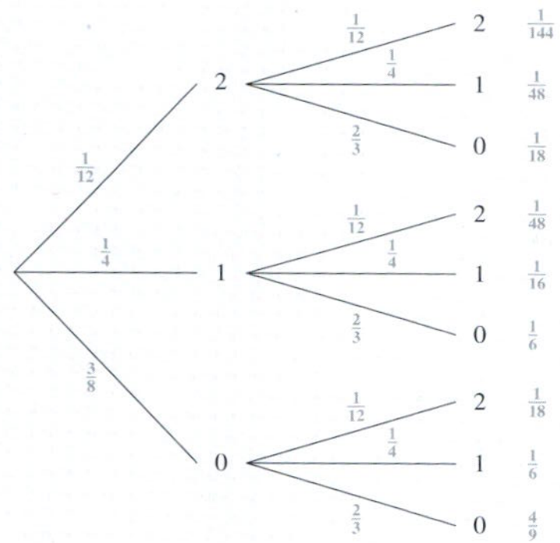

b) Gib jeweils die Wahrscheinlichkeit an, am Ende 0 €, 1 €, 2 €, 3 € und 4 € ausbezahlt zu bekommen.

$P(0\,€) = \frac{4}{9}$

$P(1\,€) = \frac{1}{6} + \frac{1}{6} = \frac{2}{6} = \frac{1}{3}$

$P(2\,€) = \frac{1}{18} + \frac{1}{16} + \frac{1}{18} = \frac{25}{144}$

$P(3\,€) = \frac{1}{48} + \frac{1}{48} = \frac{2}{48} = \frac{1}{24}$

$P(4\,€) = \frac{1}{144}$

Die Chance, nichts zu bekommen, beträgt $\frac{4}{9}$, $\frac{1}{3}$ für 1 €, $\frac{25}{144}$ für 2 €, $\frac{1}{24}$ für 3 € und $\frac{1}{144}$ für 4 €.

Beispielaufgaben Abschlussprüfung

Allgemeiner Teil

Hinweis: In der Prüfung sind in diesem Prüfungsteil keine Hilfsmittel, d. h. Taschenrechner und Formelsammlung, zugelassen.
Auf dieser und der folgenden Seite stehen Pflichtaufgaben. Löse alle.

1 Berechne. 3 Punkte

a) 42 012 : 6 = 7 002 **b)** 485 · 2,05 = 994,25 **c)** $\frac{9}{10} - \frac{1}{3} = \frac{17}{30}$

2 Wandle um. 1 Punkt

98 900 cm³ = 98,900 dm³ = 0,0989 m³

3 Schreibe die Zahl als Dezimalzahl. 1 Punkt

$1{,}408 \cdot 10^{-3} = 0{,}001408$

4 Ein neuer Pool wurde erstmalig mit Wasser gefüllt. 1 Punkt
Der Wasserzulauf war gleichmäßig.
Kreuze den Graphen an, der den Füllvorgang am besten darstellt.

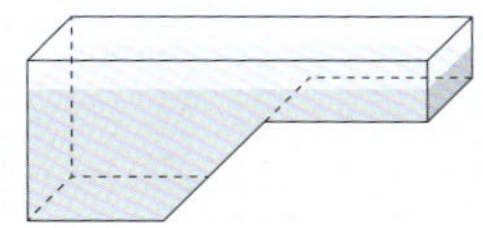

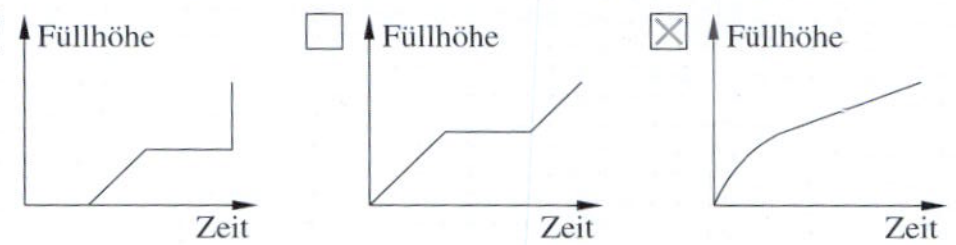

☐ ☐ ☒

5 Ein Küchentisch und vier Stühle kosten insgesamt 349 €. Der Tisch kostet allein 159 €. 1 Punkt
Mit welcher der Gleichungen kann der Preis eines Stuhles berechnet werden? Kreuze an.

☐ $4x + 349 = 159$ ☐ $349 + 159 = 4x$ ☒ $349 - 4x = 159$ ☐ $4x - 349 = 159$

6 Auf einem Tisch liegen genau drei unterschiedliche Ziffernkarten. 2 Punkte
Wie viele Zahlen kann man damit legen?
Hinweis: Einstellige, zweistellige und dreistellige Zahlen sind erlaubt.

15 Zahlen kann man damit legen. (7; 8; 9; 78; 79; 87; 89; 97; 98; 789; 798; 879; 897; 978; 987)

7 Zum Ende des ersten Halbjahres wurde erfasst, was die Schülerinnen und Schüler nach den Sommerferien machen werden. Ergänze die fehlenden Angaben. 2 Punkte

	Anzahl der Schülerinnen und Schüler	Anteil
Berufsausbildung oder weiterer Schulbesuch	90	62,5 %
Freiwilliges soziales Jahr oder Praktikum	18	12,5 %
ist noch offen	36	25,0 %

8 Die Äquatorlänge beträgt rund 40 000 km. 1 Punkt
Wie lange bräuchte ein Fußgänger, der 8 Stunden pro Tag läuft, um eine derartig lange Strecke zurückzulegen?
Überschlage und kreuze an.
Hinweis: Ein Fußgänger hat eine Geschwindigkeit von rund 5 $\frac{km}{h}$.

☐ 52 Wochen ☒ 2 Jahre 9 Monate ☐ 18 Monate ☐ 5 Jahre

9 Diese Netze gehören zu zwei regulären Spielwürfeln. 3 Punkte

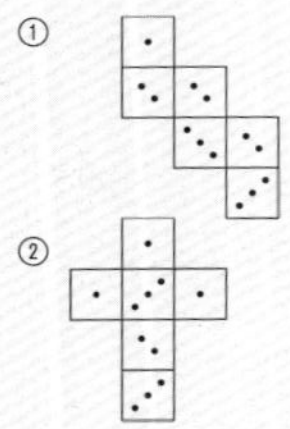

a) Kennzeichne in jedem Netz die Linie, die beim Falten zum Würfel an die blaue Linie stößt.

b) Wie groß ist die Wahrscheinlichkeit, mit Würfel ① eine „3" zu würfeln? $\frac{1}{3}$

c) Bei 800 Würfen mit einem der Würfel ist in 127 Fällen eine „1" gefallen. Welcher der beiden Würfel wurde mit größerer Wahrscheinlichkeit genutzt? **Würfel ①**

10 Berechne den Flächeninhalt der Figur. 2 Punkte
Hinweis: Die Skizze ist nicht maßstabsgetreu.

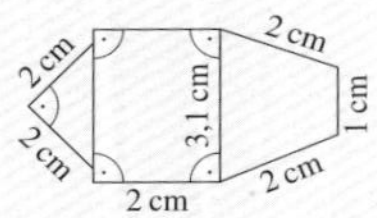

10 cm²

11 Das Dreieck ABC ist gleichseitig. 2 Punkte
Gib die Größe des Winkels δ an.
Hinweis: Die Skizze ist nicht maßstabsgetreu.

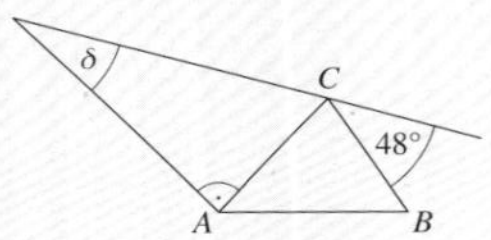

$\delta = 18°$

12 Fasse so weit wie möglich zusammen. 2 Punkte

$20a^2 + 2ab - 2a^2 + 2b^2 + 2ab^2 - 2b^2 =$ **$18a^2 + 2ab + 2ab^2$**

13 Zeige, dass der Punkt $P(-2\,|\,3{,}7)$ auf dem Graphen mit der Gleichung $y = -2x - 0{,}3$ liegt. 1 Punkt

$-2 \cdot (-2) - 0{,}3 = 4 - 0{,}3 = 3{,}7$

14 Aus sieben Würfeln mit 1 cm² großen Flächen soll ein größerer Würfel gelegt werden. 3 Punkte

a) Wie viele Würfel fehlen dafür? Kreuze an.

☒ ein Würfel ☐ zwei Würfel ☐ drei Würfel ☐ vier Würfel

b) Aus den sieben Würfeln wurde ein Prisma mit 1 cm² großer Grundfläche gelegt. Gib das Volumen V und die Größe der Oberfläche A_O des Prismas an.

$V = 7\ \text{cm}^3$ **$A_O = 30\ \text{cm}^2$**

15 Ordne nach der Größe. Beginne mit dem kleinsten Wert. 2 Punkte

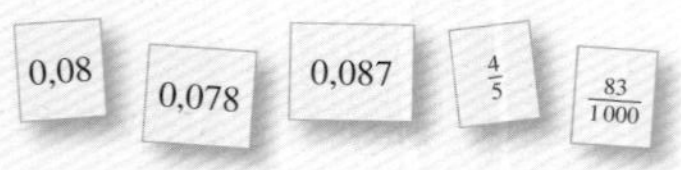

0,078 < **0,08** < **$\frac{83}{1000}$** < **0,087** < **$\frac{4}{5}$**

16 Untersuche die Spielkarte auf Symmetrie. Kreuze an. 1 Punkt

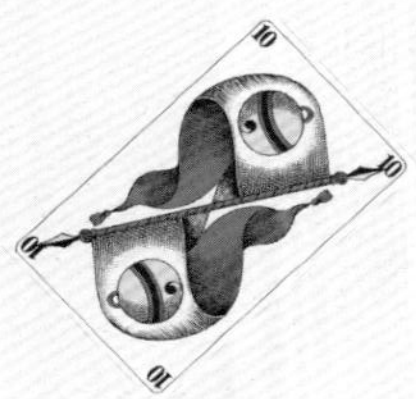

☐ achsensymmetrisch
☒ punktsymmetrisch
☐ nicht symmetrisch

Hauptteil

Hinweis: In der Prüfung sind in diesem Prüfungsteil keine Hilfsmittel, d. h. Taschenrechner und Formelsammlung, zugelassen. Auf dieser Seite stehen Pflichtaufgaben. Löse alle.

1 Löse das folgende Gleichungssystem. 3 Punkte
I $4y = 3x + 15{,}5$
II $y = 6x - 4$
$L = (1{,}5;\ 5)$

2 Ermittle die Nullstellen der quadratischen Funktion mit der Gleichung $y = x^2 + 3x - 10$. 4 Punkte
$x_1 = 2;\ x_2 = -5$

3 Das Glas ist insgesamt ca. 15 cm hoch. 5 Punkte

a) Wie viel Milliliter des Drinks befinden sich etwa im Glas?
100 ml bis 150 ml

b) Wo passt mehr hinein? In ein zylinderförmiges Glas mit einem genauso hohen Hohlraum und halb so großer Grundfläche oder ins abgebildete Glas?
zylinderförmiges Glas

4 Zwei reguläre sechsseitige Spielwürfel werden gleichzeitig geworfen. Die Summe beider Augenzahlen ist zwei. 2 Punkte

a) Mit welcher Wahrscheinlichkeit tritt dieses Ereignis ein?
$\frac{1}{36}$

b) Mit welcher Wahrscheinlichkeit ist die Summe größer als zwei?
$\frac{35}{36}$

5 An einem Taschendrachen ist eine 50 m lange Schnur so befestigt, dass der Drachen bei einem Winkel von rund 55° in der Luft bleibt. 3 Punkte
Welche Höhe erreicht er somit?
Gib das Ergebnis mit sinnvoller Genauigkeit an.
40 m

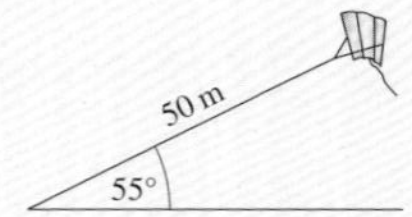

6 Eine Gerade g hat die Funktionsgleichung $y = \frac{2}{5}x - 3$. 6 Punkte
Ermittle mithilfe eines Koordinatensystems die passenden Funktionsgleichungen.

a) Die Gerade h verläuft parallel zu g und durch $P(0\,|\,0)$.
$y = \frac{2}{5}x$

b) Die Gerade i verläuft senkrecht zu g und durch $P(0\,|\,0)$.
$y = -2{,}5x$

7 Die durchschnittliche Verteilung der 4 565 Kunden auf die Wochentage ist der Grafik zu entnehmen. 3 Punkte
Etwa 60 % davon sind weiblich.
Die Geschlechterverteilung ist an jedem Tag etwa gleich.
Wie viele männliche Kunden kommen etwa am Montag?
Hinweis: Berechne die Anzahl aller männlichen Kunden.
274 männliche Kunden

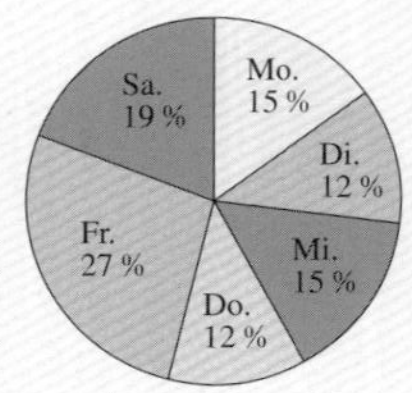

8 Gegeben sind die Punkte $A(3\,|\,2)$, $B(11\,|\,2)$ und $C(4\,|\,6)$ eines Dreiecks ABC. 7 Punkte
Hinweis: 1 Einheit ≙ 1 cm

a) Zeichne das Dreieck ABC in ein Koordinatensystem ein.
individuelle Lösung

b) Gib den Flächeninhalt des Dreiecks an.
16 cm²

c) Berechne den Umfang des Dreiecks, ohne dabei die Länge einer Strecke zu messen.
20,19 cm

9 An Klaras 14. Geburtstag legte ihre Oma für sie 6 000 € mit einem Zinssatz von jährlich 2,1 % an. Am 21. Geburtstag wird alles ausgezahlt werden. Über welchen Betrag kann Klara dann verfügen? 2 Punkte
6 939,55 €

Wahlaufgaben

Hinweis: In der Prüfung sind in diesem Prüfungsteil keine Hilfsmittel, d. h. Taschenrechner und Formelsammlung, zugelassen.
Auf dieser Seite stehen Wahlaufgaben. Wähle zwei aus und löse sie.

1 Koordinatensystem — 10 Punkte

a) Ermittle den Scheitelpunkt S der Parabel mit der Funktionsgleichung $y = x^2 - 4x - 3$.
$S(2|-7)$

b) Zeichne die Parabel zu $y = x^2 - 4x - 3$ in ein Koordinatensystem ein.
Zeichnung

c) Zeichne ein Dreieck ABC, dessen Eckpunkte die beiden Nullstellen und der Scheitelpunkt sind, ein.
Gib die Art des Dreiecks ABC an.
gleichschenkliges, spitzwinkliges Dreieck

d) Durch Spiegeln des Dreiecks ABC an der x-Achse entsteht ein Viereck.
Gib die Art des Vierecks $ABCB'$ und seinen Flächeninhalt an.
Raute (Rhombus); 37 cm²

2 Auf einem Tisch liegen 12 Karten. Nur auf drei der Karten sind Kleeblätter. — 10 Punkte
Einen Preis erhält, wer nacheinander zufällig alle drei Kleeblätter aufdeckt.
Einen Trostpreis erhält, wer in einem Versuch zufällig zwei Kleeblätter aufdeckt.
Nach jedem Versuch, d. h. vor dem Aufdecken von drei Karten, wir neu gemischt.

a) Zeichne ein passendes Baumdiagramm.

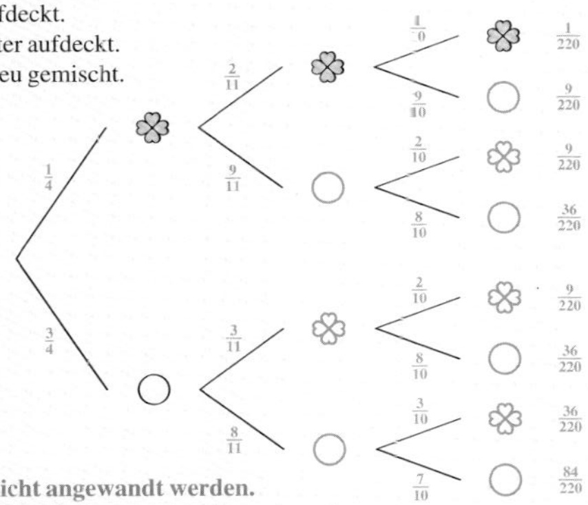

b) Ermittle folgende Wahrscheinlichkeiten.

$P(\text{„Preis“}) = \frac{1}{220}$ $\qquad$ $P(\text{„Trostpreis“}) = \frac{27}{220}$

c) Versehentlich blieb ein Kleeblatt aufgedeckt.
Ermittle unter dieser Bedingung folgende Wahrscheinlichkeiten.

$P(\text{„Preis“}) = \frac{1}{55}$ $\qquad$ $P(\text{„Trostpreis“}) = \frac{9}{110}$

d) Paul sagt: „Läuft alles entsprechend der Regeln, gibt es bei je 3 von 10 Versuchen einen Preis bzw. Trostpreis.“
Was meinst du dazu?
Das muss nicht sein. Das Gesetz der großen Zahlen kann so nicht angewandt werden.
Die Wahrscheinlichkeit „hat kein Gedächtnis“ und „zählt nicht“ die Anzahl der Versuche mit.

3 Für ein Dreieck ABC gilt: $a = 7{,}7$ cm; $b = 3{,}6$ cm und $\alpha = 90°$. — 10 Punkte

a) Zeichne das Dreieck und beschrifte es.
Zeichnung

b) Berechne die fehlenden Seitenlängen und Winkelgrößen.
$c \approx 6{,}8$ cm; $\beta = 25°$ und $\gamma = 65°$

c) Stell dir vor, dass das Dreieck ABC um die Seite c gedreht wird.
Benenne den dadurch entstehenden Rotationskörper.
Berechne die Größe seiner Oberfläche.
Kegel $A_O \approx 128$ cm²

4 Ein Briefbeschwerer aus Stahl hat die Form eines Prismas mit Loch für einen Stift. — 10 Punkte
Zwei der Flächen sind gleichschenklige Trapeze.
Hinweis: $\varrho = 7{,}86\,\frac{g}{cm^3}$

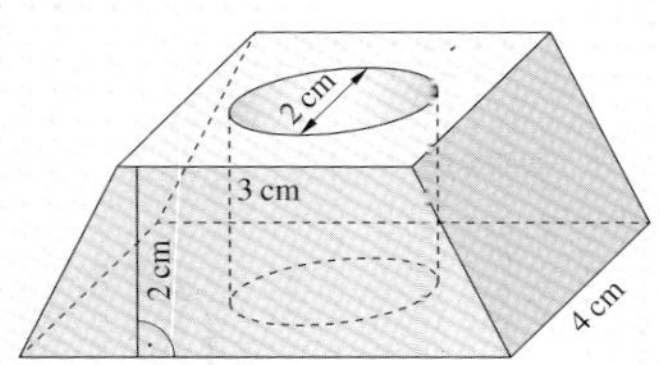

a) Berechne die Masse des Briefbeschwerers.
0,2 kg

b) Eine Stahlkugel hat einen Radius von 10 cm.
Wie viele der Briefbeschwerer könnte man aus dem Stahl herstellen?
162 Briefbeschwerer

c) Der Briefbeschwerer steht vollständig auf einem Untersetzer aus Filz.
Welchen Durchmesser muss der Untersetzer mindestens haben?
6,40 cm

5 Ergänze die Tabelle zu verschiedenen rechtwinkligen Dreiecken *ABC*.

α	10°			50°		
$\sin(\alpha)$		0,50				0,90
$\cos(\alpha)$					0,50	
$\tan(\alpha)$			1			

6 Entscheide, welcher der beiden spitzen Winkel der größere ist.
Trage das entsprechende Zeichen ein.

a) $\cos(\alpha) = \frac{3}{5}$ und $\cos(\beta) = \frac{2}{5}$ α ☐ β

b) $\sin(\alpha) = \frac{3}{5}$ und $\sin(\beta) = \frac{3}{7}$ α ☐ β

c) $\cos(\alpha) = \frac{3}{5}$ und $\cos(\beta) = \frac{2}{3}$ α ☐ β

d) $\sin(\alpha) = \frac{2}{5}$ und $\sin(\beta) = \frac{3}{7}$ α ☐ β

e) $\tan(\alpha) = 2$ und $\tan(\beta) = 3$ α ☐ β

f) $\tan(\alpha) = \frac{3}{5}$ und $\tan(\beta) = \frac{4}{7}$ α ☐ β

Anwenden und Vernetzen

7 Dächer mit einem Neigungswinkel von 30° bis 45° bieten in Deutschland die besten Voraussetzungen für eine Installation von Sonnenkollektoren.

a) Ein symmetrisches Satteldach ist 9,8 m breit.
Welche Höhe sollte es mindestens bzw. höchstens haben, damit die Voraussetzungen für Sonnenkollektoren optimal sind? Wie groß ist die insgesamt zu deckende Dachfläche, wenn das Haus 12 m lang ist?
Hinweis: Fertige eine Skizze an.

b) Ein symmetrisches Satteldach ist 10,5 m breit. Die Länge der Dachkanten am Giebel beträgt 8,3 m.
Ist es für die Installation von Sonnenkollektoren geeignet?

Strecken- und Winkelberechnungen

▶ Grundwissen

- Seitenlängen oder Winkelgrößen in rechtwinkligen Dreiecken können mithilfe von Sinus, Kosinus und Tangens oder dem Satz des Pythagoras berechnet werden. Die Größe eines zweiten Winkels und einer Seite bzw. zweier Seiten eines rechtwinkligen Dreiecks müssen dazu bekannt sein.
- Ist es möglich, Figuren in rechtwinklige Dreiecke zu zerlegen, so können unbekannte Streckenlängen oder Winkelgrößen ermittelt werden.

Beispiel: Berechne den Flächeninhalt A des Rechtecks $ABCD$.

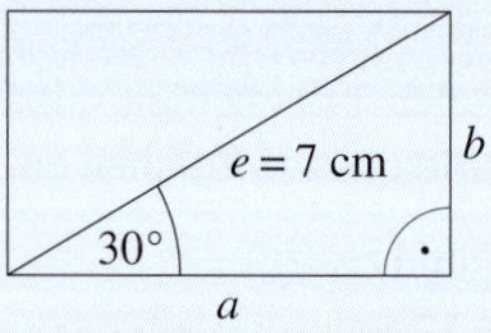

$\sin(30°) = \frac{b}{7\,\text{cm}}$ und $\sin(30°) =$ ________, man erhält $b =$ ________.

$a^2 + b^2 = e^2$, man erhält $a \approx$ ________. $A = a \cdot b \approx$ ________

____

____

▶ **Auftrag:** Ergänze das Beispiel und notiere einen anderen Lösungsweg, ohne den Satz des Pythagoras anzuwenden.

Trainieren

1 Berechne jeweils die Größe des blau markierten Winkels bzw. die Länge der Strecke.

a) 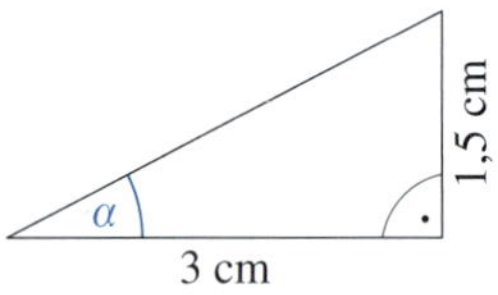

b) 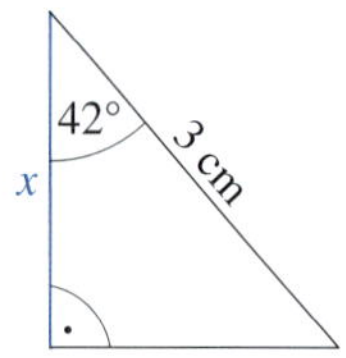

c) 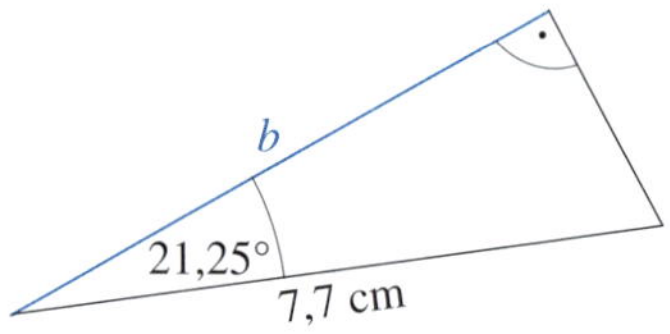

d) 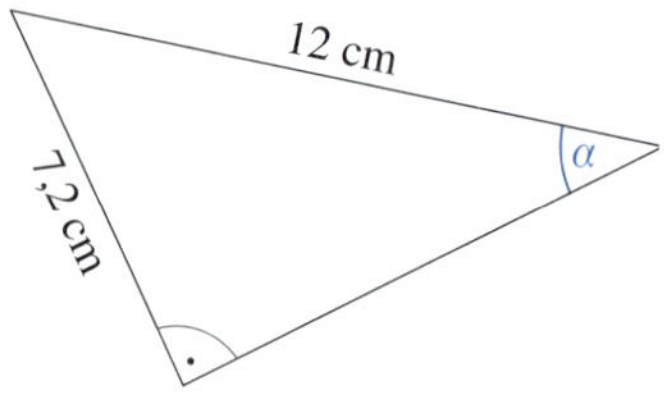

e) 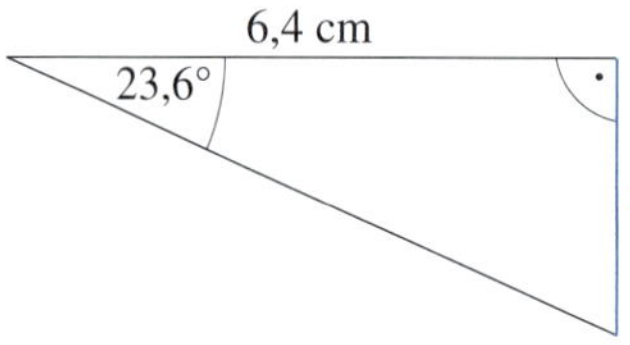

f) 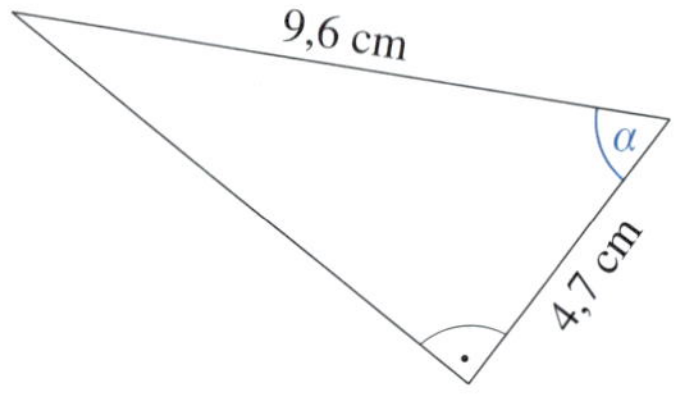

2 Berechne die fehlenden Stücke in den rechtwinkligen Dreiecken ABC mit $\gamma = 90°$.
Hinweis: Nutze zum Rechnen, wenn nötig, ein zusätzliches Blatt.

a	b	c	α	β	A	h
4,0 m		5,0 m				
	5,0 cm		45°			
5,0 dm						2 dm
	26 cm				4,16 dm^2	

3 In den gleichschenkligen Dreiecken ABC sind die Winkel α und β gleich groß.
Ergänze die Tabelle.

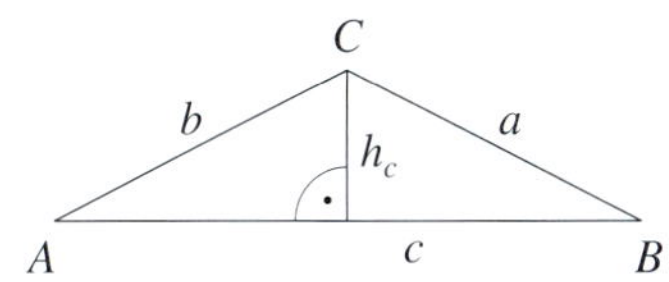

a	c	α	β	γ	h_c	A
4,5 cm	7,0 cm	39°				
2,3 m				50°		
	4,0 m			70°		

4 Berechne den Flächeninhalt des Parallelogramms $ABCD$.
Hinweis: $A_{\text{Parallelogramm}} = a \cdot h_a$

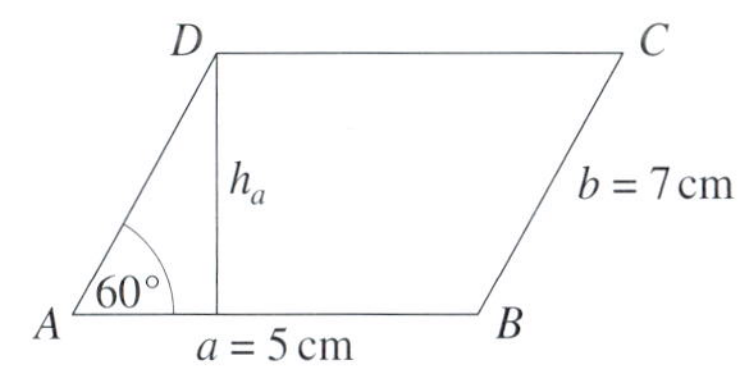

Anwenden und Vernetzen

5 Eine bewegliche Kamera ist am Hausdach in einer Höhe von 27 m angebracht.
Berechne mithilfe der angegebenen Maße den Abstand e der Dächer und die Höhe h des gegenüberliegenden Hauses.
Zusatzaufgabe: Prüfe mit einer Zeichnung auf einem zusätzlichen Blatt, ob deine Ergebnisse stimmen können.

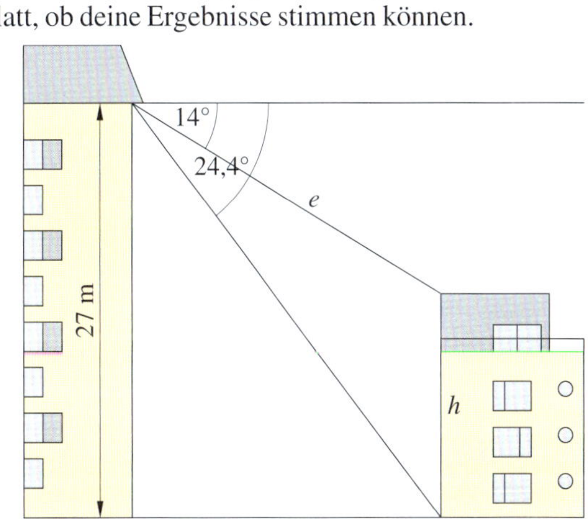

6 Eine gerade Pyramide hat eine quadratische Grundfläche mit 5,0 m langen Seiten.
Der Neigungswinkel zwischen Seitenfläche und der Grundfläche beträgt 45 °.

a) Berechne die Höhe der Pyramide.

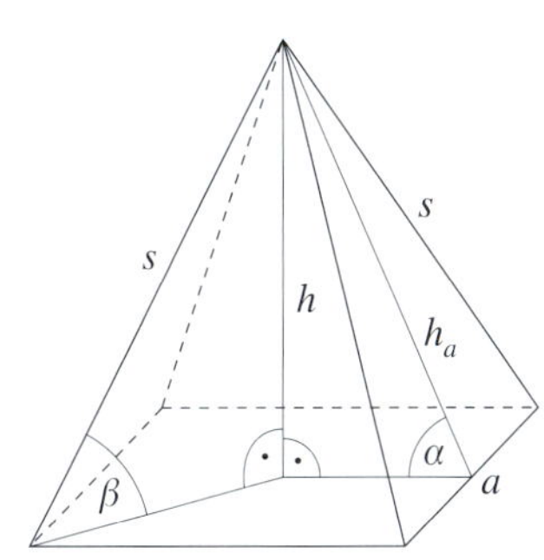

b) Berechne den Neigungswinkel einer Seitenkante gegenüber der Grundfläche.

Sinus- und Kosinussatz

▶ Grundwissen

- Sinussatz: In jedem Dreieck ABC gilt:
  $\frac{a}{\sin(\alpha)} = \frac{b}{\sin(\beta)} = \frac{c}{\sin(\gamma)}$
- Kosinussatz: In jedem Dreieck ABC gilt:
  $a^2 = b^2 + c^2 - 2bc \cdot \cos(\alpha)$
  $b^2 = a^2 + c^2 - 2ac \cdot \cos(\beta)$
  $c^2 = a^2 + b^2 - 2ab \cdot \cos(\gamma)$

Beispiel:

$\frac{6{,}1\text{ cm}}{\sin(47°)} = \frac{\square}{\sin(52°)}$

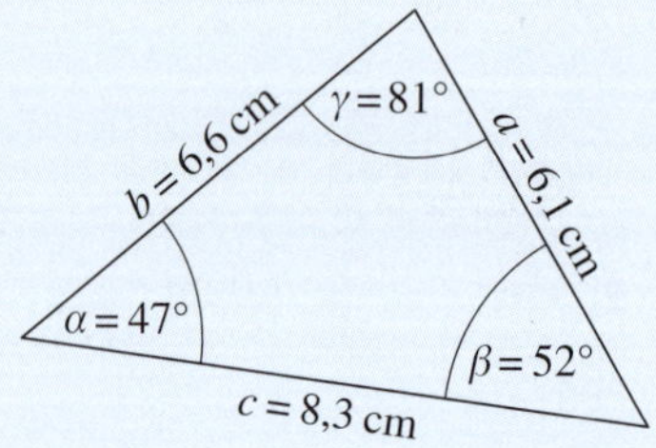

$a^2 = (6{,}6\text{ cm})^2 + (8{,}3\text{ cm})^2 -$ ____________

▶ **Auftrag:** Ergänze die Beispiele.

Trainieren

1 Berechne die fehlenden Seitenlängen mithilfe des Sinussatzes.

a)

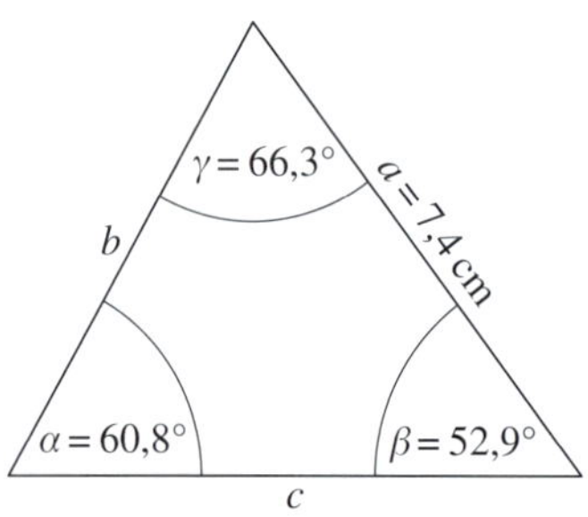

$\frac{b}{\square} = \frac{\square}{\square}$

____

$\frac{c}{\square} = \frac{\square}{\square}$

____

b)

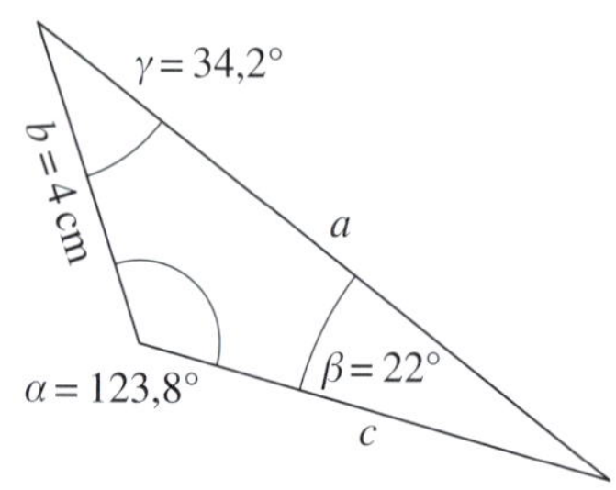

$\frac{a}{\square} = \frac{\square}{\square}$

____

$\frac{c}{\square} = \frac{\square}{\square}$

____

2 Berechne die fehlenden Winkelgrößen mithilfe des Sinussatzes.
Zusatzaufgabe: Prüfe mithilfe der Innenwinkelsumme von Dreiecken, ob deine Ergebnisse stimmen können.

a)

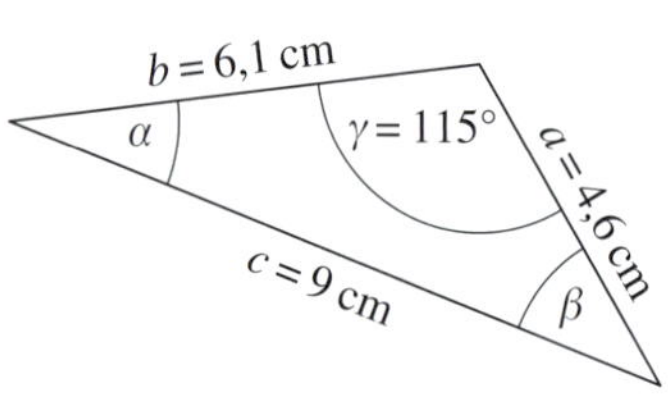

$\frac{\sin(\alpha)}{\square} = \frac{\square}{\square}$

____

$\frac{\sin(\beta)}{\square} = \frac{\square}{\square}$

____

b)

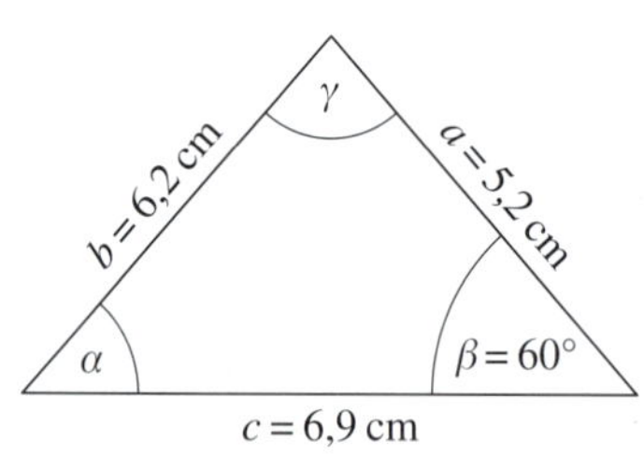

$\frac{\sin(\alpha)}{\square} = \frac{\square}{\square}$

____

$\frac{\sin(\gamma)}{\square} = \frac{\square}{\square}$

____

3 Berechne die fehlende Seitenlänge mithilfe des Kosinussatzes.

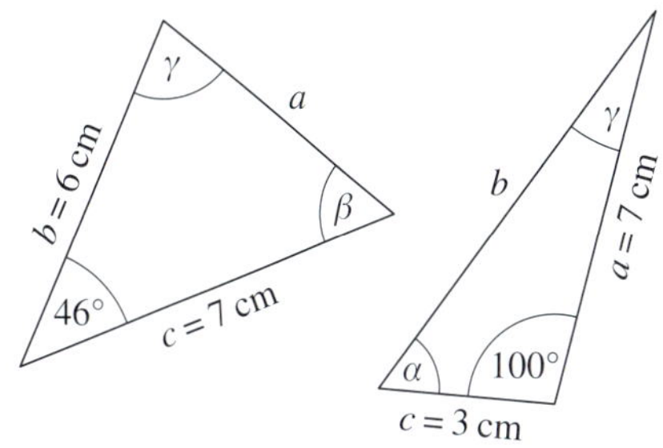

4 Berechne die drei Winkelgrößen mithilfe des Kosinussatzes.
Zusatzaufgabe: Prüfe mithilfe der Innenwinkelsumme von Dreiecken, ob deine Ergebnisse stimmen können.

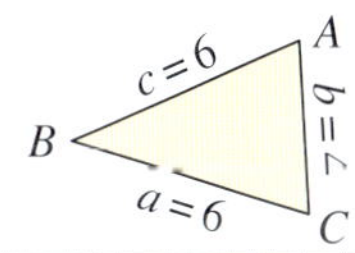

Anwenden und Vernetzen

5 Berechne alle fehlenden Seitenlängen und Winkelgrößen.
Schreibe die Ergebnisse an die Skizze.
Hinweis: Die Skizze ist nicht maßstabsgetreu.

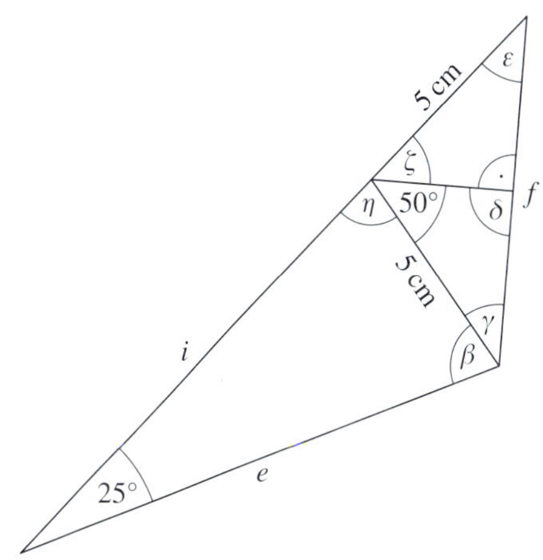

6 Flora ist auf dem Leuchtturm Westerheversand. Deniz und Yasmin stehen auf der Eingangshöhe des Turms.
Sie sind etwa 100 m voneinander entfernt.
Flora sieht beide in einem Sichtwinkel von ca. 10°.
Deniz sieht Flora in einem Sichtwinkel von ca. 10°.
Er schätzt, dass der Leuchtturm Westerheversand 25 m hoch ist.
Yasmin sieht Flora in einem Sichtwinkel von 20°.
Sie schätzt, dass der Leuchtturm Westerheversand 40 m hoch ist. Wer schätzt besser?
Hinweis: Die Skizze ist nicht maßstabsgetreu.

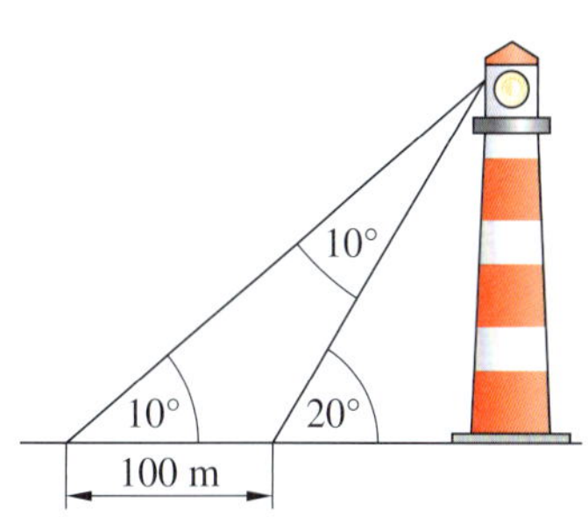

Streuung von Daten

▶ Grundwissen

- Wenn es zwischen zwei Merkmalen einen Zusammenhang gibt, dann zeigt sich das im Streudiagramm.
- Mithilfe einer Ausgleichsgeraden kann man lineare Zusammenhänge verdeutlichen.

Beispiel: Rehe im Untersuchungsgebiet
Die Ausgleichsgerade zeigt, dass mit ca. ____ Rehen je 10 ha gerechnet werden kann.
Die Verteilung der Rehe ist sehr unterschiedlich.

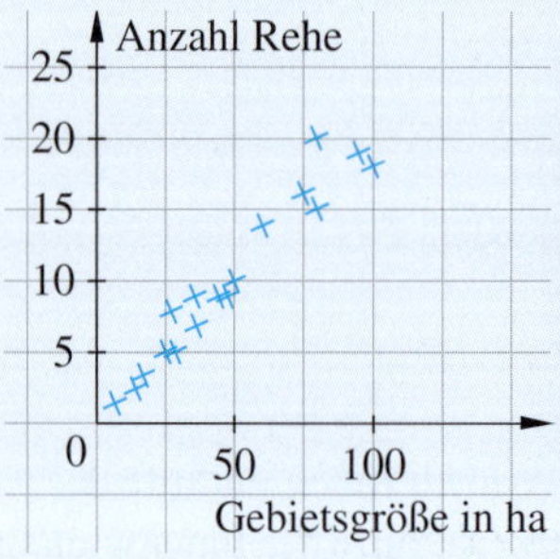

▶ **Auftrag:** Zeichne eine Ausgleichsgerade ein und ergänze den Satz.

Trainieren

1 Diagramm ①

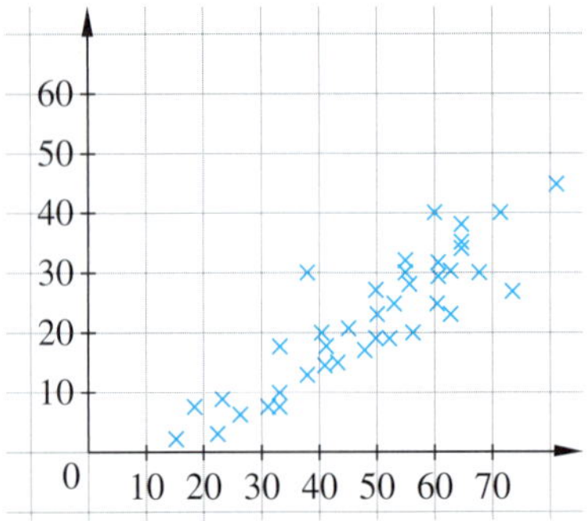

Diagramm ②

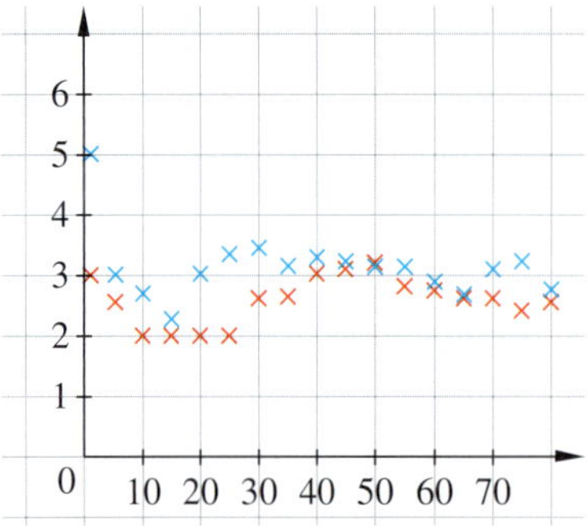

Diagramm ③

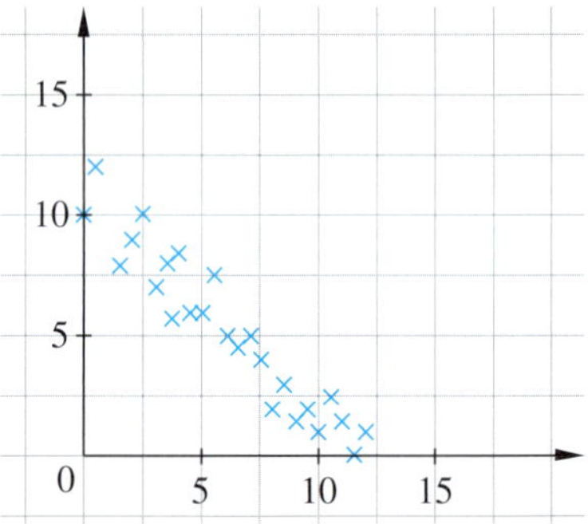

a) Ordne zuerst jedem Diagramm eine der Zuordnungen zu.
Kreuze danach alle dazu passenden Aussagen an.

Diagramm ____ : Regenstunden pro Tag in den Sommerferien → Zeit im Freien pro Tag

- ☐ Je mehr Regenstunden, desto weniger Zeit hat Celina pro Tag im Freien verbracht.
- ☐ Bei viermal so vielen Regenstunden hat Celina nur noch halb so viel Zeit im Freien verbracht.
- ☐ An einem Tag war Celina gar nicht draußen.

Diagramm ____ : Schulterhöhe von Hunden in cm → Masse in kg

- ☐ Die hier untersuchten Hunde haben eine Schulterhöhe zwischen 10 cm und 90 cm.
- ☐ Je größer ein Hund ist, desto schwerer ist er in der Regel.
- ☐ Je 10 cm kommen etwa 5 kg hinzu.

Diagramm ____ : Anzahl der Würfe mit einem Würfel → durchschnittliche Augenzahl nach je fünf Würfen

- ☐ Beim ersten Würfeln hatte Paula eine „5“ und Paul eine „3“.
- ☐ Die durchschnittliche Augenzahl nach fünfzig Würfen ist sowohl bei Paul als auch bei Paula etwa 3.
- ☐ Nach 100 Würfen ist die durchschnittliche Augenzahl größer als nach fünfzig Würfen.

b) Zeichne in jedes Diagramm eine Ausgleichsgerade ein.

c) Gib den Zusammenhang, den die Ausgleichsgerade verdeutlicht, mit einem Satz an.
Zusatzaufgabe: Gib eine passende Gleichung an.

Diagramm ①: ____________________

Diagramm ②: ____________________

Diagramm ③: ____________________

2 800-m-Zeiten der Klassenstufen

Klassenstufe	5	6	7	8	9	10
Zeit des Ersten (in min)	2:44	2:47	2:27	2:32	2:17	2:18
Zeit des Zweiten (in min)	2:45	2:50	2:34	2:33	2:32	2:25
Zeit des Dritten (in min)	3:01	3:12	2:39	3:05	2:35	2:59

a) Veranschauliche die Daten im Diagramm.

b) Zeichne eine Ausgleichsgerade ein.

c) Gib den Zusammenhang, den die Ausgleichsgerade verdeutlicht, mit einem Satz an.
Zusatzaufgabe: Gib eine passende Gleichung an.
Rechne dafür in Sekunden um.

____

____

____

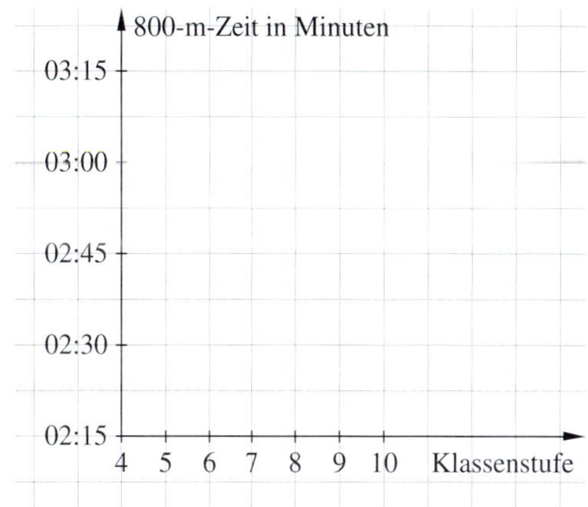

Anwenden und Vernetzen

3 Die Anzahl der im Haushalt lebenden Personen und die dazugehörige Anzahl der Zimmer wurden in einer Umfrage erfasst.
Hinweis: Zimmer mit weniger als 10 m^2 wurden als halbe Zimmer gezählt.

Personen	1	1	1	2	2	2	3		4	4	4	4	5	5	5	
Zimmer	1		2,5		2	3		3,5		3	4			4,5	5	5

a) Ergänze die fehlenden Daten in der Tabelle und im Diagramm.

b) Zeichne zuerst im Diagramm eine Ausgleichsgerade ein.
Gib danach den Zusammenhang, den die Ausgleichsgerade verdeutlicht, mit einem Satz an.
Zusatzaufgabe: Gib eine passende Gleichung an.

____

____

____

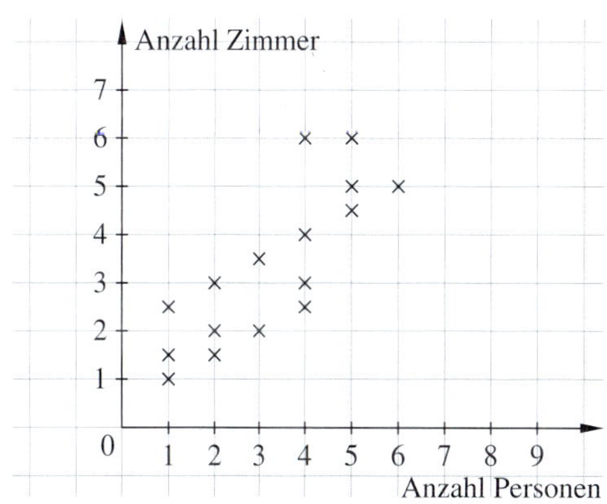

c) Kreuze den zur Anzahl der Personen passenden Boxplot an.

☐ 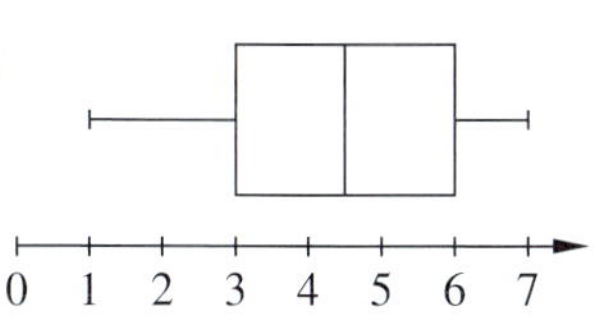

☐ 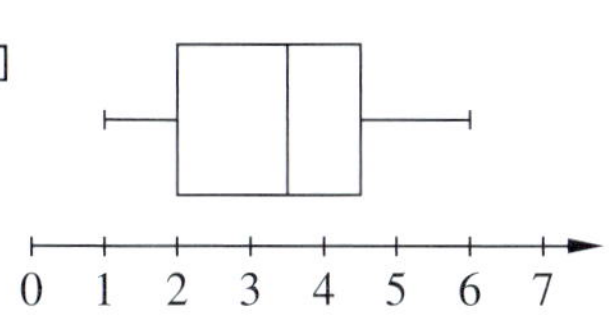

☐ 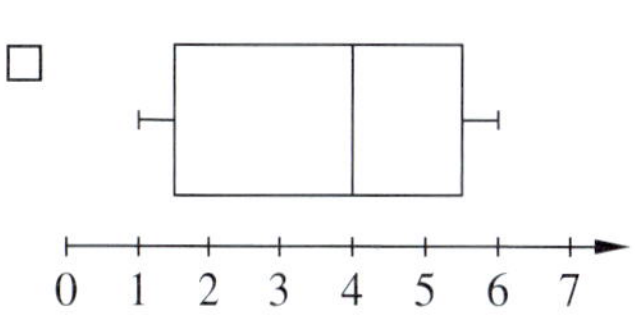

d) Erstelle zuerst eine geordnete Liste zur Anzahl der Zimmer.
Gib danach die Kennwerte an und vervollständige den Boxplot.

geordnete Liste: _______________

Minimum: _____ Maximum: _____ arithmetisches Mittel: _____

Median: _____ unteres Quartil: _____ oberes Quartil: _____

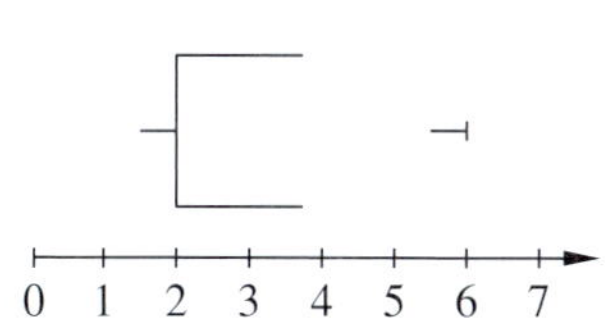

Manipulationen

▶ Grundwissen

Befragungen und ihre Ergebnisse können manipuliert (beeinflusst) werden.

Beispiele: ______

______

______

▶ **Auftrag:** Nenne drei Ansätze zur Manipulation von Befragungen und Darstellungen.

Trainieren

1

① Umfrage zu gemeinsamer Schulkleidung an unserer Schule

Frage 1: Kreuze alle Vorteile an, die mit gemeinsamer Schulkleidung verbunden sind.

☐ kein Ausgrenzen aufgrund der Kleidung
☐ mehr Gleichbehandlung
☐ weniger Druck, neue Sachen zu kaufen
☐ mehr Zusammengehörigkeitsgefühl

Frage 2: Bist auch du für gemeinsame Schulkleidung nur für den Unterricht?

☐ ja ☐ nein

② Umfrage zu gemeinsamer Schulkleidung an unserer Schule

Frage 1: Welche Schulkleidung wünschst du dir? Wähle ein Shirt und eine Hose.

☐ blaues Shirt ☐ weißes Shirt
☐ beiges Shirt ☐ schwarzes Shirt
☐ blaue Hose ☐ beige Hose
☐ schwarze Hose

Frage 2: Sollte jeder stets die Wahl haben zwischen zwei Oberteilen, z. B. blaues oder weißes Shirt, und zwei Unterteilen, z. B. Hose oder Rock?

☐ ja ☐ nein ☐ weiß nicht

③ Umfrage zur Einführung von Schuluniformen an unserer Schule

Frage 1: Kreuze alle Nachteile an, die mit gemeinsamer Schulkleidung verbunden sind.

☐ Man muss auch hässliche Kleidung anziehen.
☐ Man wird schnell verwechselt.
☐ Man kann neue Sachen nicht mehr zeigen.
☐ Jeder sieht, auf welche Schule man geht.

Frage 2: Möchtest du, dass Schuluniformen an unserer Schule eingeführt werden?

☐ ja ☐ nein
☐ hängt vom Aussehen ab

a) Stell dir vor, du kennst jeweils nur den einen Fragebogen. Kreuze auf jedem Fragebogen an.

b) Nach welcher Umfrage werden am ehesten Schuluniformen an der Schule eingeführt?

______

c) Welchen Einfluss hat das Foto auf das Umfrageergebnis?

______

d) Jede der Umfragen enthält Manipulationen. Nenne jeweils zwei Beispiele.

2 Auswertungen der Ergebnisse einer Umfrage zu gemeinsamer Schulkleidung

①

	Mädchen	Jungen
ja	188	203
nein	173	152
weiß nicht	142	142

②

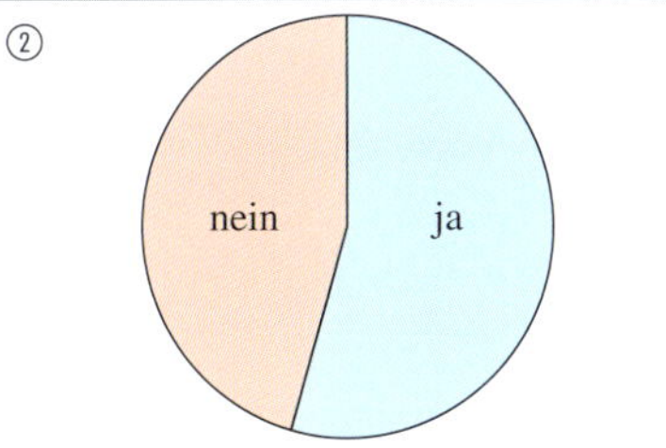

③

④

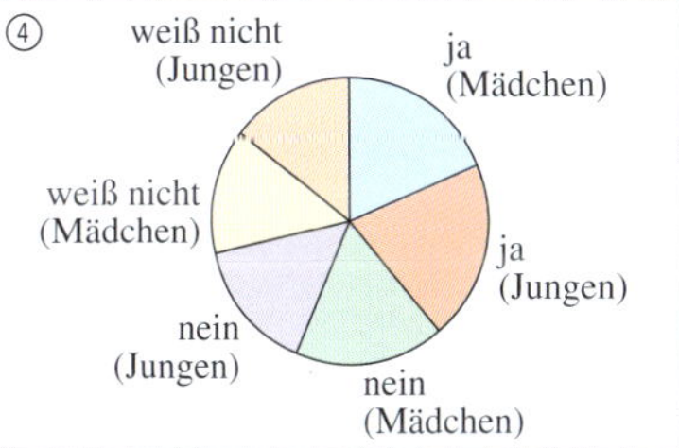

⑤

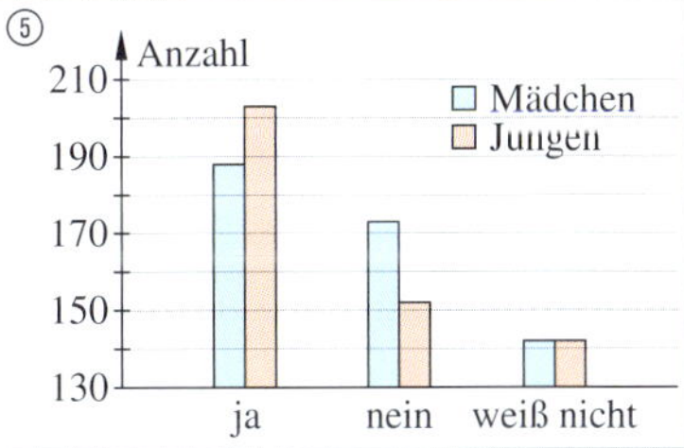

⑥

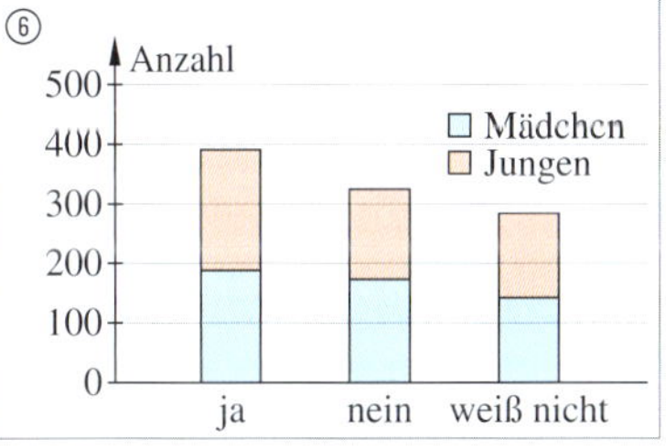

a) Welche drei Darstellungen sind aus deiner Sicht am stärksten manipulierend? Kreuze an. ☐ ① ☐ ② ☐ ③ ☐ ④ ☐ ⑤ ☐ ⑥

b) Wofür könnte jemand Darstellung ② bzw. ④ nutzen?

____

____

Anwenden und Vernetzen

3

a) Bewerte folgende Aussagen zu den Abbildungen zum Kaufpreis von Einfamilienhäusern und zum Energieverbrauch. Entscheide, ob sie zu den Inhalten des Diagramms auf den ersten Blick passen (p) oder nicht passen (np).

Aussage ①: „Die Preise von Einfamilienhäusern haben sich mehr als verdoppelt.“ ☐ p ☐ np

Aussage ②: „Die Preise von Einfamilienhäusern werden immer weiter steigen.“ ☐ p ☐ np

Aussage ③: „Die Preise von Einfamilienhäusern sind gestiegen.“ ☐ p ☐ np

Aussage ④: „Die Preise von Einfamilienhäusern sind höher, als die Häuser wert sind.“ ☐ p ☐ np

Aussage ⑤: „Das teuerste Haus hat die Energieeffizienzklasse A.“ ☐ p ☐ np

Aussage ⑥: „Bei Energieeffizienzklasse F ist der Energieverbrauch etwa doppelt so hoch wie bei A.“ ☐ p ☐ np

Aussage ⑦: „Die beste Energieeffizienzklasse ist A.“ ☐ p ☐ np

b) Können Aussagen aus Teilaufgabe **a** durch die Darstellungen belegt werden?

____

c) Zusatzaufgabe: Suche drei Beispiele für Manipulationen im Alltag.

Mehrstufige Zufallsexperimente

▶ Grundwissen

- Produktregel: Die Wahrscheinlichkeit eines Ergebnisses ist gleich dem Produkt der Wahrscheinlichkeiten der einzelnen Teilergebnisse.
- Summenregel: Die Wahrscheinlichkeit eines Ereignisses ist gleich der Summe der Wahrscheinlichkeiten von allen Ergebnissen, die zu diesem Ereignis gehören.

Beispiel: Je einer Tür wird ein Schlüssel zufällig zugeordnet.
Zu jeder der drei Türen passt genau ein Schlüssel.

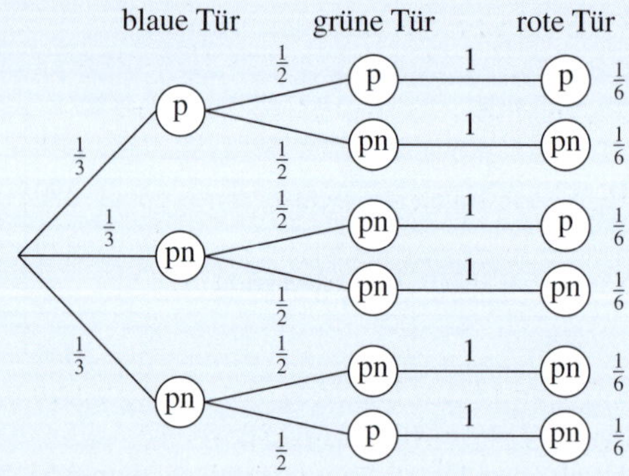

Die Wahrscheinlichkeit, dass zufällig alle drei Schlüssel richtig zugeordnet werden, ist $\frac{1}{6}$, denn

___

Die Wahrscheinlichkeit, dass zufällig genau ein Schlüssel richtig zugeordnet wird, ist $\frac{1}{2}$, denn

___

▶ **Auftrag:** Markiere die jeweils passenden Pfade und ergänze die Rechnungen.

Trainieren

1 Auf dem Wäscheständer sind von Paul:
drei T-Shirts (je ein grünes, blaues und rotes),
zwei Hosen (je eine grüne und blaue) und
zehn Paar Sportsocken (neun blaue und ein grünes).
Paul interessiert sein Outfit wenig.
Er zieht an, was zufällig zuerst gegriffen wurde.
Nur gleichfarbige Socken sind ihm wichtig.

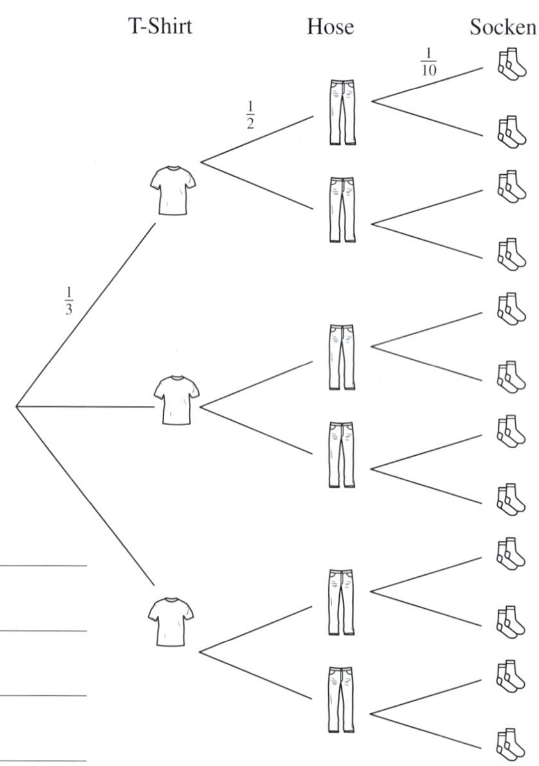

a) Stelle alle möglichen Outfits im Baumdiagramm dar.
Hinweis: Färbe die Teile ein.

b) Ergänze die Wahrscheinlichkeiten an den Ästen.

c) Trage die Wahrscheinlichkeit jedes Ergebnisses ein.

d) Ermittle die Wahrscheinlichkeiten folgender Ereignisse.
Hinweis: Markiere die jeweils passenden Pfade.

P („nur blaue Kleidungsstücke") = ___

P („rotes T-Shirt, blaue Hose, grüne Socken") = ___

P („genau zwei gleichfarbige Kleidungsstücke") = ___

P („mindestens zwei gleichfarbige Kleidungsstücke") = ___

P („drei verschiedenfarbige Kleidungsstücke") = ___

P („gleiche Socken- und Hosenfarbe") = ___

e) Zusatzaufgabe: Das grüne T-Shirt ist kaputt und kann nicht mehr angezogen werden.
Ermittle dementsprechend die Wahrscheinlichkeiten folgender Ereignisse.

P („drei verschiedenfarbige Kleidungsstücke") = ___

P („zwei verschiedenfarbige Kleidungsstücke") = ___

2 In einer Kiste sind fünf blaue, drei schwarze und zwei grüne Stifte.
Laura und Michael nehmen nacheinander je einen der Stifte.
Die Farbe bleibt dem Zufall überlassen.

a) Keiner der beiden legt seinen Stift zurück in die Kiste.
Ergänze zuerst das Baumdiagramm.
Ermittle danach die Wahrscheinlichkeiten folgender Ereignisse.
Hinweis: Bei „oder“ muss eines oder beides vorliegen.

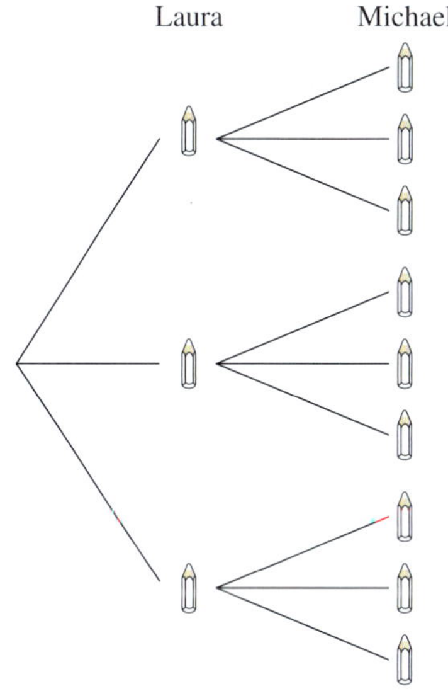

P(„zwei gleichfarbige Stifte“) = ______________________

P(„zwei verschiedenfarbige Stifte“) = ______________________

P(„blauer und grüner Stift“) = ______________________

P(„blauer oder schwarzer Stift“) = ______________________

b) Jeder der beiden legt seinen Stift zurück in die Kiste,
bevor der Nächste einen Stift nimmt.
Ergänze zuerst das Baumdiagramm.
Ermittle danach die Wahrscheinlichkeiten folgender Ereignisse.

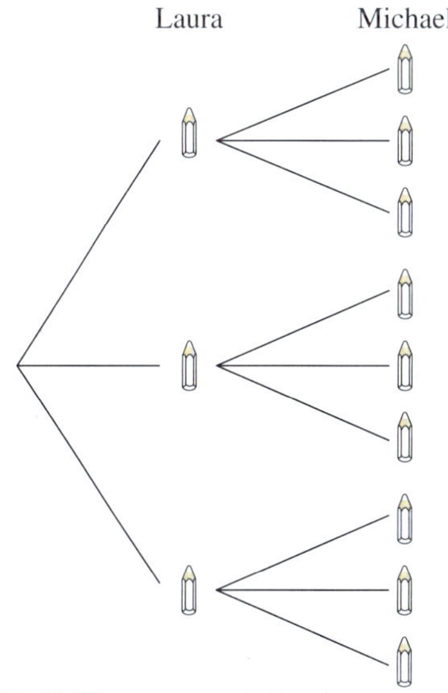

P(„zwei gleichfarbige Stifte“) = ______________________

P(„zwei verschiedenfarbige Stifte“) = ______________________

P(„blauer und grüner Stift“) = ______________________

P(„blauer oder schwarzer Stift“) = ______________________

Anwenden und Vernetzen

3 Reguläres Oktaeder

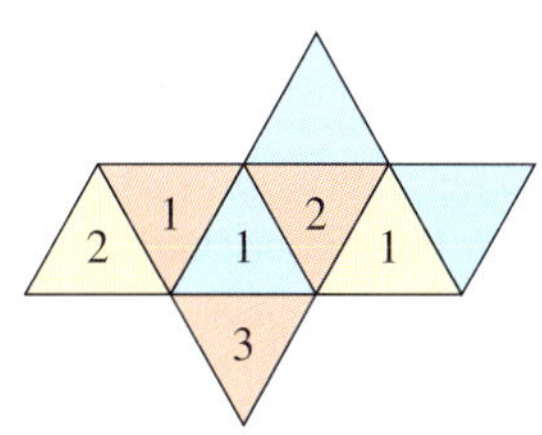

a) Mit dem zum Netz passenden Oktaeder wird dreimal nacheinander gewürfelt.
Das erste Ergebnis ist „Blau“.
Stelle alle somit möglichen Ergebnisse im Baumdiagramm dar.
Gib die Wahrscheinlichkeiten an den Ästen und die Wahrscheinlichkeit jedes Ergebnisses an.

b) Ermittle die Wahrscheinlichkeiten folgender Ereignisse.
Hinweis: Markiere die jeweils passenden Pfade.

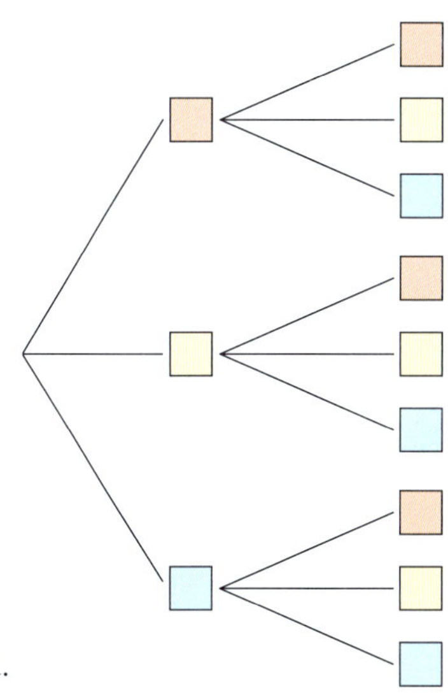

P(„dreimal Blau“) = ______________________

P(„Blau und Rot“) = ______________________

P(„drei Farben“) = ______________________

P(„genau zwei Farben“) = ______________________

c) Beschrifte das Netz mit „1“, „2“ und „3“ passend zu folgenden Wahrscheinlichkeiten.
P(„2“) = P(„3“); P(„1“) = P(„2“) + P(„3“);
Je jede Kombination von Farbe und Zahl soll höchstens einmal vorkommen.

Zusatzaufgabe: Skizziere neben dem Netz vom Oktaeder ein passendes Schrägbild.

Kapitel Quadratische Funktionen

1 Beschrifte die vorgegebenen Graphen und gib die Nullstellen an.

$y_1 = -3x^2$ Nullstellen: (0/0)

$y_2 = x^2$ Nullstellen: (0/0)

$y_3 = -x^2 + 4$ Nullstellen: (2/0) (-2/0)

$y_4 = -(x+3)^2 + 4$ Nullstellen: (-5/0) (-1/0)

$y_5 = (x-3)^2$ Nullstellen: (3/0)

$y_6 = -(x+2)^2 - 4$ Nullstellen: /

$y_7 = 0,8(x-2,5)^2 + 1,5$ Nullstellen: /

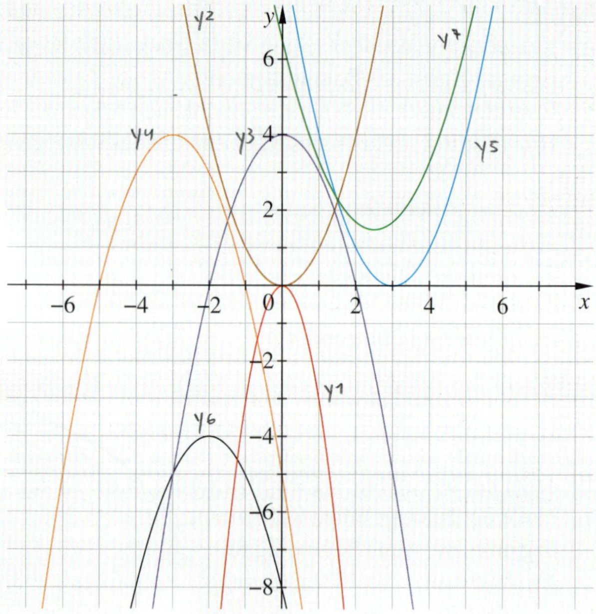

2 Ergänze die Tabelle.

Funktionsgleichung in allgemeiner Form	y =-x² - 16	y = x² + 18x+81	$y = 0,5x^2 + 6x$
Funktionsgleichung in Scheitelpunktform	y = - x² - 16	$y = (x+9)^2$	
Scheitelpunkt S	$S(0\|-16)$	S (0/ -9)	
Öffnungsrichtung	unten	oben	nach oben geöffnet
Anzahl der Nullstellen	0	1	
gestaucht oder gestreckt	keine	keine	gestaucht

3 Der Weg eines Wassertropfens durch die Luft lässt sich annähernd mit einer Gleichung beschreiben.

a) Kreuze die passende Gleichung an.
Hinweis: Welche Art von Funktion kommt infrage? Wie ist die Öffnung?

☐ $y = 1,8(x-0,8)^2 + 1$ ☐ $y = -1,8x - 1,0$ ☐ $y = -1,8(x-1,25)^2 + 1$

b) Skizziere mithilfe einer Wertetabelle den Graphen zur passenden Gleichung aus Teilaufgabe **a**.

x						
y						

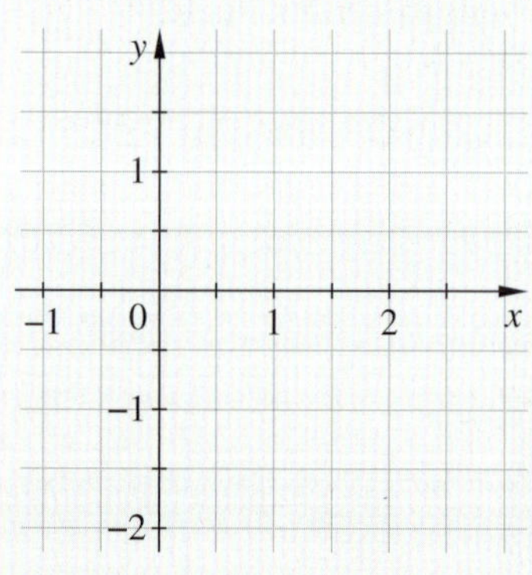

c) Ein Wassertropfen geht bei 1,5 m Höhe in die Luft. In welchem Abstand zu diesem Startpunkt erreicht er die gleiche Höhe?

Kapitel Quadratische Gleichungen

1 Kreuze jeweils alle Lösungen der quadratischen Gleichung an.

a) $a^2 = 9$	☐ −3	☐ −1	☐ 0	☐ 1	☐ 3
b) $b^2 = -9$	☐ −3	☐ −1	☐ 0	☐ 1	☐ 3
c) $c^2 - 4 = 0$	☐ −2	☐ −1	☐ 0	☐ 1	☐ 2
d) $d \cdot (d + 1) = 0$	☐ −2	☐ −1	☐ 0	☐ 1	☐ 2
e) $(-2 + e) \cdot (e - 2) = 0$	☐ −4	☐ −2	☐ 0	☐ 2	☐ 4
f) $-f^2 = 16 - 8f$	☐ −4	☐ −2	☐ 0	☐ 2	☐ 4

2 Gib die Lösungen an.

a) $x^2 = 100$ **b)** $x^2 + 19 = 100$ **c)** $x \cdot (x - 1{,}75) = 0$ **d)** $(x - 8{,}7) \cdot (x + 1{,}7) = 0$

Lösungen: ________ Lösungen: ________ Lösungen: ________ Lösungen: ________

3 Wandle zuerst die Gleichungen in die Normalform $x^2 + px + q = 0$ um.
Gib danach p und q an.

a) $2x^2 + 72 - 0{,}8x = 10$

____

____

$p =$ ____ $q =$ ____

b) $3{,}6x = 2{,}4 + 4x^2$

____

____

$p =$ ____ $q =$ ____

4 Ermittle die Lösungen.

a) $0 = 2x^2 - 10x - 28 \quad | :2$

b) $10x = x^2 + 9 \quad | -10x$

Lösungen: ________ Lösungen: ________

5 In einem gleichschenkligen Trapez $ABCD$ mit einem Flächeninhalt von $20\,\text{cm}^2$ ist die eine parallele Seite viermal so lang wie die andere und die Höhe ist doppelt so lang wie die kürzere Parallele.

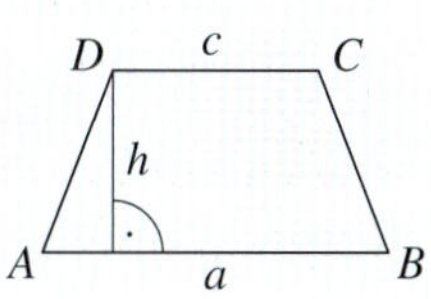

a) Berechne die Längen der zueinander parallelen Seiten a und c sowie die der Höhe h.
Hinweis: $A = \frac{a + c}{2} \cdot h$

b) Zeichne das gleichschenklige Trapez $ABCD$.

Kapitel Potenzen und Wurzeln

1 Schreibe als Dezimalzahl.

a) $6 \cdot 10^4 =$ ______ b) $1{,}257 \cdot 10^5 =$ ______ c) $2 \cdot 10^{-4} =$ ______ d) $1{,}36 \cdot 10^{-3} =$ ______

2 Gib die Ergebnisse an.
Hinweis: Arbeite ohne Taschenrechner.

a) $\sqrt[5]{100\,000} =$ ______ b) $\sqrt[4]{81} =$ ______ c) $\sqrt[3]{1\,000} =$ ______ d) $\sqrt[2]{121} =$ ______

e) $\sqrt[3]{125} =$ ______ f) $\sqrt[7]{128} =$ ______ g) $\sqrt[3]{64} =$ ______ h) $\sqrt[9]{1} =$ ______

3 Ermittle jeweils, zwischen welchen natürlichen Zahlen das Ergebnis liegt.
Hinweis: Arbeite ohne Taschenrechner.

a) ___ $< \sqrt[2]{60} <$ ___ , denn $7^2 = 49$ und $8^2 = 64$ b) ___ $< \sqrt[2]{0{,}6} <$ ___ , denn ______

c) ___ $< \sqrt[4]{30} <$ ___ , denn ______ d) ___ $< \sqrt[3]{90} <$ ___ , denn ______

4 Gib jeweils das Ergebnis an. Überprüfe es durch Potenzieren.
Hinweis: Arbeite ohne Taschenrechner.

a) $\sqrt[3]{0{,}000\,001} =$ ______ , denn ______ b) $\sqrt[4]{0{,}0081} =$ ______ , denn ______

c) $\sqrt[2]{1{,}21} =$ ______ , denn ______ d) $\sqrt[5]{0{,}000\,32} =$ ______ , denn ______

5 Gib die Größenangaben in Zehnerpotenzschreibweise in den gegebenen Einheiten an.

a) Masse der Erde

6 000 000 000 000 000 000 000 t = ______ t = ______ dt = ______ kg

b) Dicke eines Haares von Tim

0,06 mm = ______ mm = ______ cm = ______ m = ______ km

6 Gib den Unterschied von einer Million zu einer Milliarden in Zehnerpotzenzschreibweise an. ______

7 Rote Würfel werden nach den Kantenlängen in Holzkisten einsortiert.
Es wird unterschieden nach Würfel mit 1 cm, 2 cm, 3 cm, 4 cm, 5 cm …
lange Kanten.

a) Welche Kisten kommen für einen 75 cm^3 großen Würfel infrage?

______

______

______

b) Präzisiere die Regel für das Sortieren so, dass jeweils nur eine Kiste infrage kommt.

______

______

Kapitel **Wachstum**

1 Lineares und exponentielles Wachstum

①

n	0	1	2	3	4
G_n	2	2,25	2,5	2,75	3

②

n	0	1	2	3	4
G_n	1	1,4	1,96	2,74	3,84

③

n	0	1	2	3	4
G_n	3	1,5	0,75	0,375	0,1875

④

n	0	1	2	3	4
G_n	4	3,25	2,5	1,75	1

a) Ermittle jeweils die fehlenden Werte und trage jeweils alle fünf Punkte im Koordinatensystem ein.

b) Ordne die Gleichungen den Tabellen zu und den Graphen. Gib jeweils die Art des Wachstums an.

$G_n = 1{,}4^n$ ②

exponentielles Wachstum

$G_n = 2 + 0{,}25x$ ①

lineares Wachstum

$G_n = 3 \cdot 0{,}5^n$ ③

exponentielles Wachstum

$G_n = 4 - 0{,}75x$ ④

lineares Wachstum

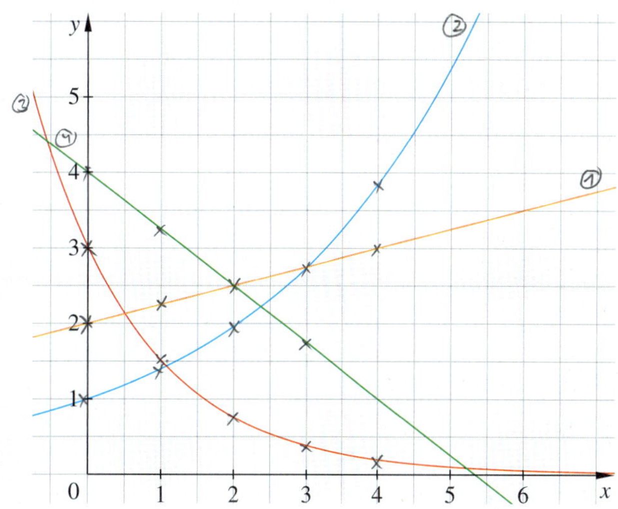

2 5 000 € werden zu einen Zinssatz von 6,5 % p. a. für 10 Jahre als Festgeld mit Zinseszins angelegt.
Stelle eine passende Formel auf. Ermittle damit den Betrag, der am Ende des 10-ten Jahres ausgezahlt wird.

$f(x) = 5000 \cdot 1{,}065^x$ $\quad f(10) = 5000 \cdot 1{,}065^{10}$ $\quad f(10) = 9385{,}69$ [€]

Am Ende des 10-ten Jahres wird 9385,69 € ausgezahlt

3

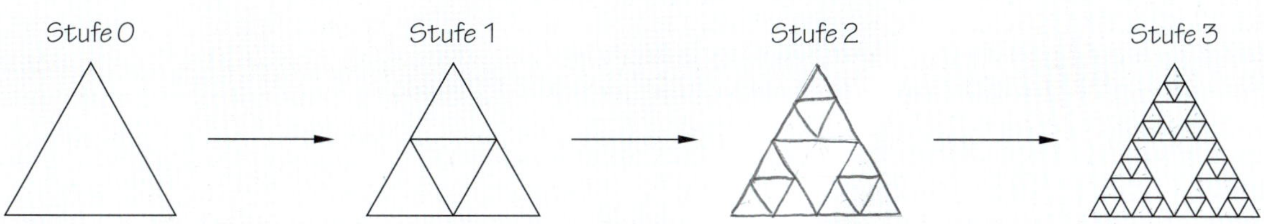

„Schneide" jeweils gleichseitige Dreiecke mit halb so langen Seiten heraus.

a) Zeichne die Figur zur Stufe 2 und ergänze die Tabelle.

	Stufe 0	Stufe 1	Stufe 2	Stufe 3
Flächeninhalt der restlichen Figur	1	$\frac{3}{4}$	$\frac{3}{16}$	$\frac{3}{43}$

b) Gib eine Formel zur Berechnung des Flächeninhalts A in der n-ten Stufe an.

$f(x) = \left(\frac{3}{4}\right)^x$

Kapitel Pyramide, Kegel, Kugel

1 Vervollständige die Schrägbilder.

a) 3 cm hohe, gerade quadratische Pyramide mit 4 cm langer Grundfläche

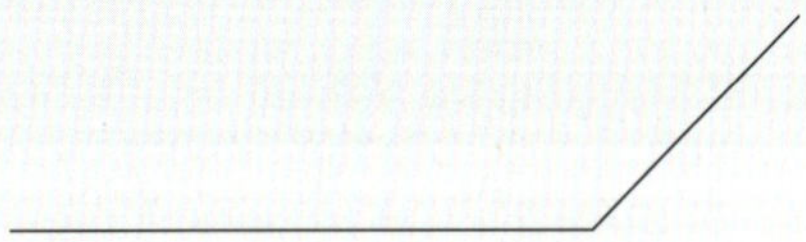

b) 3 cm hoher gerader Kegel mit 2 cm Radius

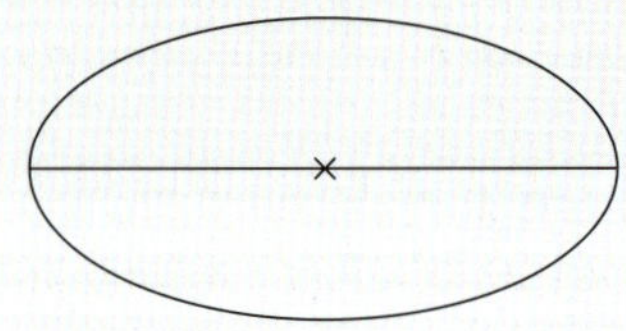

2 Entscheide, ob die Angaben sinnvoll sind. Wenn ja, ergänze die Größenangaben in der Tabelle.
Hinweis: Rechne gegebenenfalls auf einem zusätzlichen Blatt.

	Flächeninhalt der Grundfläche	Oberflächeninhalt	Volumen
6 cm hoher Kegel mit einem Grundflächenradius von 4 cm			
6 cm hohe Pyramide mit quadratischer Grundfläche mit 5 cm langen Seiten			
Kugel mit 6 cm Durchmesser			

3

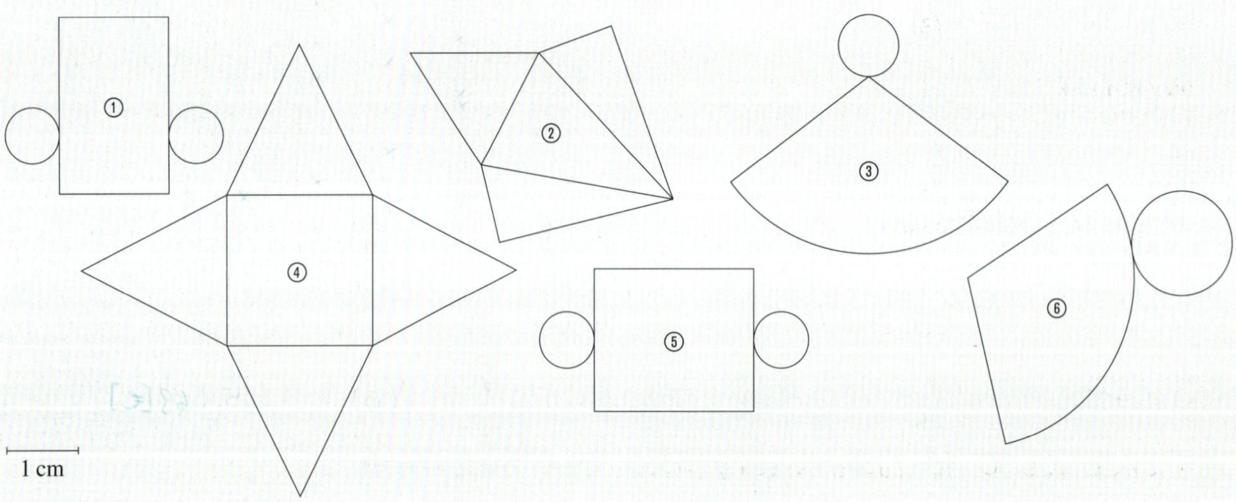

Streiche alle Zeichnungen durch, die keine Netze von Körpern darstellen.
Berechne die Größe der Oberfläche des passenden Kegels und der passenden Pyramide.

4 In einigen Geschäften wurden für Kunden Wasserspender aufgestellt. Um zu verhindern, dass volle Becher in den Regalen abgestellt werden, verwendet man kegelförmige Gefäße aus Papier. Ein Becher mit einem Durchmesser von 8 cm fasst maximal ca. 0,15 l Wasser. Berechne seine Höhe.

Kapitel Trigonometrie

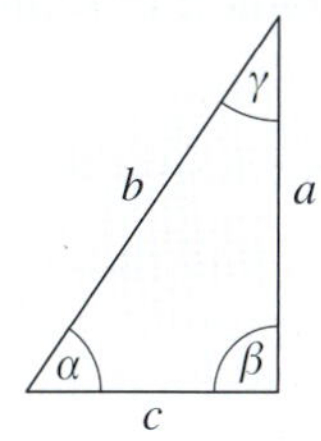

1 Die Skizze zeigt ein rechtwinkliges Dreieck mit $\beta = 90°$.

a) Ergänze die Sätze.

① ____ ist der rechte Winkel im Dreieck ABC. Die Hypotenuse ist die Seite ____.

② Die Ankathete zum Winkel α im Dreieck ABC ist die Seite ____. Die Gegenkathete ist die Seite ____.

③ Die Ankathete zum Winkel γ im Dreieck ABC ist die Seite ____. Die Gegenkathete ist die Seite ____.

b) Kreuze alle zum Dreieck ABC passenden Formeln an.

☐ $\sin(\alpha) = \frac{a}{b}$	☐ $\sin(\alpha) = \frac{b}{a}$	☐ $\sin(\beta) = \frac{h}{a}$	☐ $\cos(\beta) = \frac{h}{a}$
☐ $\tan(\alpha) = \frac{a}{c}$	☐ $\sin(\gamma) = \frac{c}{b}$	☐ $\cos(\gamma) = \frac{a}{b}$	☐ $\tan(\gamma) = \frac{c}{a}$

2 Berechne mit einem Taschenrechner.

a) $\sin(25°) \approx$ ____	**b)** $\sin($ ____ $) \approx 0{,}88$	**c)** $\cos(42°) \approx$ ____	**d)** $\cos($ ____ $) \approx 0{,}56$
e) $\tan(56°) \approx$ ____	**f)** $\tan($ ____ $) \approx 2{,}14$	**g)** $\sin(28°) \approx$ ____	**h)** $\tan($ ____ $) \approx 7{,}11$

3 Ein Schiff fährt auf geradem Kurs an einer Insel vorbei.
Vom Bug (Vorderteil des Schiffsrumpfes) ist gegen 12:00 Uhr ein Leuchtturm unter einem Winkel von 50° zu sehen. Der Abstand von Schiff und Leuchtturm beträgt 3 km.
Später wird der Leuchtturm erneut angepeilt, diesmal unter einem Winkel von 150°.
Hinweis: Die passende Skizze ist nicht maßstabsgetreu.

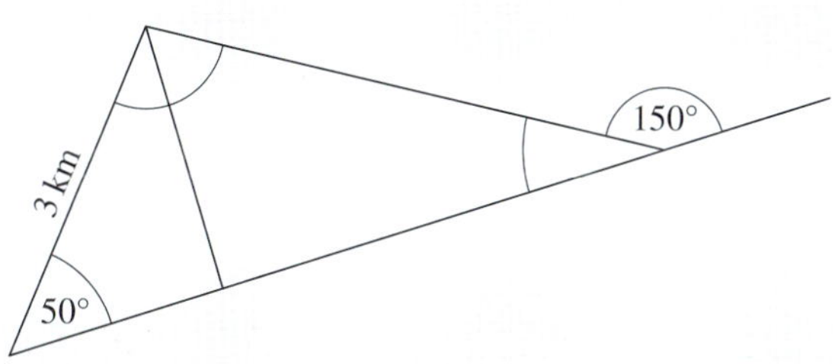

a) Gib die fehlenden Winkelgrößen im Dreieck ABC an.

b) Berechne den geringsten Abstand zwischen Schiff und Leuchtturm.
Wie weit ist das Schiff nach der ersten Peilung bis zum Punkt mit dem geringsten Abstand zwischen Schiff und Leuchtturm gefahren?
Wie lang ist die Strecke, die zwischen beiden Peilungen zurückgelegt wurde?

Kapitel Daten und Zufall

1 In der Klasse 10 b wurde nach der Vorbereitungszeit für einen Vokabeltest und der im Test erhaltenen Note gefragt.

a) Veranschauliche die Daten im Diagramm.

b) Zeichne eine Ausgleichsgerade ein.

c) Gib den Zusammenhang, den die Ausgleichsgerade verdeutlicht, mit einem Satz an. Zusatzaufgabe: Gib eine passende Gleichung an.

Note	1	2	3	4	5	6
Vorbereitungs-zeiten (in min)	55	60	55	45	15	5
	60	50	90	30	5	
	30	45	40	20		
		90	35			
		80	45			
		45	40			
			20			
			60			

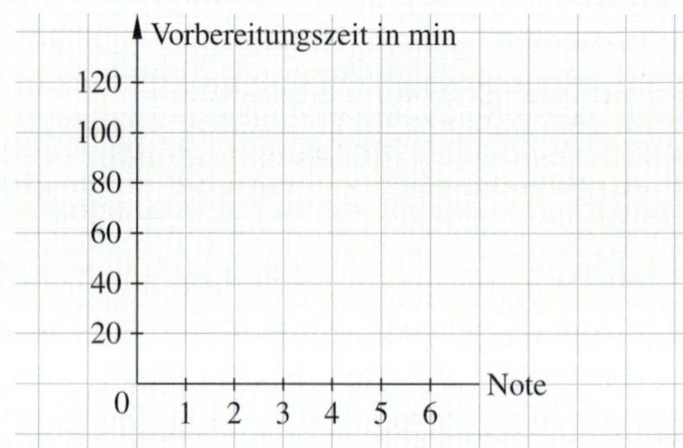

d) Ergänze den Boxplot zu den Noten im Vokabeltest.

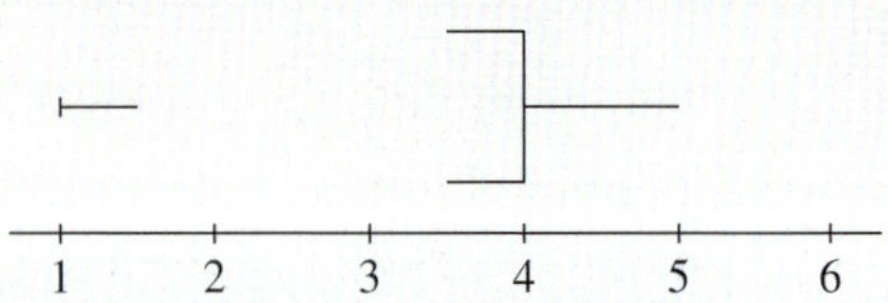

2 Der Spielautomat besteht aus drei Rollen mit je zehn gleich großen Bildern. Auf der ersten Rolle sind vier „7",auf der zweiten Rolle drei und auf der dritten Rolle zwei.

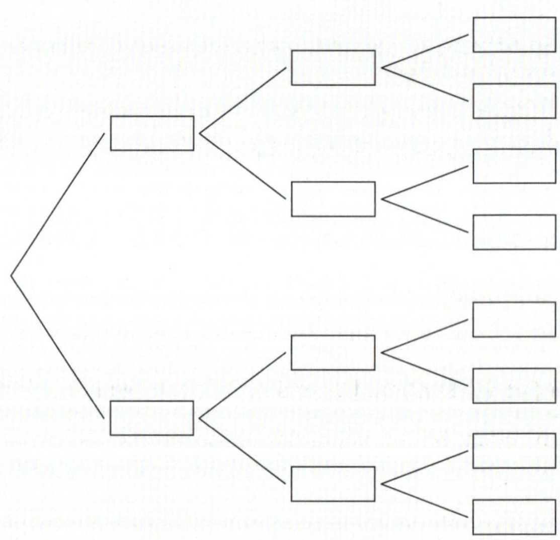

a) Ergänze zuerst das Baumdiagramm. Ermittle danach die Wahrscheinlichkeiten folgender Ereignisse.

P(drei „7") = ______

P(genau eine „7") = ______

P(genau zwei „7") = ______

b) Ermittle die Wahrscheinlichkeiten von drei „7" nebeneinander, wenn auf jeder Rolle je drei „7" sind.

3 In einem Portmonee sind lediglich acht deutsche 5-Cent-Stücke und drei ausländische 5-Cent-Stücke.

a) Berechne, mit welcher Wahrscheinlichkeit zufällig zuerst die ausländischen 5-Cent-Stücke ausgegeben werden.

b) Berechne, mit welcher Wahrscheinlichkeit zufällig unter den drei zuerst ausgegebenen 5-Cent-Stücken genau zwei ausländische 5-Cent-Stücke sind.

Beispielaufgaben **Allgemeiner Teil**

Hinweis: Löse die Aufgaben ohne Taschenrechner und Formelsammlung.

Grundrechenarten

1 Kreuze die richtigen Antworten an.

a) 27 937 : 7 = …	☐ 39 991	☐ 3 991	☐ 399,1	☐ 39,91
b) 4,07 · 13 = …	☐ 52,91	☐ 5,291	☐ 52,7	☐ 40,21
c) 19,32 ist das Ergebnis von …	☐ 5,57 + 14,75	☐ 6,9 · 2,8	☐ 48,3 : 2,5	☐ 27,1 – 7,78
d) Das größte Ergebnis hat …	☐ –14,1 : 2,2	☐ 27,1 · 1,05	☐ –1,9 + (–2)	☐ 3 + (–2 · –2)
e) Rund 2,1 ist …	☐ 2,0732	☐ 2,0449	☐ 2,151	☐ 2,1459
f) Den kleinsten Wert hat …	☐ 3,1 · 0,2	☐ 3,1 : (–0,2)	☐ –3,1 · 5	☐ 3,1 · (–0,2)

2 Löse die Aufgaben.
Hinweis: Rechne, wenn nötig, auf einem zusätzlichen Blatt.

a) Berechne.

79,8 : 1,4 = ______ 2,456 – 24,5 = ______ 35 – 6,25 · 2,4 = ______ 29,4 : (–2) – 1,8 = ______

625,1 · ______ = 687,61 512,47 + ______ = 514,981 ______ · 17 = 365,5 235,4 : ______ = 0,1

b) Vergleiche. (1 455 + 8 633) · 4,2 ☐ 42 370 2,14 · 5,25 ☐ 13,1 + (–1,865)

c) Ergänze Klammern so, dass die Aussage wahr ist. 14,24 – 15,49 · 8 = –10 7 · 3 + 2,4 : (6 – 1 = 24,36

Größen

3 Kreuze die richtigen Antworten an.

a) Länger als 8 h dauern …	☐ 20 000 s	☐ 500 min	☐ 0,4 Tage	☐ 400 min
b) 127 kg = …	☐ 0,127 t	☐ 127 000 g	☐ 172 000 g	☐ 1,27 t
c) Die Grundfläche einer 2-€-Münze hat ca. 0,052 …	☐ mm^2	☐ cm^2	☐ cm	☐ dm^3
d) Zwischen 9:42 Uhr und 14:21 Uhr liegen …	☐ 16 740 s	☐ 439 min	☐ 279 min	☐ 4 h 39 min
e) Meine Mitschüler laufen 100 m in etwa …	☐ 2 h 14 min	☐ 2,3 km	☐ 97 kg	☐ 0,25 min

4 Löse die Aufgaben.

a) Vergleiche.

0,2 g ☐ 51 mg 0,12 km ☐ 12 000 dm 7 l ☐ 700 cm^3 350 l ☐ 0,35 m^3

b) Wandle um. 1,3 h = ______ s 120 dm = ______ km

c) Ordne 833 dm, 38,3 m und 0,338 km. ______ < ______ < ______

d) Berechne den Unterschied von –1,6 km und 325 m. ______

e) Ein Mensch ist 135 873 Stunden alt. Gib sein Alter in Jahren und Sekunden an.

______

______

Brüche und Prozente

☺😐☹

5 Kreuze die richtigen Antworten an.

a) Statt 0,22 kann man auch schreiben …	☐ $\frac{1}{22}$	☐ $\frac{22}{100}$	☐ 2,2 %	☐ $\frac{11}{50}$
b) $\frac{288}{480}$ ist gekürzt …	☐ $\frac{3}{5}$	☐ $\frac{24}{36}$	☐ $\frac{12}{15}$	☐ $\frac{24}{40}$
c) $\frac{36}{144} = \ldots$	☐ 25 %	☐ $\frac{17}{70}$	☐ $\frac{38}{152}$	☐ $\frac{18}{72}$
d) $\frac{1}{2} + \frac{1}{4} \cdot 2 - \frac{14}{5} : 4 = \ldots$	☐ $\frac{3}{10}$	☐ $\frac{360}{12}$	☐ 30 %	☐ 2
e) Zwischen $\frac{3}{7}$ und $\frac{5}{7}$ liegen …	☐ $\frac{17}{17}$	☐ 49,3 %	☐ $\frac{11}{17}$	☐ $\frac{4}{5}$
f) Größer als 0,49 sind …	☐ $\frac{2}{5}$	☐ $\frac{5}{2}$	☐ 49 %	☐ $\frac{13}{25}$
g) $\frac{15}{12} \cdot 24\,\% = \ldots$	☐ $\frac{3}{10}$	☐ $\frac{360}{12}$	☐ 30 %	☐ 2 %
h) Der Preis von 27 € wird um 30 % reduziert auf ...	☐ 18,90 €	☐ 24,00 €	☐ 30 %	☐ 70 %
i) Aus 1 000 € werden mit Zinseszins bei 5 % p. a. in $2\frac{1}{2}$ Jahren rund …	☐ 1 130 €	☐ 2 049 €	☐ 3 457	☐ 4 550 €

6 Beiträge in einem Sportverein

	A	B	C	D	E
1		Jugendliche (5 €)	Erwachsene (9 €)	Anteil in %	Summe in €
2	Fußball	50	46	37,5	
3	Volleyball	33		37,5	732
4	Sonstige	32	32		448
5	Insgesamt		141	100,0	

a) Ergänze die Tabelle.

b) Gib das Feld mit dem passenden Wert zu „= B2*5+C2*9“ an.

____

c) Gib jeweils eine Formel zur Berechnung der Werte an.

Feld D2: ________________ Feld D5: ________________

d) Ordne nach der Größe. Beginne mit dem kleinsten Wert.

0 | $\frac{1}{2}$ | $-\frac{1}{2}$ | $-1{,}5$ | $-1\frac{1}{5}$ | 0,75 | 100 % | $2 \cdot 10^5$ | $8 \cdot 10^{-6}$ | $\frac{5}{4}$

____ < ____ < ____ < ____ < ____ < ____ < ____ < ____ < ____ < ____

Terme mit Klammern und Formeln

☺😐☹

7 Kreuze die richtigen Antworten an.

a) $x^2 - 4 = \ldots$	☐ $(x-2)(x+2)$	☐ $(x-2)^2 + 4x$	☐ $x\left(x - \frac{4}{x}\right)$	☐ $4(x^2 - 1)$
b) Wenn die Formel $v = \frac{s}{t}$ gilt, gilt auch …	☐ $t = \frac{v}{s}$	☐ $t = s \cdot v$	☐ $t = \frac{s}{v}$	☐ $s = v \cdot t$
c) $(a+3-b)(a+b) - 3(a+b) = \ldots$	☐ $a^2 - b^2$	☐ $(a-b)(a+b)$	☐ $(a+b)$	☐ $(a+3-b)$
d) Zur Zahlenfolge 12; 30; 60 … passt …	☐ $12x^2$	☐ $x^3 + 11x$	☐ $6x^2 + 6$	☐ $6 \cdot 2^x$
e) Die nächste Zahl in der Zahlenfolge ist … -0,1; 0,3; -0,6; 0,9; –1,5	☐ 1,8	☐ –1,8	☐ 2	☐ $6 \cdot 2^x$

8 Löse die Aufgaben.

b) Stelle die Formel $s = 0{,}5 \cdot a \cdot t^2$ nach t um. ________________

a) Schreibe ohne Klammern so kurz wie möglich.

$(x-y)(y-z) - y(z+x) =$ ________________

c) Klammere möglichst viel aus. $18\,txz^2 + 6\,tvxz - 9\,vxz =$ ________________

Potenzen ☺ 😐 ☹

9 Kreuze die richtigen Antworten an.

a) $0{,}5^2 = \dots$	☐ 1	☐ 0,25	☐ $\frac{1}{2^2}$	☐ 0,52
b) $2^3 = \dots$	☐ 8	☐ 3^2	☐ 6	☐ $\sqrt{64}$
c) $2^x = 64 \quad x = \dots$	☐ $\sqrt{36}$	☐ 32	☐ 6	☐ 2^5
d) Welche Aussagen sind wahr?	☐ $\sqrt{\frac{4}{9}} = \frac{2}{9}$	☐ $\sqrt{47^2} = 47$	☐ $\sqrt{\frac{12}{13}} = \frac{\sqrt{12}}{\sqrt{13}}$	☐ $\sqrt{x^6} = x^4$
e) Den größten Wert hat …	☐ $2 \cdot 4^2$	☐ $2 \cdot 2^4$	☐ $\sqrt{2048}$	☐ $(2 \cdot 4)^2$
f) 48 ist der Wert von …	☐ $1{,}5 \cdot 2^5$	☐ $0{,}48 \cdot 10^3$	☐ $0{,}048 \cdot 10^5$	☐ 2^6
g) $1{,}07 \cdot 10^5 = \dots$	☐ 107 000	☐ 10 700	☐ $107 \cdot 10^3$	☐ $0{,}107 \cdot 10^6$

10 Löse die Aufgaben.

a) Ermittle die Lösung von $2^x = 32$. ______________________

b) Setze Klammern, sodass die Rechnung stimmt. $7 + 3 \cdot 3^2 - 2 \cdot 5^3 = -100$

c) Schreibe sieben Millionstel als Bruch, als Dezimalzahl und in Zehnerpotenzschreibweise. ______________________

d) Vergleiche die Werte. 7^4 ☐ 4^7 $\quad 0{,}2^3$ ☐ $0{,}2^5$

Proportionale und antiproportionale Zuordnungen ☺ 😐 ☹

11 Kreuze an, ob die Zuordnung im Alltag meist proportional (p), antiproportional (a) oder keines von beidem (k) ist.

Ein 5-Jähriger ist 1,12 m groß. Wie groß wird er mit 10 Jahren sein?	☐ p	☐ a	☐ k
Ein Stück Kuchen kostet 1,20 €. Wie viel kosten 3 Stück Kuchen dieser Sorte?	☐ p	☐ a	☐ k
Ein Sack Futter reicht für 7 Hühner 6 Wochen. Wie lang reicht er für 10 Hühner?	☐ p	☐ a	☐ k

12 Löse die Aufgaben.

a) Eine Firma plant 6 Maler für 24 Tage für ein Projekt ein.
Dem Auftraggeber dauert dies zu lange, deshalb werden vor dem Beginn der Arbeiten zwei weitere Mitarbeiter hinzugezogen.
Wie lange dauert das Projekt?

____

b) In einem 2,5 m hohen quaderförmigen Raum sollen alle Wände zweimal gestrichen werden.
Sie sind 6,5 m und 4,5 m lang. Die Tür ist ca. 2 m hoch und 1 m breit. Das Fenster ist ca. 1,3 m hoch und 3 m breit.
Ein Eimer der gewünschten Farbe reicht für ca. 25 m^2.
Berechne, wie viele Eimer gekauft werden sollten.

____

____

c) Unter welcher Bedingung ist eine lineare Funktion eine proportionale Zuordnung?

____

____

Funktionen

13 Kreuze die richtigen Antworten an.

a) Auf dem Graphen von $y = x - 2$ liegen … ☐ $P(2|6)$ ☐ $Q(0|-2)$ ☐ $R(15|10)$ ☐ $S(6|2)$

b) Gleichungen von linearen Funktion sind … ☐ $y = \frac{5}{6}$ ☐ $y = x^2 + 1$ ☐ $y = 2x + 1$ ☐ $\frac{2}{3}$

14 Löse die Aufgaben.

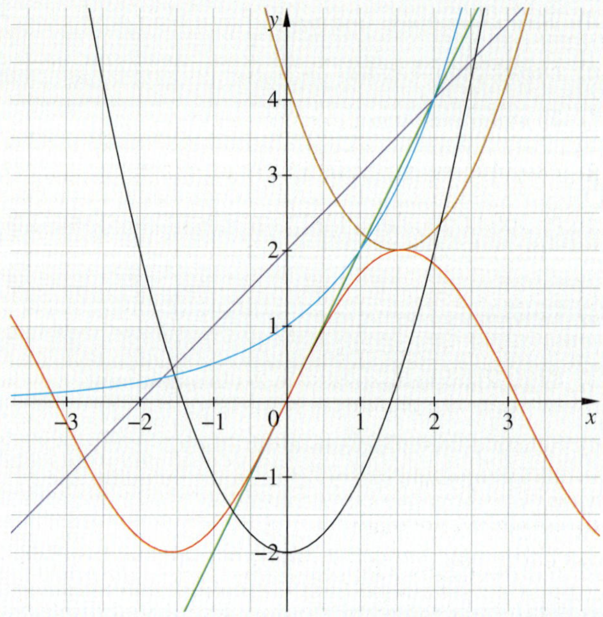

a) Beschrifte die Graphen der Funktionen.

$y_1 = 2x$ $y_2 = x + 2$
$y_3 = (x - 1{,}5)^2 + 2$ $y_4 = x^2 - 2$
$y_5 = 2\sin x$ $y_6 = 2^x$

b) Markiere alle Nullstellen.

c) Gib die Funktionstypen beider Funktionen an.

$y_2 = x + 2$ ______________

$y_3 = (x - 1{,}5)^2 + 2$ ______________

d) Untersuche auf Symmetrie und ergänze.

$y_4 = x^2 - 2$ ist ______________

$y_5 = 2\sin(x)$ ist ______________

e) Ergänze zuerst die Wertetabelle zu $y = -0{,}5x - 1{,}5$.
Zeichne danach den Graphen der Funktion.

x	−4	−2	−1	0	1	3	4
y							

Daten und Zufall

15 Kreuze die richtigen Antworten an.

a) Wie viele verschiedene vierstellige Zahlen gibt es? ☐ 10^4 ☐ 9999 ☐ 4^{10} ☐ 1000

b) Mit welcher Wahrscheinlichkeit fällt bei einem regulären Spielwürfel eine Zahl, die kleiner als 3 ist? ☐ 0,2 ☐ $0{,}\overline{3}$ ☐ $\frac{1}{2}$ ☐ $\frac{1}{3}$

16 Löse die Aufgaben.

a) Schreibe alle dreistelligen Zahlen, in denen die „3", „5" und „7" genau einmal vorkommen, geordnet auf.

____

b) Wie groß ist die Wahrscheinlichkeit, mit dem Spielwürfel zu Netz ① eine „1" zu würfeln? ________

c) Bei 500 Würfen ist 172-mal eine „3" gefallen. Welches Würfelnetz passt dazu? ________

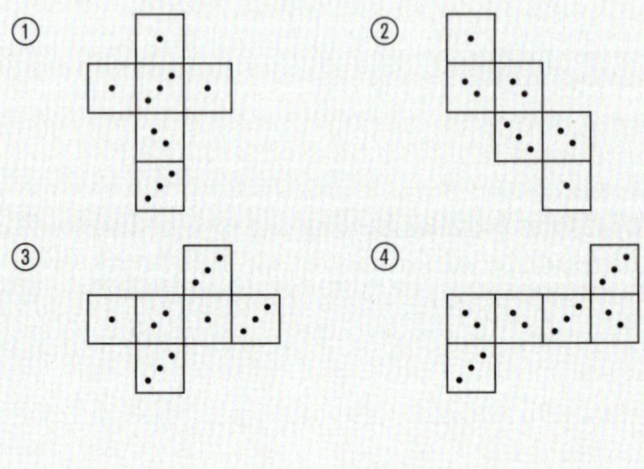

Winkel und Flächen

17 Kreuze die richtigen Antworten an.

a) Spitze Winkel sind … ☐ $\alpha = 40°$ ☐ $\beta = 130°$ ☐ $\gamma = 44°$ ☐ $\delta = 85°$

b) Überstumpfe Winkel sind … ☐ $\alpha = 91°$ ☐ $\beta = 181°$ ☐ $\gamma = 355°$ ☐ $\delta = 180°$

c) Jedes Quadrat ist auch eine Raute. ☐ wahr ☐ falsch

d) Jedes Quadrat ist auch ein Rechteck. ☐ wahr ☐ falsch

e) Jede Raute ist auch ein Rechteck. ☐ wahr ☐ falsch

f) Es gibt Dreiecke mit zwei rechten Winkeln. ☐ wahr ☐ falsch

g) Es gibt Vierecke mit drei stumpfen Winkeln. ☐ wahr ☐ falsch

h) Es gibt Vierecke mit zwei überstumpfen Winkeln. ☐ wahr ☐ falsch

18 Löse die Aufgaben.

a) Das Dreieck *ABC* ist gleichschenklig.
Ermittle die Größe von α.
Hinweis: Die Skizze ist nicht maßstabsgetreu. ________

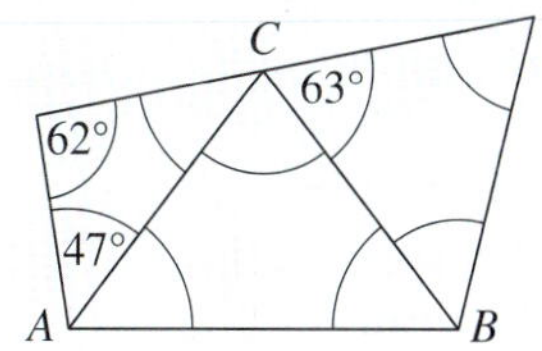

b) Gib den Flächeninhalt der unteren Figur an. ________

c) Gib den Umfang der unteren Figur an.
Runde auf volle Zentimeter. ________

d) Zeichne ein Quadrat und ein Dreieck mit gleich großem Flächeninhalt wie bei der unteren Figur.

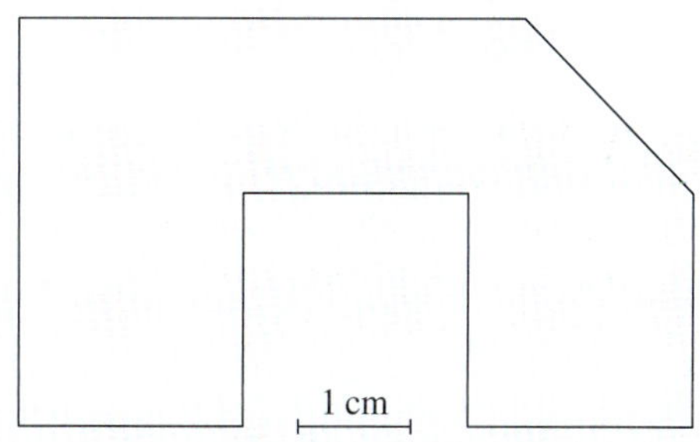

e) Ein Quadrat ist im Maßstab 1 : 1 genau 4 cm^2 groß.
Wie groß erscheint die Fläche im Maßstab 3 : 1?
Begründe deine Antwort.

f) 160 Personen durften sich für eine von vier Farben entscheiden.
Veranschauliche die Angaben in einem Kreisdiagramm.

Blau	Rot	Grün	Gelb
26	40	46	48

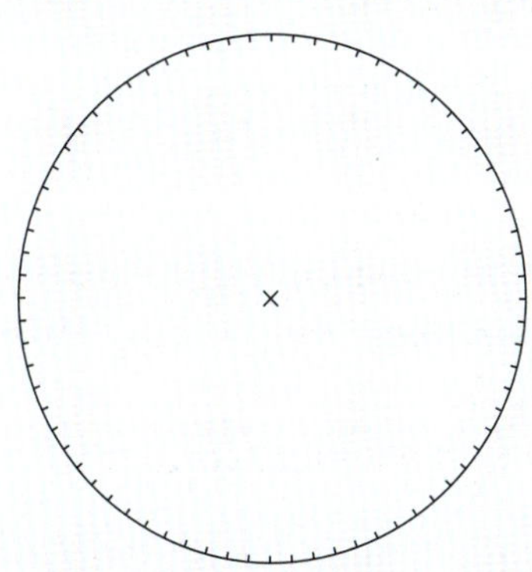

Körper

19 Kreuze die richtigen Antworten an.

a) Volumeneinheiten sind … ☐ l ☐ m^2 ☐ cm^3 ☐ kg

b) Ein Würfel mit 8 cm Kantenlänge ist … groß. ☐ 512 cm^3 ☐ 0,512 dm^3 ☐ 512 ml ☐ 0,512 l

c) Ein rechtwinkliges Dreieck rotiert um eine Kathete. Welche Form hat der dadurch entstehende Körper? ☐ Quader ☐ Zylinder ☐ Kegel ☐ Prisma

20 Löse die Aufgaben.

a) Gib die gesuchten Größen an.

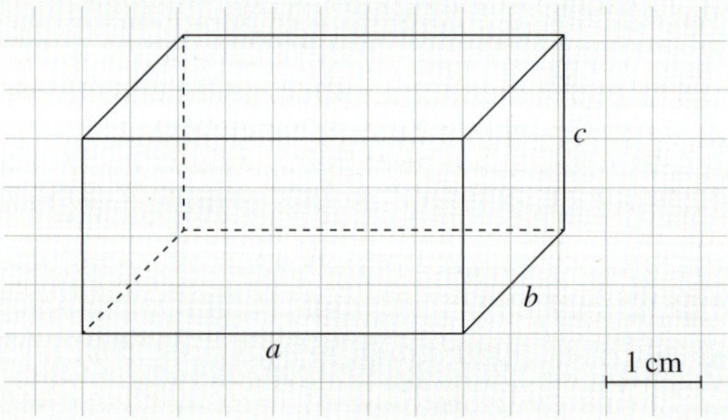

Kantenlängen: ______________________

____

____

Grundfläche: ______________________

Volumen: ______________________

b) Vervollständige zum Schrägbild eines Quaders mit dem Volumen 20 cm^3.

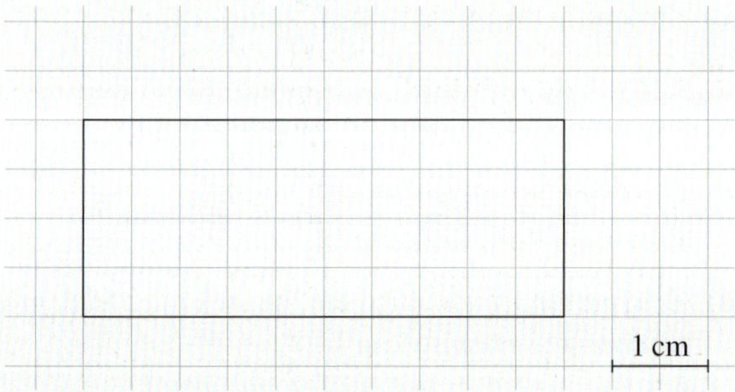

c) Wie viele Würfel mit 5 mm Kantenlänge passen in den 20 cm^3 großen Quader?

____

d) Stell dir vor, dass unter einem gleichmäßig tropfenden Wasserhahn jeweils eins der Gläser steht. Jedes der sehr dünnwandigen Gläser ist insgesamt 20 cm hoch. Beide Glasstiele sind 9 cm lang. Die Öffnungen oben haben 8 cm Durchmesser bzw. 8 cm lange Diagonalen.
Ordne zuerst mit Linien jedem Glas eine Bezeichnung für seine Form und eine Füllkurve zu. Schätze danach, wie viel Milliliter drei der vier Gläser fassen können.

Würfel | Quader | Prisma | Zylinder | Kegel | Pyramide | Kugel

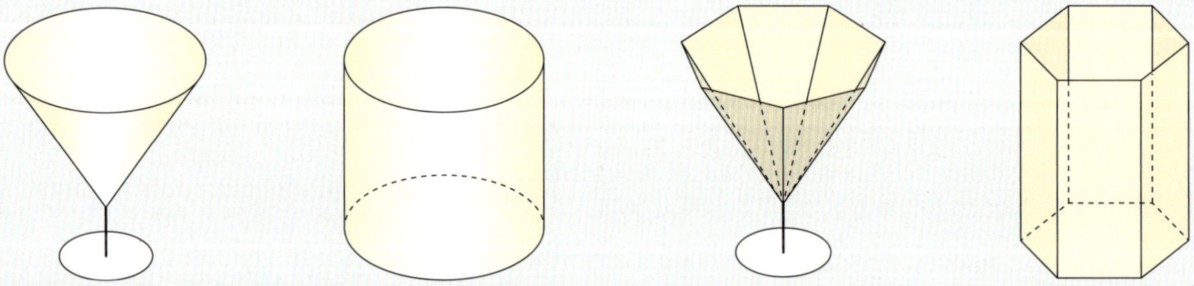

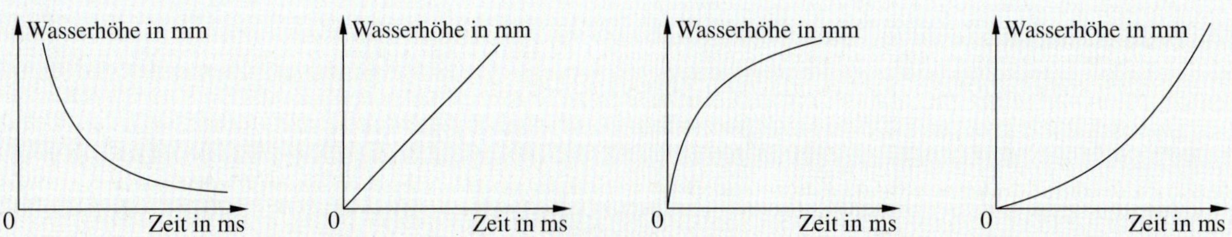

____

***Beispielaufgaben* Hauptteil und Wahlaufgaben**

Hinweis: Formelsammlung und Taschenrechner sind erlaubt. Rechne, wenn nötig, auf einem zusätzlichen Blatt.

1 Das fast rechteckige Badezimmer soll gefliest werden. Die Bereiche für Dusche und Badewanne werden dabei ausgespart.
Hinweis: Entnimm benötigte Maße der nicht maßstabsgetreuen Skizze.

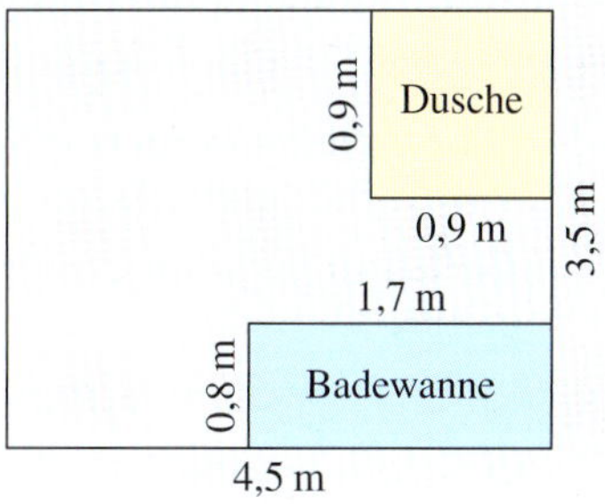

a) Gib die zu fliesende Fläche in Quadratmetern an.

b) Beim Verlegen von Fliesen ist mit ca. 15 % Verschnitt zu rechnen.
Wie viele Quadratmeter Fliesen sollte man kaufen?

2 Die Brüder Kolöhr sollen ein Haus streichen. Dafür haben sie zwei Leitern.
Die kürzere Leiter steht 2 m vom Haus entfernt auf dem Boden und trifft die Fassade auf halber Höhe in einem Winkel von 30°.
Die längere Leiter reicht bis zum Rand des Daches, wenn man sie 1 m von der Wand entfernt aufstellt.

a) Berechne die Länge der kürzeren Leiter und die Höhe der Hausfassade.

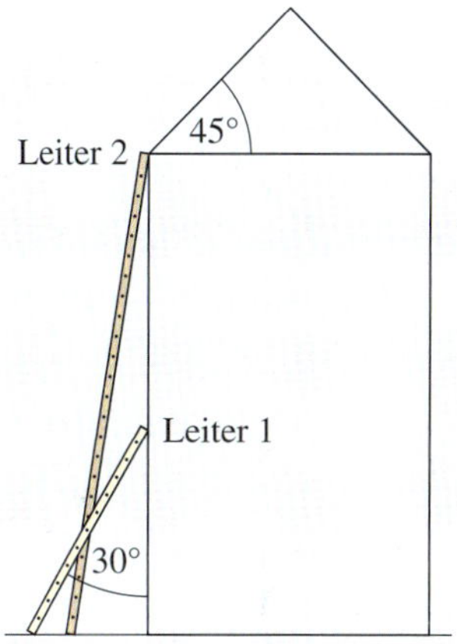

b) Wie lang ist die längere Leiter? In welchem Winkel trifft sie auf die Hausfassade?
Ist die Leiter zum Streichen der Fassade am Dach geeignet?

c) Das Dach hat eine Neigung von 45° und das Haus ist an der Giebelseite 7 m lang.
Berechne, wie hoch das Haus samt Dach ist.

3 Die Skizze zeigt den Querschnitt einer Glaskaraffe mit runder Grundfläche.

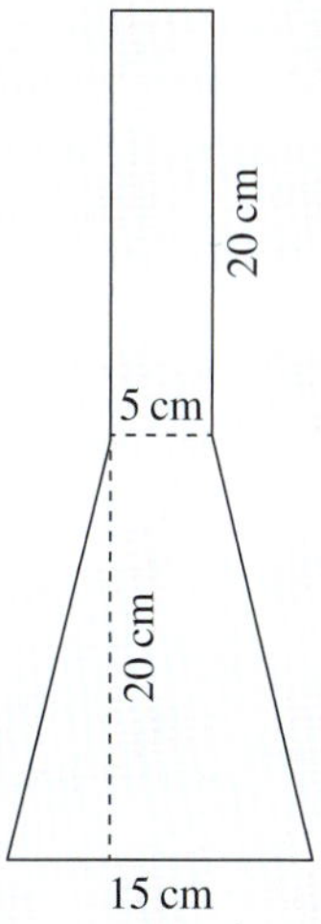

a) Passen 2 l Wasser in die Karaffe? Begründe deine Antwort mit einer Rechnung.

b) Die Karaffe steht unter einem Wasserhahn, aus dem 0,4 ml Wasser in je 12 Sekunden tropfen.
Nach wie vielen Stunden ist 1 l Wasser darin, wenn sie am Anfang leer war?

4 Gegeben sind Graphen quadratischer Funktionen.

a) Kreuze Zutreffendes an.

	y_1	y_2	y_3	y_4	y_5
Die Parabel ist weder gestaucht noch gestreckt.					
Der Faktor vor x^2 ist negativ.					

b) Gib zu allen fünf Graphen die Funktionsgleichung zuerst in Scheitelpunktform und danach in Normalform an.

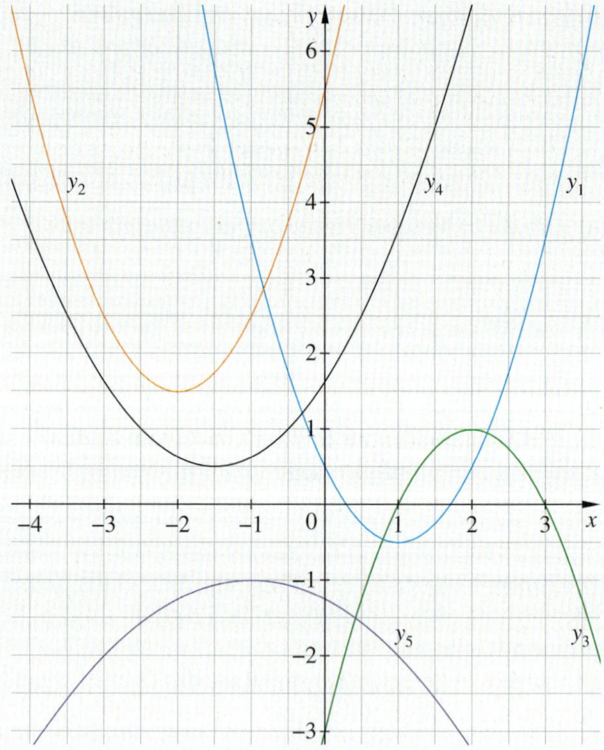

5 Die Mitglieder eines Sportvereins verteilen sich auf PKWs und Kleinbusse.
In einem PKW sind je 4 Personen, im Kleinbus je 7. Am Ende fahren die 59 Personen mit 11 Fahrzeugen.

a) Gib ein Gleichungssystem zur Berechnung der Anzahl der PKWs (p) und der Kleinbusse (b) an.

b) Löse das Gleichungssystem und gib an, wie viele PKWs und Kleinbusse fahren.

6 Berechne die Lösungen der quadratischen Gleichungen.

a) $x^2 + 6x + 9 = 0$

b) $x^2 + x - 2 = 0$

7 Aus einer kreisförmigen Baumscheibe mit einem Umfang von 3,2 m soll eine möglichst große quadratische Tischplatte ausgeschnitten werden.

a) Wie lang ist die Diagonale der Tischplatte? Wie lang und breit ist die Tischplatte?

b) Die Tischplatte ist 3,5 cm dick. Das Eichenholz, aus dem sie gefertigt wird, hat eine Dichte von $680\,\frac{g}{l}$.
Berechne, wie viel Kilogramm die fertige Tischplatte schwer sein wird.

8 Graphen im Koordinatensystem

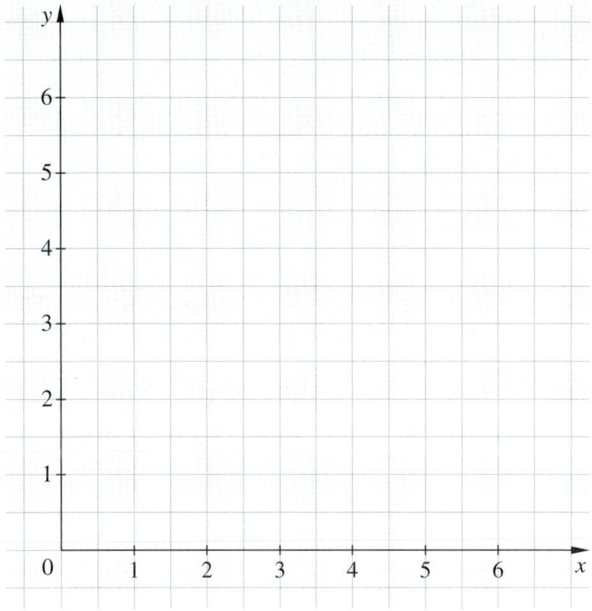

a) Zeichne in das Koordinatensystem die Gerade g mit der Funktionsgleichung $y = -2x + 5$ ein.

b) Zeichne eine Gerade h durch den Punkt $P(2\,|\,3)$, die zu g senkrecht verläuft. Gib die Funktionsgleichung der Geraden h an.

c) Ermittle die Nullstellen von g und h.

d) Prüfe mithilfe einer Rechnung, ob der Punkt $Q(1\,|\,2{,}5)$ auf den Geraden g und h liegt.

9 Olivia fand im Internet folgende Abbildung zum Ausländeranteil in Deutschland.

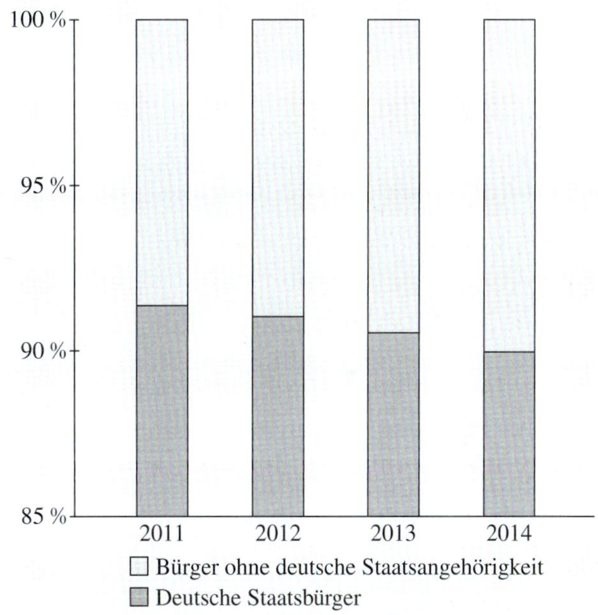

a) In Deutschland lebten in dem Zeitraum ca. 80 Millionen Menschen. Gib die Anzahl der Personen mit deutscher Staatsangehörigkeit im Jahr 2012 an.

b) Gib an, wodurch das Diagramm einen falschen Eindruck in Bezug auf den Anteil der Bürger ohne deutsche Staatsangehörigkeit erzeugt.

c) Zeichne Kreisdiagramme, die den Anteil der Bürger mit und ohne deutsche Staatsangehörigkeit im Jahr 2011 und 2014 darstellen.

☐ Anteil der Bürger mit deutscher Staatsangehörigkeit

☐ Anteil der Bürger ohne deutsche Staatsangehörigkeit

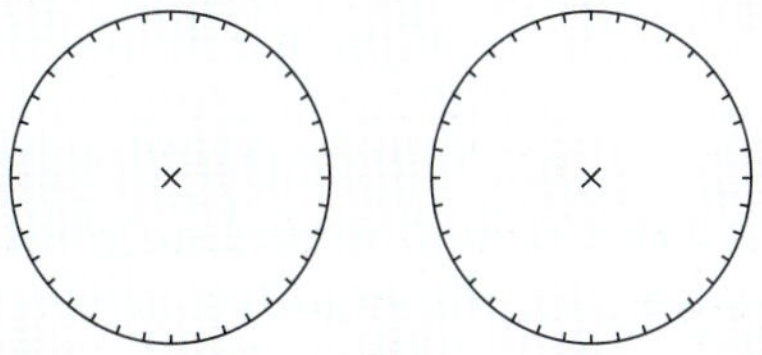

10 Linus und Hedda haben jeweils 1500 €.
Linus legt sie für 5 Jahre mit 2,1 % Jahreszinsen an. Hedda legt ihr Geld mit 1,5 % Jahreszinsen für 7 Jahre an.
Berechne den Unterschied beider Guthaben am Ende der jeweiligen Laufzeit bei Verzinsung mit Zinseszins.
Was meinst du dazu?

11 Die abgebildete Kelle fasst laut Verpackung 0,4 l.
Kann die Angabe stimmen?
Begründe deine Entscheidung.

12 Eine Firma stellt Stahlkugeln für große Kugellager her. Eine der Kugeln wiegt ca. 1,41 kg.
Der verwendete Stahl hat eine Dichte von 7,86 kg/dm^3.

a) Berechne den Durchmesser der Kugeln.

b) Jede der Stahlkugeln wird in einem möglichst kleinen würfelförmigen Karton versandt.
Gib in Prozent den Anteil der Verpackung, der mit Kugeln ausgefüllt werden kann, an.

c) Wie verändert sich das Verhältnis von Kugel und Füllmaterial, wenn sich der Durchmesser der Kugel verdoppelt?

13 Bei einem Würfelspiel wird ein regulärer 12-seitiger Würfel zweimal geworfen.
Auf acht der Seiten steht eine „0“, auf einer eine „2“ und auf dem Rest eine „1“.
Einmal spielen kostet 1 €, am Ende bekommt man die Summe der beiden Würfe ausbezahlt.

a) Vervollständige das Baumdiagramm.

b) Gib jeweils die Wahrscheinlichkeit an, am Ende 0 €, 1 €, 2 €, 3 € und 4 € ausbezahlt zu bekommen.

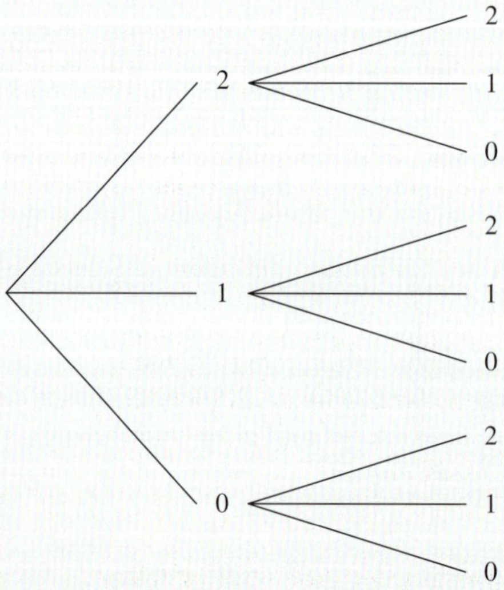

Beispielaufgaben **Abschlussprüfung**

Allgemeiner Teil

Hinweis: In der Prüfung sind in diesem Prüfungsteil keine Hilfsmittel, d. h. Taschenrechner und Formelsammlung, zugelassen.
Auf dieser und der folgenden Seite stehen Pflichtaufgaben. Löse alle.

1 Berechne. — 3 Punkte

a) $42\,012 : 6 =$ ______ **b)** $485 \cdot 2{,}05 =$ ______ **c)** $\frac{9}{10} - \frac{1}{3} =$ ______

2 Wandle um. — 1 Punkt

$98\,900\ \text{cm}^3 =$ ____________________ m^3

3 Schreibe die Zahl als Dezimalzahl. — 1 Punkt

$1{,}408 \cdot 10^{-3} =$ ____________________

4 Ein neuer Pool wurde erstmalig mit Wasser gefüllt.
Der Wasserzulauf war gleichmäßig.
Kreuze den Graphen an, der den Füllvorgang am besten darstellt. — 1 Punkt

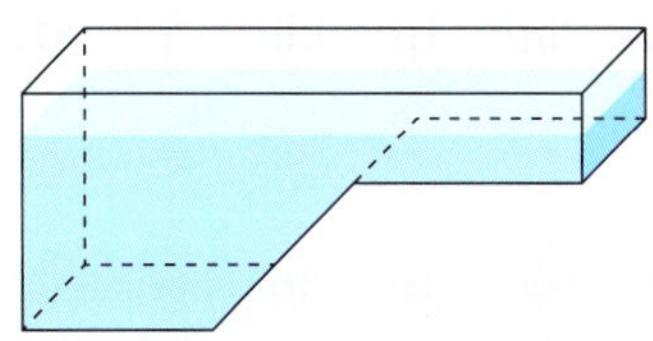

☐ 

☐ 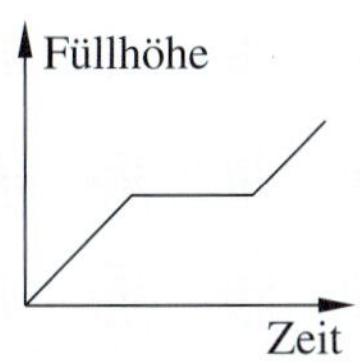

☐ 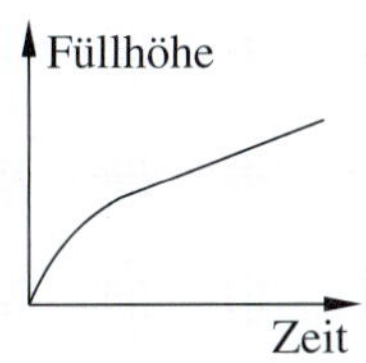

5 Ein Küchentisch und vier Stühle kosten insgesamt 349 €. Der Tisch kostet allein 159 €.
Mit welcher der Gleichungen kann der Preis eines Stuhles berechnet werden? Kreuze an. — 1 Punkt

☐ $4x + 349 = 159$ ☐ $349 + 159 = 4x$ ☐ $349 - 4x = 159$ ☐ $4x - 349 = 159$

6 Auf einem Tisch liegen genau drei unterschiedliche Ziffernkarten.
Wie viele Zahlen kann man damit legen?
Hinweis: Einstellige, zweistellige und dreistellige Zahlen sind erlaubt. — 2 Punkte

____

7 Zum Ende des ersten Halbjahres wurde erfasst, was die Schülerinnen und Schüler nach den Sommerferien machen werden. Ergänze die fehlenden Angaben. — 2 Punkte

	Anzahl der Schülerinnen und Schüler	Anteil
Berufsausbildung oder weiterer Schulbesuch	90	
Freiwilliges soziales Jahr oder Praktikum	18	12,5 %
ist noch offen		25,0 %

8 Die Äquatorlänge beträgt rund 40 000 km.
Wie lange bräuchte ein Fußgänger, der 8 Stunden pro Tag läuft, um eine derartig lange Strecke zurückzulegen?
Überschlage und kreuze an.
Hinweis: Ein Fußgänger hat eine Geschwindigkeit von rund $5\,\frac{\text{km}}{\text{h}}$. — 1 Punkt

☐ 52 Wochen ☐ 2 Jahre 9 Monate ☐ 18 Monate ☐ 5 Jahre

9 Diese Netze gehören zu zwei regulären Spielwürfeln. 3 Punkte

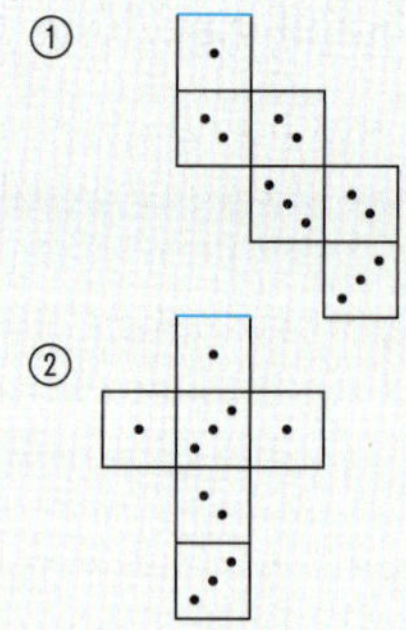

a) Kennzeichne in jedem Netz die Linie, die beim Falten zum Würfel an die blaue Linie stößt.

b) Wie groß ist die Wahrscheinlichkeit, mit Würfel ① eine „3" zu würfeln? ________

c) Bei 800 Würfen mit einem der Würfel ist in 127 Fällen eine „1" gefallen. Welcher der beiden Würfel wurde mit größerer Wahrscheinlichkeit genutzt? ________

10 Berechne den Flächeninhalt der Figur. 2 Punkte
Hinweis: Die Skizze ist nicht maßstabsgetreu.

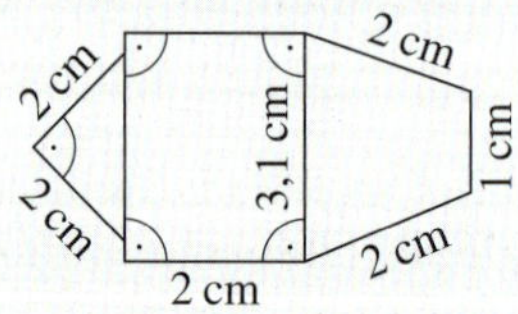

____

11 Das Dreieck ABC ist gleichseitig. 2 Punkte
Gib die Größe des Winkels δ an.
Hinweis: Die Skizze ist nicht maßstabsgetreu.

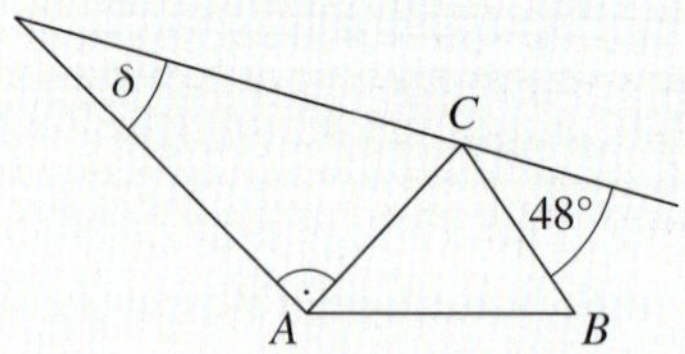

____

12 Fasse so weit wie möglich zusammen. 2 Punkte

$20a^2 + 2ab - 2a^2 + 2b^2 + 2ab^2 - 2b^2 =$ ____________

13 Zeige, dass der Punkt $P(-2\,|\,3{,}7)$ auf dem Graphen mit der Gleichung $y = -2x - 0{,}3$ liegt. 1 Punkt

____

14 Aus sieben Würfeln mit $1\ \text{cm}^2$ großen Flächen soll ein größerer Würfel gelegt werden. 3 Punkte

a) Wie viele Würfel fehlen dafür? Kreuze an.

☐ ein Würfel ☐ zwei Würfel ☐ drei Würfel ☐ vier Würfel

b) Aus den sieben Würfeln wurde ein Prisma mit $1\ \text{cm}^2$ großer Grundfläche gelegt.
Gib das Volumen V und die Größe der Oberfläche A_O des Prismas an.

____

15 Ordne nach der Größe. Beginne mit dem kleinsten Wert. 2 Punkte

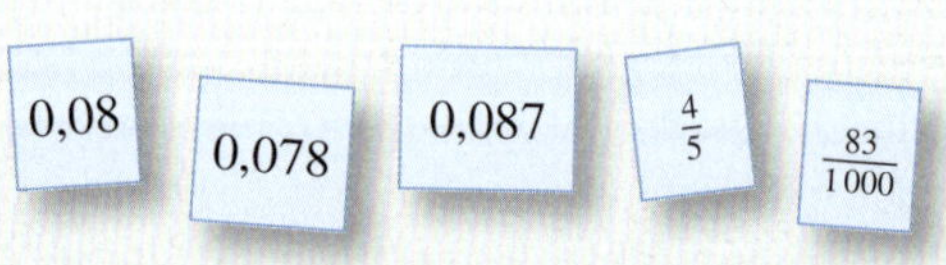

______ < ______ < ______ < ______ < ______

16 Untersuche die Spielkarte auf Symmetrie. Kreuze an. 1 Punkt

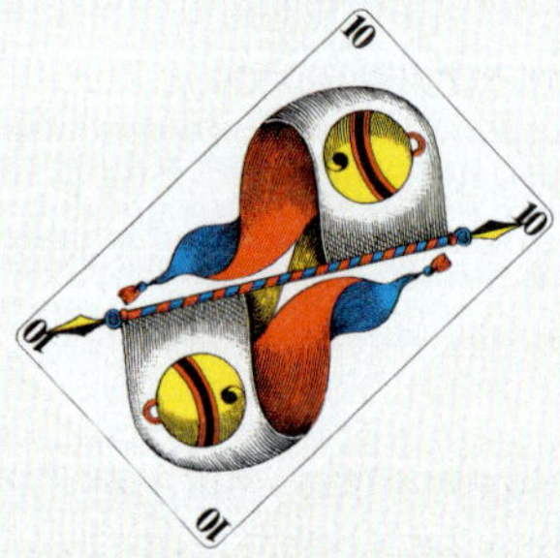

☐ achsensymmetrisch

☐ punktsymmetrisch

☐ nicht symmetrisch

Hauptteil

Hinweis: In der Prüfung sind in diesem Prüfungsteil keine Hilfsmittel, d. h. Taschenrechner und Formelsammlung, zugelassen.
Auf dieser Seite stehen Pflichtaufgaben. Löse alle.

1 Löse das folgende Gleichungssystem. 3 Punkte

I $4y = 3x + 15{,}5$
II $y = 6x - 4$

2 Ermittle die Nullstellen der quadratischen Funktion mit der Gleichung $y = x^2 + 3x - 10$. 4 Punkte

3 Das Glas ist insgesamt ca. 15 cm hoch. 5 Punkte

a) Wie viel Milliliter des Drinks befinden sich etwa im Glas?

b) Wo passt mehr hinein? In ein zylinderförmiges Glas mit einem genauso hohen Hohlraum und halb so großer Grundfläche oder ins abgebildete Glas?

4 Zwei reguläre sechsseitige Spielwürfel werden gleichzeitig geworfen. 2 Punkte
Die Summe beider Augenzahlen ist zwei.

a) Mit welcher Wahrscheinlichkeit tritt dieses Ereignis ein?

b) Mit welcher Wahrscheinlichkeit ist die Summe größer als zwei?

5 An einem Taschendrachen ist eine 50 m lange Schnur so befestigt, dass der Drachen bei einem Winkel von rund 55° in der Luft bleibt. 3 Punkte
Welche Höhe erreicht er somit?
Gib das Ergebnis mit sinnvoller Genauigkeit an.

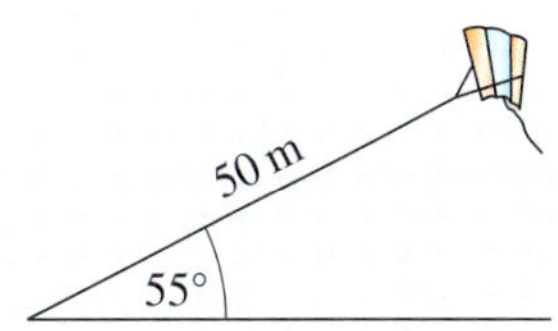

6 Eine Gerade g hat die Funktionsgleichung $y = \frac{2}{5}x - 3$. 6 Punkte
Ermittle mithilfe eines Koordinatensystems die passenden Funktionsgleichungen.

a) Die Gerade h verläuft parallel zu g und durch $P(0|0)$.

b) Die Gerade i verläuft senkrecht zu g und durch $P(0|0)$.

7 Die durchschnittliche Verteilung der 4 565 Kunden auf die Wochentage ist der Grafik zu entnehmen. 3 Punkte
Etwa 60 % davon sind weiblich.
Die Geschlechterverteilung ist an jedem Tag etwa gleich.
Wie viele männliche Kunden kommen etwa am Montag?
Hinweis: Berechne die Anzahl aller männlichen Kunden.

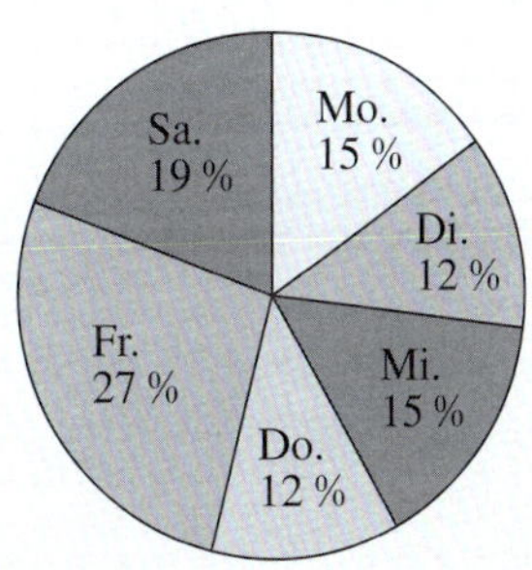

8 Gegeben sind die Punkte $A(3|2)$, $B(11|2)$ und $C(4|6)$ eines Dreiecks ABC. 7 Punkte
Hinweis: 1 Einheit ≙ 1 cm

a) Zeichne das Dreieck ABC in ein Koordinatensystem ein.

b) Gib den Flächeninhalt des Dreiecks an.

c) Berechne den Umfang des Dreiecks, ohne dabei die Länge einer Strecke zu messen.

9 An Klaras 14. Geburtstag legte ihre Oma für sie 6 000 € mit einem Zinssatz von jährlich 2,1 % an. 2 Punkte
Am 21. Geburtstag wird alles ausgezahlt werden. Über welchen Betrag kann Klara dann verfügen?

Wahlaufgaben

Hinweis: In der Prüfung sind in diesem Prüfungsteil keine Hilfsmittel, d. h. Taschenrechner und Formelsammlung, zugelassen.
Auf dieser Seite stehen Wahlaufgaben. Wähle zwei aus und löse sie.

1 Koordinatensystem — 10 Punkte

a) Ermittle den Scheitelpunkt S der Parabel mit der Funktionsgleichung $y = x^2 - 4x - 3$.

b) Zeichne die Parabel zu $y = x^2 - 4x - 3$ in ein Koordinatensystem ein.

c) Zeichne ein Dreieck ABC, dessen Eckpunkte die beiden Nullstellen und der Scheitelpunkt sind, ein.
Gib die Art des Dreiecks ABC an.

d) Durch Spiegeln des Dreiecks ABC an der x-Achse entsteht ein Viereck.
Gib die Art des Vierecks $ABCB'$ und seinen Flächeninhalt an.

2 Auf einem Tisch liegen 12 Karten. Nur auf drei der Karten sind Kleeblätter. — 10 Punkte
Einen Preis erhält, wer nacheinander zufällig alle drei Kleeblätter aufdeckt.
Einen Trostpreis erhält, wer in einem Versuch zufällig zwei Kleeblätter aufdeckt.
Nach jedem Versuch, d. h. vor dem Aufdecken von drei Karten, wir neu gemischt.

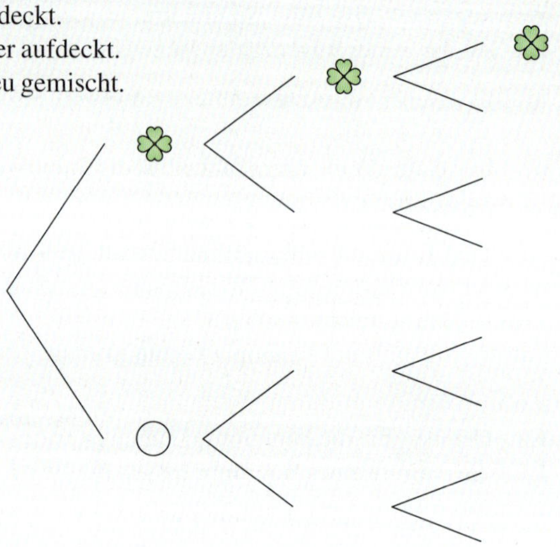

a) Zeichne ein passendes Baumdiagramm.

b) Ermittle folgende Wahrscheinlichkeiten.

$P(„Preis“) =$ ________ $P(„Trostpreis“) =$ ________

c) Versehentlich blieb ein Kleeblatt aufgedeckt.
Ermittle unter dieser Bedingung folgende Wahrscheinlichkeiten.

$P(„Preis“) =$ ________ $P(„Trostpreis“) =$ ________

d) Paul sagt: „Läuft alles entsprechend der Regeln, gibt es bei je 3 von 10 Versuchen einen Preis bzw. Trostpreis.“
Was meinst du dazu?

3 Für ein Dreieck ABC gilt: $a = 7{,}7\text{ cm}$; $b = 3{,}6\text{ cm}$ und $\alpha = 90°$. — 10 Punkte

a) Zeichne das Dreieck und beschrifte es.

b) Berechne die fehlenden Seitenlängen und Winkelgrößen.

c) Stell dir vor, dass das Dreieck ABC um die Seite c gedreht wird.
Benenne den dadurch entstehenden Rotationskörper.
Berechne die Größe seiner Oberfläche.

4 Ein Briefbeschwerer aus Stahl hat die Form eines Prismas mit Loch für einen Stift. — 10 Punkte
Zwei der Flächen sind gleichschenklige Trapeze.
Hinweis: $\varrho = 7{,}86\,\frac{\text{g}}{\text{cm}^3}$

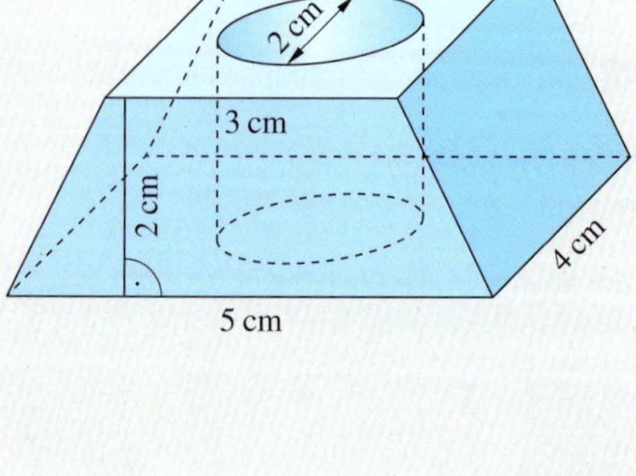

a) Berechne die Masse des Briefbeschwerers.

b) Eine Stahlkugel hat einen Radius von 10 cm.
Wie viele der Briefbeschwerer könnte man aus dem Stahl herstellen?

c) Der Briefbeschwerer steht vollständig auf einem Untersetzer aus Filz.
Welchen Durchmesser muss der Untersetzer mindestens haben?